遗传学 与 遗传学检验技术

主编　杨玥　何建新　　　　副主编　李静　赵晋　侯茜

中国科学技术出版社
·北京·

图书在版编目（CIP）数据

遗传学与遗传学检验技术 / 杨玥，何建新主编 . —北京：中国科学技术出版社，2024.6
ISBN 978-7-5236-0713-8

Ⅰ.①遗… Ⅱ.①杨… ②何… Ⅲ.①遗传学—教材 Ⅳ.① Q3

中国国家版本馆 CIP 数据核字 (2024) 第 091604 号

策划编辑	黄维佳　刘　阳
责任编辑	黄维佳
文字编辑	韩　放
装帧设计	佳木水轩
责任印制	徐　飞

出　　版	中国科学技术出版社
发　　行	中国科学技术出版社有限公司
地　　址	北京市海淀区中关村南大街 16 号
邮　　编	100081
发行电话	010-62173865
传　　真	010-62179148
网　　址	http://www.cspbooks.com.cn

开　　本	787mm×1092mm　1/16
字　　数	321 千字
印　　张	11
版　　次	2024 年 6 月第 1 版
印　　次	2024 年 6 月第 1 次印刷
印　　刷	北京盛通印刷股份有限公司
书　　号	ISBN 978-7-5236-0713-8/Q·272
定　　价	98.00 元

编著者名单

主　编　杨　玥　何建新

副主编　李　静　赵　晋　侯　茜

编　者　郭雅琼　包广洁　寇　炜

　　　　张利英　姜雯雯　刘玮玮

内容提要

　　遗传学是自然科学领域中探究生物遗传和变异规律的一门科学，主要研究对生物体进化、生长发育至关重要的基因结构、功能及其变异、传递和表达规律。随着遗传学、分子生物学及临床医学的发展，许多遗传病的预测、诊断和治疗逐步变为现实，遗传学检验技术在临床疾病检验和诊断中发挥了越来越重要的作用。本书从遗传学、医学遗传学的基础知识逐渐深入到遗传检验的常用技术及其原理、方法、注意事项及临床意义，以期探索遗传对生长发育、疾病控制及检测机制。通过本书的学习，可以培养检验专业医学生掌握遗传学基础知识及遗传学检验常用技术，培养医学生从分子水平认识和研究生命现象的能力，进而为培养高层次的医学检验人才服务。本书阐释系统、图表简洁，兼具理论指导性和实际操作性，可作为国内高等院校开展遗传学检验技术相关课程的教材，也可供从事遗传学检验相关工作人员借鉴参考。

主编简介

　　杨　玥　女，兰州大学遗传学博士。专任教师，西北民族大学医学检验技术教研室主任，兼任世界中联中医药免疫专业委员会理事。从事遗传学、免疫学、微生物学及肿瘤分子生物学的相关研究及教学，先后承担医学微生物学、医学免疫学、人体寄生虫学、临床免疫检验、临床微生物检验及遗传学与遗传学检验技术的教学工作，教学经验丰富。在教学工作中积极开展教学改革，如 PBL 教学法与线上线下教学相结合的授课模式，并利用慕课、雨课堂、腾讯课堂等在线课程平台，初步实现线上与线下面授课的有机结合。参与国家自然基金项目 2 项，主持省级课题 2 项、校级课题 2 项，参与省级科研奖励 1 项。参与申报校级一流本科课程 1 项，并申报校级教改课题 2 项。参编全国中医药行业高等教育"十三五"规划教材 1 部，发表国内外学术论文多篇。

　　何建新　男，副教授，兰州大学细胞生物学博士。专任教师，甘肃中医药大学细胞生物学教研室副主任。从事遗传学、细胞生物学及肿瘤分子生物学的相关研究及教学，先后承担医学细胞生物学、医学遗传学、医学免疫学的教学工作，教学经验丰富。在教学工作中积极开展教学改革，主持国家自然科学基金青年基金 1 项，参与国家自然基金项目 2 项，主持省级课题 2 项、校级课题 2 项，参与省级科研奖励 1 项。参与申报校级一流本科课程 1 项。参编全国中医药行业高等教育"十四五"规划教材 1 部，发表国内外学术论文多篇。

前　言

　　遗传学是生物学的一个重要分支，所有涉及生命科学学科的专业都会开设遗传学相关课程，如"医学遗传学""分子遗传学""植物遗传学""表观遗传学"等，对各自关注的领域进行分门别类的系统学习。"医学遗传学"是医学类专业基础课程之一，是研究疾病发病机制及应用遗传学知识进行诊断、治疗和预防的学科。遗传病涉及的种类繁多，发病率高且代代相传，且这类疾病往往没有非常有效的治疗方式，因此对这类疾病的检测为临床预测和预防起到了非常重要的作用。随着遗传学、分子生物学及临床医学的发展，许多遗传病的预测、诊断和治疗逐步变为现实，遗传学检验技术在临床疾病检验和诊断中发挥了越来越重要的作用。而该类检测一般由医院检验科完成，属于医学检验的专业范畴，因此医学检验专业的学生在本科阶段仅学习"医学遗传学"的内容是不够的，针对常见遗传病检测技术的基本原理、方法和具体应用，以及特定疾病的检测技术选择、检测结果的解释都需要进一步学习，为日后的临床工作打好基础。

　　目前，也有不少医学类院校的医学检验技术专业开设了"遗传学检验技术"这门课程，需要配套教材。本教材立足这一需求，在遗传学检验技术内容的基础上对细胞遗传学、分子遗传学、表观遗传学等方面的基本知识进行了整合，更多侧重疾病的检测技术及其应用，可帮助检验专业的医学生在掌握遗传学基本知识的同时，快速了解遗传学检验技术相关知识，拓展知识面，提高实验和科研设计能力，了解最新的遗传学及其检验技术成果。

　　本书涵盖了遗传学最基本的定律、研究方法的介绍及医学遗传学的部分内容，同时结合临床遗传病常用的检测技术从医学检验技术专业的角度对相关知识进行了解释和说明，将基础医学、临床医学、医学检验等基本知识及技能进行了融合，从遗传学、医学遗传学的基础知识逐渐深入到遗传学检验的常用技术及其原理、方法、注意事项及临床应用，再到具体病例检测方法的选择和检测报告的解释。通过对本教材的学习，可以有目的地培养医学检验技术专业的学生掌握遗传学基础知识及遗传学检测常用技术，培养医学生从分子水平认识和研究生命现象的能力，进而为培养高层次的医学检验人才服务。

杨　玥　何建新

目 录

第1章 遗传学概述

第一节 遗传学历史

一、遗传学的发现与特点

遗传与变异是生物界最普通、最基本的两个特征。遗传（heredity）是指生物亲代与子代相似的现象，即生物在世代传递过程中可以保持物种和生物个体各种特性不变。变异（variation）是指生物在亲代与子代之间，以及在子代与子代之间表现出一定差异的现象。遗传学是生命科学领域中一门新兴学科，主要研究遗传信息（genetic information）的化学结构、传递规律及其变异、重组和进化。1865 年，Gregor Mendel 在《植物杂交实验》发表了揭示生物遗传性状的分离和自由组合规律是"遗传学"学科诞生的标志。并在 1909 年，由英国遗传学家 W. Bateson 首先提出了"遗传学"的名称，随后遗传学迅速发展并衍生出了多个分支学科。经典遗传学主要是研究遗传物质纵向传递的规律及表型与基因关系，研究对象是个体。细胞遗传学早期着重研究分离、重组、连锁、交换等遗传现象的染色体基础，以及染色体畸变和倍性变化等染色体行为的遗传学效应研究，研究对象是细胞。分子遗传学用现代分子生物新技术从基因的结构、突变、表达、调控等方面研究遗传病的分子改变，为遗传病的基因诊断、基因治疗等提供新的策略和手段，研究对象是分子。群体遗传学是研究群体中基因频率和基因型频率及影响其平衡的各种因素，研究对象是群体。生化遗传学是生物化学和遗传学相结合的学科，研究遗传物质的理化性质，以及对蛋白质生物合成和机体代谢的调节控制。20 世纪 80 年代表观遗传学逐渐兴起，其是研究基因的核苷酸序列不发生改变的情况下，基因表达的可遗传的变化的一门遗传学分支学科。表观遗传的现象很多，已知的有 DNA 甲基化、基因组印记、母体效应、基因沉默、休眠转座子激活和 RNA 编辑等。表观遗传学不仅揭秘了一些经典遗传学无法解释的现象，如副突变、亲本印记、转录后沉默等，而且使人们了解到遗传信息不仅由 DNA 序列编码，还可以通过 DNA 和组蛋白的化学修饰构成。

遗传学的特点包括以下几个方面。

1. 推理性 遗传学的研究方法与物理学类似，是根据自然现象或实验的数据推理出一种假说，然后再通过实验来加以验证。

2. 多学科交叉和融合 遗传学涉及细胞生物学、生物化学、统计学、分子生物学、动物学、植物学、微生物学、医学、农学等多门学科，其中行为遗传学还涉及社会学、心理学、犯罪学等，涵盖范围十分广泛。

3. 发展快 遗传学发展迅速，新理论、新技术、新成果层出不穷。随着基因组学、蛋白组学和代谢组学等多组学的发展，遗传学的发展也表现出了巨大的进步。

4. 应用性强 1953 年，J. D. Watson 和 F. H. C. Crick 提出 DNA 双螺旋模型时，人们还不知道它有什么实际应用价值，但到了 20 世纪 70 年代就出现了体外重组技术，现在基因工程已成为世界各国的支柱产业之一，而没有双螺旋模型就不可能有重组技术。以遗传学为理论基础，又不断派生出许多应用学科，如动植物及工业微生物育种学、优生学、生物工程等。

二、遗传学的发展

（一）早期提出的遗传学说

人类对遗传现象最初的认识要追溯到距今 5000～10 000 年前，那时人们已经对动植物开始驯化和培育活动，通过保存和培养具有优良性状的个体，来改良生物性状，培育新品种。早在 2800 年前，亚述那西尔帕二世的宫殿墙壁上，精美的浮雕就描述了戴着鸟形面具的牧师给雌枣椰树进行人工授粉的情形。古代亚述人就已经认识到枣椰树是雌雄异株的，只需少量雄枣椰的花粉就可以使雌枣椰授粉产生大量的果实。尽管古人并不清楚双亲的特性是怎样传给后代的，但他们还是普遍接受遗传原则。关于生殖和遗传的思想对后世影响最大的是古希腊的希波克拉底和亚里士多德。希波克拉底提出了第一个遗传理论，认为在父亲的精液中浓缩了身体各部分的微小元素，相信其可以传递给后代并决定后代的性状。而 100 年后的亚里士多德发现亲代残缺后代并不残缺，反对雄性动物的精子是雏形动物的看法，提出精液不是提供胚胎组成的元素，而是提供后代的蓝图，生物的遗传不是通过身体各部分"样本"的传递，而是个体胚胎发育所需的"信息"的传递。他认为年龄、温度等环境因素也会影响后代的性状，这一看法更接近现代观念，然而这一精辟而深刻的见解在当时未能引起人们的重视。

1797 年，英国学者 T. Knight 将灰色和白色的豌豆进行杂交，结果 F1 全部是灰色的，F2 却产生灰色和白色两种颜色，但 Knight 并未进一步统计分析，只发现了杂种后代性状"分离"这一现象。

在孟德尔之前也有一些植物学家做了植物杂交实验，并取得了显著成绩。1863 年，法国学者 C. Naudin 发表了植物杂交的论文，认为植物杂交的正交和反交结果是相同的。在杂种植物的生殖细胞形成时"负责遗传性状的要素互相分开，进入不同的性细胞中，否则就无法解释 F2 所得到的结果"。这一结论和孟德尔定律非常接近，说明孟德尔的发现并非偶然，也是在前人辛勤工作的基础上建立起来的。大部分重大的科学发现都是这样通过几代人的研究、充实、修正、发展而最终得以完善。

1865 年，Gregor Mendel 发表了揭示生物遗传性状的分离和自由组合规律，但当时并未引起人们的重视，这一研究结果被埋没了几十年。

1868 年，英国学者达尔文提出了泛生，认为身体各部分细胞里都存在一种胚芽或"泛子"（pangene），它决定所在细胞的分化和发育。各种泛子随着血液循环汇集到生殖细胞中。在受精卵发育过程中，泛子又不断地流到不同的细胞中，控制所在细胞的分化，产生各种组织器官。但在血液中根本就找不到所谓的"泛子"，所以这一理论是不成立的。

1883 年，法国动物学家 W. Roux 提出"染色体可能组成了遗传物质"，同时他还假定了"遗传单位"沿着染色体丝作直线排列，当时他并不知道孟德尔已证实了这种"遗传单位"的存在。

1885，德国生物学家 A. Weismann 将 Roux 提出的理论发展成为完整的遗传理论种质论。他认为多细胞生物可分为种质和体质两部分。种质是独立的、连续的，种质能产生后代的种质和体质。体质是不连续的，不能产生种质。种质的变异将导致遗传的变异，而环境引起的体质变异是不遗传的。他还假设遗传物质在生殖细胞中数量减半，受精时得到恢复。个体的遗传物质一半来自父本，一半来自母本。这一推理已经非常的准确了但遗憾的是他误认为细胞核中的每一条染色体都带有个体的全部遗传因子。

（二）遗传学说的确立

遗传学说的确立，必然离不开孟德尔的研究成果。1856 年，孟德尔开始了他长达 8 年的豌豆实验。孟德尔首先买来了 34 个品种的豌豆，从中挑选出 22 个品种用于实验，并最终产生了《植物杂交实验》的不朽之作。孟德尔将论文寄给当时一些国际著名的生物科学家，希望能得到他们的支持，其中也包括达尔文。据说达尔文虽然收到了孟德尔的信和论文的单行本，但并未拆开。即使达尔文当时阅读了孟德尔的论文也未必能接受孟德尔的观点。这一伟大的发现一直被埋没了近半个世纪，直到 1900 年荷兰学者 H. deVries、德国植物学家 C. Correns 和奥地利学者 ETschermak 同时发现了这篇论文及其价值，终使孟德尔的学说重见天日，并确立了遗传学这门学科，这也就是所谓的孟德尔定律的二次发现。孟德尔定律第二次发现以后，才使孟德尔学说再次被发掘出来，并成为遗传学的奠基之作。

由于孟德尔所研究的性状是质量性状，属于非连续变异，这作为研究遗传规律的切入点是非常合适的。但正因如此，也成为孟德尔遗传理论被埋没的重要原因。1859 年，达尔文出版巨著《物种起源》，建立了举世瞩目、震惊世界的"进化论"。达尔文认为进化是一个缓慢的渐变过程。而孟德尔遗传理论是适合"非连续变异"的质量性状，与进化论"渐变"的观点相悖，因此孟德尔遗传理论是不可能被当时学术界所接受的。达尔文是位出类拔萃的科学家，但他的研究方法和思维方式仍属宏观的观察、描述和归纳模式，而孟德尔却采用了先进的统计分析和演绎推理模式，其结论是不能直接观察到的。这也是推崇"眼见为实"的传统生物学家所难以接受的。更何况孟德尔只是一位小小的传教士且从未发表过学术论文，因此很难得到当时学术权威的认同。

1901 年，deVries 提出突变（mutation）这一名词。1902 年，萨顿等提出了遗传的染色体学说。1902—1909 年，Bateson 先后创用了遗传学（genetics）、等位基因（allele）、纯合体（homozygous）、杂合体（heterozygous）等名词。1909 年，丹麦科学家 W. Johannsen 用"gene"一词描述孟德尔的"遗传因子"概念，提出了基因型（genotype）和表型（phenotype）等名词。此时遗传学雏形已形成，"独立分配"和"自由组合"两大定律已建立，其广泛的适用性已得到了承认，作为一门新的学科终于诞生了。

（三）遗传学的发展阶段

遗传学确立后的发展一般分为三个时期。

第一个时期是经典遗传学时期（1900—1940 年）。此期以 1900 年孟德尔定律第二次发现为标志。在这段时期里主要确立了遗传的染色体学说。较为突出的工作是 1910 年摩尔根和他的学生创立了连锁定律，通过实验证实了基因位于染色体上，并以直线排列，建立了基因的念珠模型（beads-on-a-string）。此期认为遗传的基本单位基因是一个不可再分割的抽象概念，即基因既是遗传的功能单位，又是重组和突变单位。1928 年，Griffith 和 Avery 通过肺炎链球菌转化实验证实了 DNA 是遗传物质。

第二个时期是微生物遗传学和生化遗传学时期（1941—1960 年）。此期以 1941 年 G. W. Beadle 和 E. L. Tatum 提出"一个基因一种酶"学说为标志。在这 20 年的时间里遗传学有着突飞猛进的发展，研究的材料从真核细胞转到了原核细胞，研究遗传信息的传递从纵向转到了横向。遗传学更为深入地研究了基因的精细结构和生化功能。1952 年，A. D. Hershey 和 M. Chase 的噬菌体侵染实验进一步证实遗传物质是 DNA。1951 年，美国遗传学家 McClintock 根据玉米染色体的长期观察研究，提出了跳跃基因的新概念。1952 年，徐道觉等建立了低渗制片技术；蒋有兴等用秋水仙碱处理细胞，使细胞同质化处于有丝分裂中期；随后染色体显带技术诞生。1953 年，J. D. Watson 和 F. H. C. Crick 建立了 DNA 双螺旋模型，这一划时代的成果为分子遗传学奠定了最重要的基础。1956 年，A. Kornberg 发现了 DNA 聚合酶，为基因工程提供了重要的工具。1958 年，Crick 提出中心法则（central dogma），确立了遗传信息流的方向。值得一提的是，量子物理学家 E. Schrodinger 于 1945 年出版了《生命是什么》一书，不仅通俗地介绍了孟德尔学说，同时向物理学家们预告一个生物学研究的新纪元即将开始，值得大家奋起钻研，很多物理学家都纷纷转向遗传学这个新领域进行研究，把物理学思维方式引入遗传学的研究中，促使遗传学的研究方法和思维方式发生了一场大变革，从而获得了长足的发展。在此时期遗传的基本单位是顺反子（cis-trans），它仅有遗传功能。

第三个时期是分子遗传学时期（1961—1990 年）。此时期是遗传学发展的第三次高潮，成果丰富，且趋向于应用，大大缩短了从理论转化到应用的周期。此期标志性的成果是 1961 年法国学者 F. Jacob 和 J. L. Monod 建立了操纵子学说，指出基因的表达是可以调节的；1965 年美国的青年科学家 M. W. Nirenberg 破译了遗传密码，大大促进了遗传学的发展；1962 年 W. Arber 提出限制与修饰学说，并发现 I 类限制酶；1972 年 P. Berg 建立体外重组技术；1975 年 H. M. Temin 和 D. Baltimore 发现反转录酶；1977 年英国学者 F. Sanger 和美国学者 W. Gilber 建立了 DNA 的测序方法；1977 年，P. A. Sharp 和 R. J. Roberts 发现断裂基因；1981 年，T. R. Cech 发现了核酶；1985 年，K. B. Mullis 建立 PCR 技术等。

1990 年至今是基因组蛋白质组时期，其标志是 1990 年 4 月人类基因组测序工作的 5 年计划的宣布。此期的特点是人们改变了多年来的观念，提出不仅要研究单个基因，更重要的是从整个基因组的视角来研究遗传学的科学。2003 年 4 月人类基因组的精细图谱完成，2004 年 10 月完成序列公布。在后基因组时代开展了功能基因组学和生物信息学的大量研究与应用。

三、遗传学的作用

（一）遗传学与农牧业的关系

遗传学在农业、畜牧业中的应用是非常广泛的。传统的育种方法是人工杂交和选择，如"杂交水稻"就是利用该遗传学原理，改良水稻的品种提高了产量和品质，使农业生产扩大，减少了农业投入，解决了我国的粮食问题。诱变、杂交、细胞工程、基因工程等技术的诞生使动物育种产生了飞跃，不仅提高了育种效率，同时为培育出具有特定性状的新品种创造了条件，实现了品种改良和创新，为人类提供优良的品种。把高新技术应用于奶牛饲养与选育，如增加母犊的数量，加大选择强度、提高群体产乳性能，也有利于胚胎出口。以胚胎和生殖细胞冷冻技术实现对畜、禽资源的保护，培育含有特殊酶类的饲料提高饲料效率，抗病育种的应用培育出了抗猪瘟的新品种，都极大地促进了畜牧业的发展。

（二）遗传学与工业的关系

遗传学与生物、化学工业和食品工业等有着密切的联系。人们可以利用遗传学和 DNA 重组原理，生产各种酶类，改变酶的分子结构以提高其活性。还可以重组生物制品，如干扰素、胰岛素、白细胞介素 –2（IL-2）等重组产品已广泛在临床使用。使用杂交的方法，有目的地使生物不同品种间的基因重新组合，以便不同亲本优良基因组合到一起，从而创造出对人类有益的新品种，改良食品工业菌种。

（三）遗传学在能源开发和环境保护中的应用

人类生产活动产生的大量难降解化学物，已成为当今环境污染的主要根源之一。利用微生物遗传工程技术筛选构建高效降解菌处理印染工业废水、农药生产废水、石油污染、生活垃圾等。利用工程菌可以水解植物的茎秆，生产乙醇，还可以通过厌氧发酵使工业废水产生沼气，利用工程菌来富集废水中的重金属，不仅节约资源，还可清除污染，保护环境。

（四）遗传学在医疗卫生工作中的应用

人类多种遗传病的发生都与基因突变或基因调控的改变有关，造成细胞内信息传递紊乱。遗传学在先天性遗传病胎儿的产前诊断及预防性治疗中都发挥了重要的作用。遗传学还与肿瘤、先天性心脏病、糖尿病、帕金森等多种疾病的发生相关，通过遗传学可以更好地了解遗传与这些疾病发生、传递及治疗的关系。基因治疗及小分子干扰 RNA（siRNA）等技术在临床上已做了一些尝试，以期给一些遗传病、病毒感染和肿瘤的治疗带来治疗的希望。

同时，在社会层面遗传学也广泛应用于亲子鉴定、犯罪嫌疑人的排查、考古中 DNA 的鉴定、体育人才的选拔等，可以说遗传学是关系到国计民生的重要学科。

第二节　医学遗传学的概念和范畴

随着生命科学和医学的飞速发展，人们逐渐认识到绝大多数疾病的发生、发展和转归都是遗传因素与环境因素共同作用的结果。遗传因素不仅决定了个体的发育、代谢和免疫状态，同时也是绝大多数疾病发生的基础。因此，与环境因素一样，遗传因素已成为现代医学研究中的另一个重要方面。从医学角度来研究人类疾病与遗传的关系即形成了基础医学和临床医学之间的桥梁学科—医学遗传学。

一、医学遗传学的概念和范畴

（一）医学遗传学的定义

医学遗传学（medical genetics）是医学与遗传学相结合的一门学科，它的研究对象是人类的遗传性疾病，即遗传病（genetic disease），其主要的研究任务是应用遗传学理论和方法，研究各种遗传病的发生机制、传递方式、诊断、治疗和预防，探索个体化诊疗技术和家族及群体水平的预防策略，从而控制遗传病在一个家庭中的再发，降低它在人群中的危害，提高人类健康水平。医学遗传学不仅是现代医学的重要组成部分，也是未来医学的发展方向。

（二）医学遗传学的研究领域

医学遗传学不仅与生物学、生物化学、微生物学及免疫学、病理学、药理学、生理学、组织胚胎学、神经学、卫生学等基础医学密切有关，而且已经渗入到各临床学科，在其发展中，建立了许多分支学科，它们利用不同的技术方法从不同的角度和不同的层次研究人类疾病和遗传之间的关系，构成了医学遗传学的完整体系，包括细胞遗传学、生化遗传学、分子遗传学、群体遗传学、药物遗传学和表观遗传学等。

二、遗传病概述

（一）遗传病的特点

遗传病是指遗传物质 DNA 或染色体改变所引起的疾病。这种改变可以发生在生殖细胞或受精卵中，也可以发生在体细胞中；可以是细胞核内的遗传物质，也可以是细胞质线粒体内的遗传物质。遗传病传递的并非是现成的疾病，而是致病的遗传物质。遗传因素还会与环境因素一起，在疾病的发生、发展及转归中起关键性作用。

作为以遗传因素为主要发病因素的遗传病，在临床上有许多特点。

1. 垂直传递 遗传病具有亲代向子代垂直传递的特点。这在显性遗传方式的病例中尤其突出，但并不是所有遗传病的家族谱系中都可观察到这一现象。比如，有的患者是隐性遗传病，携带者表型正常；有的患者，特别是染色体病的患者，活不到生育年龄或不育观察不到垂直传递现象。

2. 先天性 遗传病往往有先天性特点。但不能认为先天性疾病都是遗传病，先天性疾病（congenital disease）是指一个个体出生时就表现的疾病。有些先天性疾病确是遗传病，如白化病是常染色体隐性遗传病，患儿刚出生时就表现有"白化"症状。但先天性疾病不全是遗传病，有些先天性疾病并不是由于遗传物质改变所引起，而是获得性的，如妇女妊娠时感染风疹病毒，可致胎儿患有先天性心脏病。虽然胎儿出生时就有心脏病，但它是不遗传的，不属于遗传病。另外，并非所有的遗传病都是先天的，如亨廷顿病是一种常染色体显性遗传病，但患者往往在 35 岁以后才发病。所以，不应当把先天性疾病和遗传病完全等同起来，遗传病多数具有先天性，但先天性疾病并不都是遗传病。

3. 家族性 遗传病常表现有家族性特点。所谓家族性疾病（familial disease）是指在一个家族中有两个以上的成员患同一疾病。遗传病在家族中具有聚集现象，如亨廷顿病常表现为一个家族中有多位患者。但不能笼统地说所有的遗传病都表现为家族性，如苯丙酮尿症等一些常染色体隐性遗传病，在家族中常常是散发病例。同时，家族性疾病也并不都是遗传病，如夜盲症，常表现有家族性，但它是由于同一家庭饮食中长期缺乏维生素 A 所引起，这种由于共同生活环境所造成的家族性疾病并不是遗传病，如果在饮食中补充足够的维生素 A 后，家庭患者的病情都可得到改善。由此可知，遗传病往往表现为家族性疾病，具有家族聚集的现象，但家族性疾病并不一定都是遗传病。

4. 传染性 遗传病一般不具有传染性，但人类朊粒蛋白病（human prion disease）则是一种既遗传又具传染性的疾病。

5. 一定的数量关系 遗传病患者在亲祖代和子孙中是以一定数量比例出现的，可通过了解疾病的遗传特点和发病规律，预测再发风险等。

（二）遗传病的分类

根据遗传方式的不同，遗传病可分为五大类。在分析一种疾病的遗传基础时，先要确定它属于这五大类中的哪一类。

1. 单基因病 人类体细胞中的染色体是成对的，其上的基因也是成对的，如果一对等位基因异常，引起的疾病就称为单基因病（monogenic disease）。等位基因异常可发生在一对染色体中的一条，也可同时发生在两条染色体上。据统计，人类的单基因病及异常性状已达 26 321 种。人群中有 4%～8% 受累于单基因病，多数单基因病发生率较低，在各个种族或民族中的发生频率不同，发生率较高时也仅为 1/500，但由于其遗传性，因而其危害极大。

2. 多基因病 多基因病（polygenic disease）是由两对或两对以上基因和环境因素共同作用所致的疾病，又称多因子病。目前已知的多基因病，估计不少于 100 种，人群中有 15%～25% 的人受累于某种多基因病，多数多基因病发生率较高，一般高于 1/1000，为常见病。

3. 染色体病 染色体病（chromosomal disease）是指人类染色体数目或结构畸变所导致的疾病。迄今，世界上已鉴定的染色体数目、结构畸变约 900 种以上，对个体的危害往往大于单基因病和多基因病，常表现为复杂的综合征。

4. 体细胞遗传病 体细胞遗传病（somatic cell genetic disease）是指体细胞中遗传物质改变所致的疾病，包括恶性肿瘤、白血病、原发性免疫缺陷病等。

5. 线粒体遗传病 线粒体遗传病（mitochondrial genetic disease）是指线粒体 DNA 突变引起的疾病，线粒体突变随同线粒体传递，呈现为母系遗传（maternal inheritance）。线粒体遗传病既可以由线粒体基因突变所致，也可以由核基因组异常引起的线粒体蛋白异常所致。截至 2022 年 1 月，已确定由线粒体 DNA 突变导致的线粒体病有 71 种。

（三）在线《人类孟德尔遗传》

"在线《人类孟德尔遗传》"（Online *Mendelian Inheritance in Man*，OMIM）源自美国 Johns Hopkins 大学医学院 Victor A. McKusick 教授主编的《人类孟德尔遗传》（*Mendelian Inheritance in Man*，MIM）一书，该书一直是医学遗传学最权威的百科全书和数据库，1966—1998 年先后出版了 12 版。进入数字化时代后，联机形式的"在线《人类孟德尔遗传》"于 1987 年应运而生，并且免费供全世界浏览和下载。为了方便索引，它为各种遗传病、性状、基因制订了全世界公认的编号，简称为 OMIM 编号，共 6 位数字。有关疾病的报道必须冠以 OMIM 编号，以明确所讨论的是哪一种遗传病。因此，OMIM 是研究疾病与基因相关性的重要依据。6 位数字编号的第一位是遗传方式的分类：如第一位是 1，即指常染色体显性遗传；若为 2，就是指常染色体隐性遗传；如果是3，则是 X 连锁遗传（表 1–1）。OMIM 编号前有 "*" 表示该条目是一个基因。编号前有 "#" 表示该条目是一个描述性记录，通常为一种表型（疾病或性状），而不是一个特定的基因座。"+" 表示该条目描述了一个已知基因序列和表型。"%" 表示该条目描述了已确认的孟德尔表型或位点，但分子机制尚不清楚。OMIM 的网址是 http://www.omim.org 。

表 1–1　OMIM 标号首位数字对应的遗传病遗传方式

首位数字	MIM 编号范围	遗传方式
1	10 000～199 999	常染色体显性基因座或表型（创建于 1994 年 5 月 15 日前）
2	200 000～299 999	常染色体隐性基因座或表型
3	300 000～399 999	X 连锁基因座或表型

（续表）

首位数字	MIM 编号范围	遗传方式
4	400 000～499 999	Y 连锁基因座或表型
5	500 000～599 999	线粒体遗传基因座或表型
6	600 000～699 999	常染色体基因座或表型（创建于 1994 年 5 月 15 日后）

（四）遗传病的危害

由于医学科学的进步和治疗水平的提高，以前严重威胁人类生命健康的一些传染病已得到控制，使得人类疾病谱发生了变化，与遗传因素密切相关的遗传病发病率不断增高，对人类健康的危害日趋严重。

1. 人类遗传病的病种在不断增长　截至 2024 年 1 月 31 日，在线《人类孟德尔遗传》（OMIM）数据库记载的人类单基因病、遗传性状及相应的基因总条目达 27 252 种（17 200 个基因序列已知、6784 个发病分子机制已知），其中常染色体相关的条目 25 754 个，X 染色体相关的条目 1364 个，Y 染色体相关的条目 63 个，线粒体相关的条目 71 个（表 1–2）。目前每年新发现的遗传性综合征有 100 种左右，单基因病（性状）达 300～500 种。

表 1–2　OMIM 数据库统计的单基因病（或性状）的条目 [a]

类　型	常染色体	X 连锁	Y 连锁	线粒体	总　计
* 有基因描述	16 343	769	51	37	17 200
+ 已知基因序列和表型	21	0	0	0	21
# 表型描述，分子机制已知	6360	385	5	34	6784
% 表型或位点描述，分子机制不明	1390	110	4	0	1504
其他，类似孟德尔基础的表型	1640	100	3	0	1743
总计	25 754	1364	63	71	27 252

a. 截至 2024 年 1 月 31 日

2. 在活产婴儿中有 4%～5% 出现遗传所致的缺陷　我国活产儿中出生缺陷（birth defect）的发生率约为 5.6%（《中国出生缺陷防治报告（2012）》），以全国年出生数 1600 万计算，每年新生出生缺陷数约 90 万例，其中出生时临床明显可见的出生缺陷有 25 万例，90% 的出生缺陷为遗传因素或遗传因素与环境因素共同作用所致。出生缺陷已成为严重的公共卫生和社会问题。

3. 人群中有 20%～25% 以上的人患有某种遗传病　从人群的患病率来估计，有 4%～8% 的人患某种单基因病；15%～25% 的人患有某种多基因病；1% 的人患染色体病。

4. 遗传因素所致智力低下和精神病数目巨大　智力低下（mental retardation，MR）在我国人群中的发生率为 2.2%，其中 1/3 以上有多基因突变、单基因突变或染色体畸变的遗传基础，是影响我国人口质量的重要因素。我国各类精神病患者达 1000 万以上，精神分裂症的遗传率约为 80%。

5. 每个人平均携带 4～8 个隐性有害基因　在人群中即使未受遗传病所累，也并非与遗传病无关，因为他们可能携带某种隐性致病基因。据估计群体中每个人都携带 4～8 个隐性有害基因，这些致病基因的携带者虽然不患病，但却可以将致病基因传给后代。

6. 一些严重危害人类健康的常见病的发生与遗传有关　一些常见病已证明是由遗传因素和环

境因素综合作用引起的，如动脉粥样硬化、冠心病、高血压、糖尿病、精神分裂症、恶性肿瘤等。2021 年，我国的糖尿病发病率达 9.7%，95% 以上的糖尿病呈多基因遗传。恶性肿瘤被认为是一种体细胞遗传病，在我国恶性肿瘤是导致死亡的第二位原因，且人类对结核病、肝炎、艾滋病等有遗传易感因子。

由此可见，遗传病是影响人类健康，引起严重生理功能缺陷、导致早期死亡和严重残疾的一大类疾病，并且大多数遗传病可累及多个器官系统，给人类带来巨大的危害。因此，了解和掌握遗传病的发生机制、遗传方式、诊断和预防等，才能有效控制遗传病与出生缺陷的发生，防治遗传病带来的继发性损害，提高全民健康水平。

三、医学遗传学的研究成果

自 20 世纪 80 年代以来，我国的人类遗传学和医学遗传学各方面的研究也取得了一些可喜的成果。如高分辨染色体显带技术的应用、异常血红蛋白的研究、地中海贫血在我国的分布和类型、对苯丙酮尿症（phenylketonuria，PKU）的大规模普查等。在基因诊断上，对 PKU、血友病 A 和假肥大型（Duchenne 型）肌营养不良症、地中海贫血等的基因诊断已经应用于临床；在基因治疗上，对血友病 B 的基因治疗已达到国际水平。一批新的致病基因的发现，阐述了许多遗传病的发生机制。比如，夏家辉等率先发现了一个新的耳聋基因（GJB3）；贺林等发现了 A-1 型短指（趾）症基因（IHH），阐明了该病发生的分子机制，而且还发现了 IHH 基因可能参与指骨的早期发育控制；沈岩、孔祥银等确定 DSPP 基因突变可导致遗传性乳光牙和耳聋；孔祥银等发现 HSF4 基因突变可引起板层状白内障；陈义汉和黄微等证明了 KCNQ1 基因突变与心房颤动相关；张学军等确定 CYLD1 基因突变可导致多发性毛发上皮瘤和圆柱瘤。此外，我国学者还利用全基因组关联分析法精确定位了精神分裂症、2 型糖尿病、原发性高血压、鼻咽癌等数十种基因病的易感基因，标志着我国基因诊断和基因治疗的研究跨入了世界先进行列。2001 年，我国高质量完成了"人类基因组计划"1% 的测序任务；2007 年完成了 10% 的国际人类基因组单体型图计划，在相关复杂疾病及性状的研究领域做出了突出的贡献并取得重大成果。

第三节　遗传学检验技术的概念和范畴

一、什么是遗传学检验技术

遗传学检验技术（genetic testing technology）是一种基于遗传学的基本原理用于研究个体遗传信息的方法，它通过分析个体的遗传物质（如 DNA 或 RNA）的序列、结构和功能来揭示个体的遗传特征和遗传变异，从而确定个体的遗传信息、遗传病风险及亲缘关系等重要信息，涉及细胞遗传、生化遗传、分子遗传等内容。

（一）遗传学检验技术的基本原理

遗传学检验技术基于遗传学的基本原理，需要通过细胞遗传学、分子遗传学、表观遗传学等多种实验技术，检测 DNA、RNA 或蛋白质等遗传物质并分析，从而研究个体的遗传信息辅助临床疾病的诊断。其原理具体包括以下几个方面。

1. DNA 或 RNA 的提取　遗传学检验通常需要从样本中提取 DNA 或 RNA，常见的样本来源，包括血液、唾液、组织等。提取 DNA 或 RNA 的方法通常包括细胞裂解、蛋白酶处理、有机溶剂提取等步骤。

2. 聚合酶链反应　这是一种常用的遗传学检验技术，由于疾病的发生往往是由于基因突变导致的，提取的遗传物质是微量的需要通过 PCR 技术扩增特定 DNA 或 RNA 片段后用于后续的检测，如测序、免疫印记等。

3. 测序技术　基因测序是遗传学检验技术中最基础的方法之一，它可以确定 DNA 序列中的碱基顺序，从而揭示个体的基因组信息。常见的测序技术包括 Sanger 测序和高通量测序。Sanger 测序是一种经典的测序方法。高通量测序则利用并行测序的原理，通过将 DNA 片段固定在测序芯片上，并使用荧光标记的 dNTP 进行测序，从而实现高通量的 DNA 测序。这是目前临床对于遗传病检测最常用的检测技术之一。

4. 基因分型 基因分型是一种用于确定个体基因型的方法。常见的基因分型技术，包括限制性片段长度多态性（restriction fragment length polymorphism，RFLP）、单核苷酸多态性（single nucleotide polymorphism，SNP）分析、串联重复序列（Tandem repeat sequence，TRS）分析等。RFLP 分析通过酶切 DNA 并利用凝胶电泳分离 DNA 片段，根据 DNA 片段的长度差异来确定个体基因型。SNP 分析则通过 PCR 扩增目标 SNP 位点，并利用测序或芯片技术来确定个体的 SNP 基因型。TRS 分析则通过 PCR 扩增目标 TRS 位点，并利用凝胶电泳或芯片技术来确定个体的 TRS 基因型。

5. 染色体分析 染色体分析是通过对个体染色体的形态、数量和结构进行观察和分析，来检测染色体异常和染色体疾病。常见的染色体分析技术，包括核型分析、荧光原位杂交和比较基因组杂交等。

6. 组学分析 组学分析是一种综合应用多种高通量技术的研究方法，旨在全面了解生物体内各种生物分子（如基因、蛋白质、代谢产物等）的组成、结构、功能和相互作用，以揭示生物体内的复杂生物学过程和疾病发生机制。其中，基因组学是通过高通量测序技术，可以对生物体内的基因组进行全面测序，从而了解基因组的组成、基因的数量和位置、基因的结构和功能等信息。转录组学通过转录组测序技术，可以全面了解生物体内的 mRNA 转录产物，包括转录的基因数量、表达水平和调控机制等信息。转录组学的研究可以揭示基因的表达模式和调控网络，帮助理解基因调控的机制和疾病的发生过程。蛋白质组学通过质谱技术和蛋白质芯片技术，可以全面了解生物体内的蛋白质组成、蛋白质修饰和相互作用等信息。蛋白质组学的研究可以揭示蛋白质的功能和相互作用网络，帮助理解蛋白质在生物学过程中的作用和疾病的发生机制。代谢组学通过质谱技术和磁共振技术，可以全面了解生物体内的代谢产物，包括代谢产物的种类、浓度和变化趋势等信息。代谢组学的研究可以揭示代谢通路和代谢网络，帮助理解代谢的调控机制和疾病的发生过程。

通过以上基本原理，遗传学检验技术可以用于研究个体的遗传特征、遗传疾病的发生机制、亲子关系的鉴定、个体间的遗传多态性研究等。这些技术在医学、法医学、生物学等领域具有广泛的应用价值。

（二）遗传学检验技术的应用

遗传学检验技术是一种应用于遗传学研究和临床诊断的技术，其应用范围非常广泛。以下是遗传学检验技术的主要应用领域。

1. 遗传病诊断 遗传学检验技术可用于诊断遗传病。通过分析患者的基因组，确定是否存在致病基因突变，从而帮助医生进行准确诊断。

2. 遗传病风险评估 遗传学检验技术可用于评估个体患某种遗传病的风险。通过分析，可以确定是否存在遗传病相关的基因变异，从而预测个体患病的风险。

3. 药物反应预测 遗传学检验技术可用于预测个体对特定药物的反应。通过分析可以确定是否存在与药物代谢和药物作用相关的基因变异，从而预测个体对药物的反应和耐受性。

4. 亲子鉴定 遗传学检验技术可用于确定亲子关系。通过比较亲子间的基因型，可以确定是否存在亲子关系，从而帮助解决亲子关系争议。

5. 基因组学研究 遗传学检验技术可用于基因组学研究。通过分析大量个体的基因组数据，可以揭示基因与表型之间的关联，从而深入了解基因在健康和疾病中的作用。

总之，遗传学检验技术的应用范围涵盖了遗传病诊断、遗传病风险评估、药物反应预测、亲子鉴定和基因组学研究等多个领域，为疾病诊断和个体化医疗提供了重要的工具和依据。遗传学检验技术在临床诊断中具有重要的应用价值，可以帮助医生准确诊断遗传病、评估遗传病风险并指导个体化治疗。

二、遗传病检测概述

遗传学的研究在近年来为人类对许多疾病的认识提供了重要的突破。通过对基因的研究和遗传变异的分析，我们能够更好地理解疾病的发生机制和遗传背景。这种深入的认识不仅有助于我们更好地预防和治疗疾病，有时还可以导致疾病的重新分类。这种深入的认识和重新分类为疾病的预防、诊断和治疗提供了更精确和个体化的方法，为我们更好地应对疾病带来了希望。

首先，遗传学的研究揭示了许多疾病的遗传基础。通过对家族研究和基因测序的分析，我们能够发现某些疾病与特定基因的突变或变异有关。遗传学检测被用于多种疾病的诊断，例如，我们可以通过细胞遗传学技术，诊断唐氏综合征、Klinefelter 综合征等。像囊性纤维化，它是一种常见的遗传性疾病，通过遗传学研究，我们发现该疾病与 *CFTR* 基因的突变有关。遗传性疾病的诊断通常意味着受累者的亲属亦需对基因缺陷或携带者状态进行筛查。而这种深入的遗传基础的认识使得我们能够更好地了解疾病的发生机制，为疾病的预防和治疗提供新的思路。

其次，遗传学的研究有时导致疾病的重新分类。传统上，疾病的分类主要基于临床表现和症状。然而，随着对基因研究的深入，我们发现许多疾病实际上是由不同基因的突变引起的，尽管它们可能具有相似的临床表现。这导致了疾病的重新分类，将原本被认为是同一疾病的不同亚型分为不同的遗传子型。例如，肌营养不良是一种常见的肌肉疾病，通过遗传学的研究，我们发现它可以由多个基因的突变引起，因此被重新分类为多个亚型。

遗传筛查的常用标准包括：①筛查方法经过充分验证；②结果可靠、敏感性和特异性好；③非侵入性且安全。如产前遗传学筛查可以发现携带隐性遗传病基因的杂合子无症状双亲。如果一个杂合子的配偶也是杂合子，那么这对夫妻的子代就有发病的风险，需要进行产前诊断（如羊膜腔穿刺、绒毛活检、脐带血检测、母体外周血检测、胎儿影像学检测 DENG）。筛查也适用于有显性遗传病家族史症状在成年以后出现的患者，如亨廷顿病。通过筛查可以评估个体的发病风险，从而做出相应的计划，采取预防性治疗措施，如饮食控制可减轻苯丙酮尿症或高胱氨酸尿症的症状。当家族成员被确诊遗传性疾病时，对其他成员也应该进行筛查。被诊断为病理基因携带者的个体，可对生育计划作知情抉择。按照技术应用不同的目的和方法，遗传学检测技术可以分成两大类，即筛查类和诊断类。以产前遗传性疾病检测为例。

（一）筛查类测试

筛查是指对人群中的个体进行初步的筛查，以确定是否存在某种疾病或疾病发生风险。其目的是尽早发现潜在的疾病或风险，以便进一步进行诊断和治疗。遗传筛查通常采用遗传学已知的有效措施，筛查方法经过充分验证，结果可靠、敏感性和特异性好。同时，考虑到筛查成本，应在具有足够高患病率的特定人群中进行筛查。早期产前筛查，包括检测母体血清甲胎蛋白异常升高，用于神经管缺陷筛查；使用母体血清生物标志物进行唐氏综合征筛查，其与低母体血清甲胎蛋白（maternal serum alpha–fetoprotein, MSAFP）、低雌三醇、高游离 β- 人绒毛膜促性腺激素（β–hCG）、高抑制素 A 和低妊娠相关血浆蛋白 A（pregnancy associated plasma protein，APAPP–A）相关。胎儿筛查程序取决于胎儿的胎龄和进行的筛查类型。20 世纪 80 年代后，随着检测技术的进步筛查测试的数量和复杂性显著上升，并开始基因筛查。最早的基因筛查是携带者筛查，理想情况下应在怀孕前进行，但也可在产前和新生儿时期进行。常见的筛查测试包括以下几种。

1. 新生儿遗传代谢病筛查　指在新生儿出生后数天内，利用实验室技术筛查遗传代谢病，以期在临床症状出现前给予及时诊治，避免患儿机体各器官出现不可逆损害。新生儿筛查始于 20 世纪 60 年代，目的是识别苯丙酮尿症患者，开始早期干预并预防这些患者出现智力低下，随后逐渐增加对其他遗传病的检测。随着串联质谱（MS/MS）技术在新生儿筛查中的应用，遗传代谢病筛查病种已由原来的 2 种疾病即高苯丙氨酸血症（hyperphenylalaninemia，HPA）、先天性甲状腺功能减退症（congenital hypothyroidism，CH）扩大到几十种异常生化指标的检测。MS/MS可在几分钟内对同一标本中的四十余种代谢产物进行分析，用于鉴定多种氨基酸、有机酸和脂肪酸疾病。它通过采集婴儿的血液样本，检测是否存在某些遗传代谢疾病。

2. 孕妇产前筛查 为孕期妇女提供产前检测，可确定胎儿出生时是否有可能患有遗传病或出生缺陷。所有孕妇，无论年龄大小，都可以选择接受产前检查。然而，随着女性年龄的增长，生出染色体异常婴儿的概率也会增加。因此，母亲的年龄是进行产前检查的最常见原因。目前有多种类型的产前检测可供选择，具体取决于母亲处于妊娠的哪个阶段及相关病症的类型。

筛查类测试用于识别女性生出患有某些染色体异常的婴儿的机会增加。但筛查类测试不具有诊断作用。虽然大多数患有染色体疾病的胎儿是通过筛查发现的，但不排除一些报告正常或"阴性"的筛查结果，胎儿患有染色体疾病。

（二）诊断类测试

诊断是指根据患者的症状、体征、病史及实验室检查等综合信息，确定患者是否患有某种疾病，并进一步确定疾病的类型和严重程度，从而提供治疗方案和管理建议。诊断通常是针对个体进行，由医生或专业人员进行。诊断方法通常是更加详细和精确的，包括临床检查、实验室检查、影像学检查等。可以明确发育中的胎儿是否患有某种遗传状况或出生缺陷。某些诊断测试的准确度可达99.9%，确定发育中的胎儿是否存在染色体差异。常用的诊断测试是绒毛膜绒毛取样（CVS）和羊膜穿刺术，从以上两种程序中收集的细胞均可用于染色体分析或基因测试。

基因检测在确定患某些疾病的风险及疾病筛查方面发挥着至关重要的作用。比如，用于确认囊性纤维化或亨廷顿病的诊断。如有遗传病的家族史（如镰状细胞贫血或囊性纤维化），可以选择在生孩子之前进行基因检测。

三、遗传学检验与多态性

有关遗传多态性的认识，是人类在对自然遗传现象的研究过程中所取得的重要科学成果。它极大地促进了遗传学研究的发展。人类DNA序列具有高度的一致性，仅约5%的DNA序列差异造就了不同个体间众多表型的不同，并最终表现为多种多样的遗传多态性。

（一）遗传多态性的定义

遗传多态性，是指在同一种群中的某种遗传性状同时存在两种以上不连续的变异型，或同一基因座上两个以上等位基因共存的遗传现象。作为单一基因座等位基因DNA多样性变异在群体水平的体现，凡是在群体中出现频率＞1%的变异体，无论致病与否，均被称为遗传多态型；而所有出现频率＜1%的变异体，则被称为稀有变异型（rare variant）。

遗传多态性现象十分普遍。多态性的形成，缘于基因的变异。发生于基因组DNA非编码序列的变异，一般不会影响基因的结构与功能，也不会产生遗传的表型效应。只有那些位于编码序列和调控序列内的DNA变异，方可产生各种蛋白变异体，或者通过影响RNA的转录从而导致各种明显的表型差异。对于个体而言，基因多态性碱基组成序列终身不变，并按孟德尔规律世代相传。

（二）遗传多态性的表现形式

遗传多态性可在个体水平、细胞水平及分子水平上表现出表型不同性状的差异、染色体的多态性、DNA遗传的多态性等。

1. 个体水平的遗传多态性 个体水平的性状表型在同一种群不同个体间会出现多样性，如人类肤色、眼睛的颜色等。个体水平的遗传多态性，取决于同一基因座上存在的复等位基因。

2. 细胞水平的遗传多态性 染色体是遗传物质的载体，在细胞水平的遗传多态性最主要的体现就是染色体多态性，如染色体的大小、形态和带型的多样性。该变异通常仅涉及染色体的结构异染色质区域，一般不表现出显著相关的表型效应。

3. 分子水平的遗传多态性 主要表现为基因组DNA分子组成和结构的多态性。依据不同分子遗传多态性特征，常被分为限制性片段长度多态性（erietion fragment lengh polymorphism，RFLP）、短串联重复序列（shorttandem repeat，STR）多态性和单核苷酸多态性（single nucloide polymorphism，SNP）。当前，被作为遗传标记在人类遗传学和医学相关研究领域中得以广泛应用。

(1) 限制性片段长度多态性：由于基因点突变、缺失和插入等，导致基因序列中原有限制酶切位点的消失或新酶切位点的出现，从而引起不同 DNA 在同一限制酶切割时，产生不同长度的 DNA 片段。人基因组中约含有 100 000 个 RFLP，通常使用 DNA 印迹法（southern blotting）进行检测。其遗传多态性水平相较于其他两种较低。

(2) 短串联重复序列多态性：基因组中核心序列的重复次数在人群中存在变异，形成了序列长度的一种多态现象。STR 分布于各个染色体上，但很少出现在编码区。常以 1～6 bp 为重复单位，重复一到数十次，相比于 RFLP 具有较高的遗传多态性。多个不同基因座的 STR 分析结合起来，即可成为一个个体的"生物学身份证"，即 DNA 指纹，常用做个体识别和亲权鉴定的遗传学依据。

(3) 单核苷酸多态性：这是由基因组 DNA 序列中单个碱基的转换和颠换导致的变异，是目前分布最广泛的、多态性最丰富的遗传多态性变异。研究表明，人类基因组 DNA 平均约 1000bp 内就有 1 个 SNP，占已知的人类基因组 DNA 多态性变异的 90% 以上。常被用来分析复杂性状与遗传病。

（三）遗传学检测与遗传多态性

在以上 3 种遗传多态性的表现形式中，DNA 分子遗传多态性能够从分子水平上揭示基因的不同特点，是分子遗传学检测的重要依据。个体表型和染色体的形态结构容易分辨，能够在上下代之间传递，是经典遗传学研究的主要对象。随着人类基因组多态性的研究及 SNP 技术的发展，现代遗传学则更多在分子水平上，根据多态性的检测来指导临床疾病的预测、诊断和治疗。特别是 SNP 在染色体上的覆盖度高，多态性好，也易于检测，是目前全基因组连锁分析和关联研究的主要方法。基于此，对遗传病的分析根据研究规模的大小，进行全基因组扫描（genome scanning），将疾病相关位点定位于染色体某个区域，然后再行候选基因策略或连锁不平衡分析，确定致病基因位点。全基因组扫描已成功地应用在许多疾病的致病相关基因克隆上，并取得了一定的成果。

第 2 章　遗传学基本原理

第一节　孟德尔定律及扩展

　　遗传学的三大定律分离定律、自由组合定律和连锁定律是经典遗传学的核心理论。其中分离定律和自由组合定律是由后人根据孟德尔的实验和推论概括而成的，即孟德尔第一定律和孟德尔第二定律。而连锁定律是由摩尔根和他的学生共同发现的，是孟德尔定律的拓展。孟德尔的发现具有划时代意义。

一、孟德尔第一遗传定律

　　杂合体中决定某一性状的成对遗传因子，在减数分裂过程中，彼此分离，进入不同的配子中，使得配子中只具有成对遗传因子中的一个，从而产生数目相等的、两种类型的配子，且独立地遗传给后代。在一般的情况下，F1 配子分离比是 1：1，F2 表型分离比是 3：1，F2 基因型分离比为 1：2：1。这就是孟德尔的分离规律，即孟德尔第一遗传定律。

　　分离定律的实质是产生配子时等位基因彼此分离。"基因"（gene）的经典概念是指一种性状的"遗传决定子"。现在将"基因"定义为遗传信息的基本单位。一般指位于染色体上编码一个特定功能产物（如蛋白质或 RNA 分子等）的一段核苷酸序列。基因型是指一个生物体或细胞的遗传组成；表型是指一个生物体或细胞的性状。基因型、表观遗传和环境共同作用而产生表型。1902 年，W. Bateson 提出了等位基因这个名词，其经典概念是指位于一对同源染色体上，位置相同，控制同一性状的一对基因。但这一概念只适用于高等真核生物及经典遗传学，不适合原核生物及分子遗传学。一个基因（或某些其他的 DNA 序列）在染色体上所处的特定位置称为基因座（locus）。在同源染色体中，一个或多个基因座具有相同等位基因的状态称为纯合性（homozygosity）；具有一对或多对不同等位基因的状态称为杂合性（heterozygosi-ty）。具有纯合性特性的个体或细胞称为纯合子或纯合体；具有杂合性特性的个体或细胞称为杂合子或杂合体。

　　在孟德尔的推测中，豌豆表型为圆满的性状是显性的，其基因型为"WW"，而相对表型为皱缩的性状是隐性的，基因型为"ww"，它们都是纯合子。产生配子时，一对等位基因彼此分离，雌雄配子各带有 W 和 w 基因，结合时，形成了杂合体（Ww）。由于 W 控制显性性状，在杂合体（Ww）中可以得到表达，而隐性基因在杂合体的遗传结构中虽然也存在，但得不到表达，所以 F1 杂合体的表型是圆形的。F1 杂合体的雌雄配子各含两种基因 W 和 w，比例皆为 1：1，F1 杂合子自交雌雄配子随机组合的结果产生了 F2，基因型为 WW、Ww 和 ww，比例为 1：2：1。由于显隐性的关系，表型只有"圆满"和"皱缩"两种，比例为 3：1，圆形籽粒中只有 1/3 是纯合体（WW），其余 2/3 圆形籽粒为杂合体（Ww）（图 2-1）。这个假设很好地解释了杂交实验的结果，但是否正确，还要在以上假设的基础上，通过测交加以验证。F1 杂合体的表型为圆满，基因型为 Ww，当和隐性纯和亲本（ww）测交（图 2-2），杂合体可产生两种基因型不同的配子—W 和 w，而皱缩的隐性亲本只能产生一种配子 w，假设配子的结合是完全自由组合的话，那么会产生两种表型不同的后代圆满和皱缩，其比例应为 1：1，这是在实验前根据分离定律推测的结果，经实验证实完全符合推测，使以上假设充分得到验证。

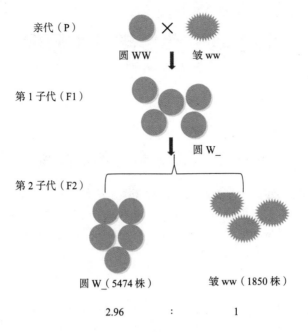

图 2-1　豌豆杂交实验

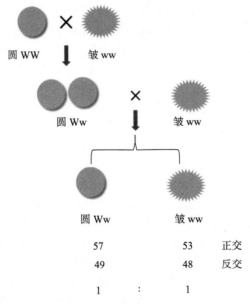

图 2-2　豌豆测交实验

二、孟德尔第二遗传定律

自由组合定律（law of independent assortment）又称为"孟德尔第二定律"具有两对（或更多对）相对性状的亲本进行杂交，在 F1 产生配子时，在等位基因分离的同时，非同源染色体上的非等位基因表现为自由组合，这就是自由组合规律的实质。也就是说，一对等位基因与另一对等位基因的分离与组合互不干扰，各自独立地分配到配子中。

孟德尔在验证了一对相对性状的分离规律之后，想进一步确定在这些性状里面发现的发育规律在由几个不同的性状杂交结合后，是否也能应用于每一对性状（即两对或三对性状）是否也能独立遗传？他首先构建了两个相对性状，如种子黄圆和种子绿皱。具体情况如（图2–3）所示。将黄圆（GGWW）的豌豆和绿皱（ggww）的豌豆杂交，黄色（G）为显性，绿色（g）为隐性；圆（W）为显性，皱（w）为隐性，杂交F1的表型全部为"黄圆"（GgWw），种子颜色和种子性状都处于杂合状态。然后让F1代双杂种自交后产生的F2代，观察F2代的种子颜色和形状，有4种不同表型的种子："黄圆"（GW）的315粒，"黄皱"（Gw）的101粒，"绿圆"（gW）108粒，"绿皱"（gw）的32粒，黄圆和绿皱是最初杂交的两个亲本表型，而绿圆和黄皱是重组合类型，它们之间的比例近似于9∶3∶3∶1，和孟德尔的预测一样。为什么会出现这样的比例呢？孟德尔进行了富有逻辑性的分析：首先只看种子的颜色"黄"和"绿"的遗传，F1代全为"黄"，F2代416粒为"黄"、140粒为"绿"，两者之比为2.97∶1，符合3∶1。而另一对性状"圆"和"皱"，F1代全部呈现为显性性状"圆"，F2代423粒为"圆"、133粒为"皱"，两者之比为3.18∶1，也约等于3∶1，都符合分离定律。看来各种情况并不混合，而是独立遗传的。在F2代中除了亲本型组合外，又出现了重组合类型，而且各种表型种子的比例为9∶3∶3∶1，正是（3+1）^{2}的展开式，孟德尔推测这是两对性状自由组合的结果。后人将其归纳为自由组合定律，其实质是在配子形成时非同源染色体上的等位基因彼此分离后，独立自由地组合到配子中。

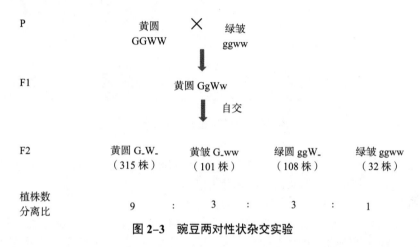

图2–3 豌豆两对性状杂交实验

与分离定律相同，纯和的黄圆亲本为显性，只能产生一种基因型的配子GW，纯和的绿皱亲本为隐性性状，也只能产生一种基因型配子gw。杂交后，F1代杂合体的基因型只能为"GgWw"。当F2产生配子时，等位基因"G、g"和"W、w"彼此分离，然后不同的基因自由组合，形成4种不同基因型的配子GW、Gw、gW和wg。4种不同配子又随机受精，获得F2代的种子，它们的基因型应为9种，表型为4种，比例为9∶3∶3∶1（图2–4）。当4种类型的配子随机结合时，形成下一代的合子，我们用杂交乘积来显示F1代雌性和雄性配子是如何随机结合而产生F2代基因型的。这种格式被称为庞纳特方格（Punnett square），又称棋盘格（图2–4）。在庞纳特方格中，F2代种子形状和颜色的表型被显示出来。圆黄∶皱黄∶圆绿∶绿皱的表型比率为9∶3∶3∶1。用测交实验验证后F1代杂合子和显性亲本回交后代全为黄色圆形，和双隐性亲本测交，后代为黄圆、黄皱、绿圆和绿皱4种基因型和表型，比例为1∶1∶1∶1，实验结果完全符合预期的结果。

三、孟德尔遗传定律的拓展

孟德尔遗传定律的成功在于化繁为简，选择了有明显区分的相对性状进行研究。从种子颜色黄和绿的杂交实验中就可以总结出典型孟德尔遗传方式的一些特征：①单基因性状每个性状有两个等位基因，彼此有明显的显性和隐性关系,F2代显性纯合子、杂合子和隐性纯和子的比例为1∶2∶1,显性表型和隐性表型的比值为3∶1，但并不是所有生物性状都能用孟德尔遗传方式来解释。②对

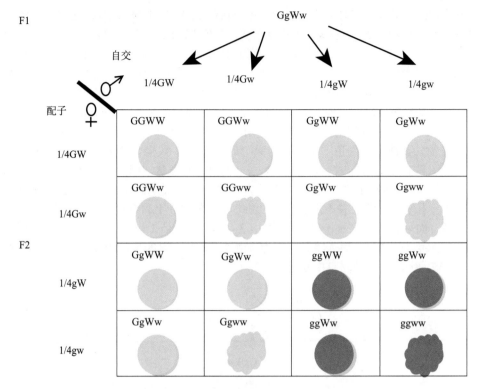

图 2-4　豌豆两对性状分离比（棋盘法）

于单基因控制的性状而言，显性并不总是完全的，一个基因也有可能超过两个等位基因，且一个基因可能控制多个性状，有些性状也可能受到多种因素的影响。

孟德尔选择的 7 对相对性状都是 F1 代仅表现亲本之一的性状。比如，种子颜色黄色和绿色，黄色为完全显性 F1 代全部为黄色，但有时两个亲本的等位基因没有明显的显隐性之分，F1 代的表型不同于任何一个亲本而是介于两者之间，直接反映了其基因型，即表型比例等于基因型比例。这种杂合子中显性性状不能完全遮盖隐性性状的现象称为不完全显性。 F1 代同时表现出两个亲本的表型，这种现象称作共显性。

1. 完全显性遗传　杂合子（Aa）的表型与显性纯合子（AA）完全相同，称为完全显性（complete dominance），如短指（趾）症。

2. 不完全显性　杂合子（Aa）的表型介于显性纯合子（AA）和正常的隐性纯合子（aa）之间。也称半显性（semidominance），如软骨发育不全、β 地中海贫血等。往往显性纯合子 AA 病情重，杂合子 Aa 病情轻，而隐性纯合子 aa 正常。如人类对苯硫脲的尝味能力属于不完全显性遗传，基因型 TT 者对浓度 1/75 万～1/5 万可尝出苦涩味者，称为纯合尝味者；基因型 Tt 者对浓度 1/5 万～1/40 万尝出苦涩味者为杂合尝味者；基因型 tt 者要到浓度 > 1/2.4 万至结晶才能尝味者称为味盲者。软骨发育不全是一种典型的常染色体不完全显性遗传病。该病是一种常见的侏儒畸形，显性纯合体（AA）患者病情严重，多于胎儿或新生儿期死亡，临床上见到的患者多为杂合体（Aa）。本病患者在出生时即表现出体格畸形，成年身高 1.3m 左右。

3. 共显性（codominant inheritance）　一对等位基因在杂合体中，两个基因的作用都表达出来，彼此间没有显性和隐性的区别，这种遗传方式就称为共显性遗传，如人类 MN 血型。

不完全显性和共显性都是对孟德尔定律的补充和发展，并没有违背孟德尔遗传定律。首先，显隐性关系不会影响等位基因的分离。其次，它只对表型产生影响，反映了不同基因产物对表型的控制存在差异。

有时一个基因座上会有超过两个以上的等位基因，即复等位基因（multiple alleles）。复等位基因是指在一个群体中，一对同源染色体上，一对等位基因座上有 3 个或以上成员，在由多个个体组成的群体中，每个个体只能包含两个等位基因。人类的 ABO 血型决定于 I^A、I^B 和 i 三种基因（一组复等位基因），可产生 6 种基因型和 4 种表型。但每一个个体最多只可能具有复等位基因中的两个。在自然界中，生物遗传物质自发突变导致复等位基因的产生，原本的野生型基因突变为不同的形式，产生复等位基因。复等位基因的存在使预测单基因性状的表型更加复杂化。

4. 基因的多效性 是一个基因可以决定或影响多个性状。在个体的发育过程中，很多生理生化过程都是互相联系、互相依赖的。基因的作用是通过控制新陈代谢的一系列生化反应而影响到个体发育的方式，从而决定性状的形成。因此，一个基因的改变可能直接影响其他生化过程的正常进行，从而引起其他性状发生改变。

5. 多基因性状 由两个或两个以上基因控制的性状，其表型很大程度上取决于控制基因间的相互作用且环境因素也会影响表型。有时基因间的相互作用会产生新的表型或改变不同表型间的比例。

6. 异质性性状 由多个基因共同控制一个性状，这样的性状被称为异质性性状。在生物体内，时常有多个基因分别控制一个生化级联反应的单一步骤，这些基因中的任何一个发生突变，都无法产生反应的最终产物。如人类白化病基因就是这样一个由多基因决定的性状。这些并没有违背孟德尔遗传定律。只是对孟德尔定律的补充。

第二节　基因的连锁交换及定位

当两个基因 A 和 B，它们在同一条染色体上彼此靠近时，我们认为 A 和 B 基因连锁。当位于同一条染色体上的基因联合在一起被遗传时就呈现了遗传连锁（genetic linkage）现象。位于同一条染色体上的基因在减数分裂中倾向于一起传递，位于不同染色体上的基因是不连锁的，因此在减数分裂中独立分配。当减数分裂时同源染色体的非姐妹染色体单体间发生了局部互换，就会产生重组体。任何一个位置是否发生重组是一个随机过程。在同一染色体上彼此非常接近的两个基因往往不会重组，而是从亲代共同传递给后代；同源染色体上相距越远的连锁基因间发生交换的可能性越大，某些表型或性状如果是独立分配的，则表明这些表型或性状相关的基因是不连锁的或相距非常远。因此两个基因间的距离可以通过重组率来计算，以构建遗传图，显示基因间的相对位置。

一、基因连锁交换的发现

1905 年，W. Bateson 和 R. C. Punnet 研究了香豌豆两对性状的杂交实验，将紫花长形花粉和红花圆形花粉的纯系杂交。F1 代都是紫花长形花粉，表明紫花对红花是显性，长形花粉对圆形花粉是显性的。在 F2 代中，显示花的颜色和花粉形状的分离比各自都符合 3：1（图 2-5），表明这两对性状都是由单基因控制的，亲本型比预期多，非亲本型比预期少，不符合孟德尔的两对因子遗传的分离比（9：3：3：1），扩大实验的杂交规模后仍不符合预期结果。因此，Bateson 认为两对基因在杂交子代中并不是随机组合的，属于同一亲本的两个基因"相引"，属于不同亲本的两个基因"相斥"。但其未将这一现象与遗传的染色体学说联系起来，没能揭示出基因在染色体上的连锁规律。

（一）连锁法则的建立

1908 年摩尔根引入黑腹果蝇为实验材料，开始遗传学研究。他和学生 C. B. Bridges 研究了两对基因的遗传，发现了连锁和互换，建立了遗传学第三个基本定律—连锁定律（law of linkage）。摩尔根等发现果蝇的红眼和紫眼、长翅和残翅两对性状各自的遗传都符合孟德尔遗传定律。将红眼长翅的果蝇和紫眼残翅的果蝇进行杂交，F1 代均为红眼长翅，然后将 F1 和双隐性亲本进行测交，所得到的测交后代按孟德尔法则应有4种表型，分离比为1:1:1:1，但实际得到的结果也是亲组型多于理论数，重组型少于理论数（图2-6）。

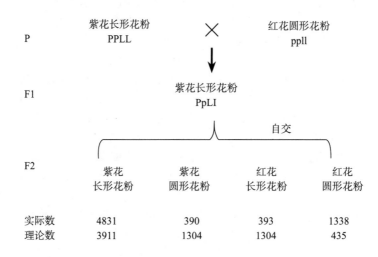

图2-5　香豌豆两对性状杂交实验

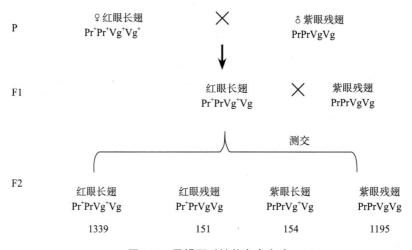

图2-6　果蝇两对性状杂交实验

摩尔根根据威尔逊处了解到的遗传的染色体学说，自然推理出该实验结果可能是由于"Pr⁺、Vg⁺"两个基因位于同一条染色体上，"Pr、Vg"也位于另一亲本的相应染色体上，红眼对紫眼为显性，长翅对残翅为显性。两个亲本都是纯合体，杂交后F1代的这一对染色体分别携带着"红眼长翅"和"紫眼残翅"基因。减数分裂时有些细胞的"Pr⁺、Vg⁺"两个基因之间发生染色体的交换重组，产生了基因型为"Pr⁺Vg"和"PrVg⁺"的重组型配子，这种配子的比例比亲组型配子少，所以通过测交所得到的后代不是1:1:1:1，而是亲本型的表型红眼长翅和紫眼残翅为多；相反，重组型的后代红眼残翅、紫眼长翅为少。他们的假设归纳起来主要有三个论点：①相引的两个基因位于同一条染色体上，相斥则反之；②同源染色体在减数分裂时发生交换重组；③位置相近的基因相互连锁。将位于同一染色体上的基因群称为连锁群，连锁群的数目不会超过染色体的数目。

（二）基因重组

在判定两个基因之间是否连锁时，我们将F1代双杂合子进行测交，子代分离比是否符合自由组合的比值（1∶1∶1∶1），若符合就是自由组合，不符合就是连锁遗传。染色体上相邻的基因紧密连锁比相距较远的基因更有可能同时分配，而不是交叉互换。相距较远的基因发生重组，重组率即重组型配子数占总配子数的百分率。但一般我们无法获知重组型配子的类型，因此要再通过一次测交实验，根据重组型测交后代中，重组型配子数等于重组型个体数来计算重组率等于重组型个体数占总个体数的百分率。并将1%的重组率记为一个图距单位，为了纪念摩尔根称为厘摩（cM），厘摩就是重组率的测量单位，1厘摩等于1%的重组率，这个距离也被称为遗传距离。两个基因间的距离越小，连锁越紧密，发生交换的概率越小，重组率也越小；两个基因间的距离越大重组率越大，其交换值就越大，遗传图距离也越远。

（三）减数分裂过程中的交换

减数分裂是染色体数减半的特殊细胞分裂方式。其不仅保证生物染色体数目的稳定、产生"变异"、确保减数分裂中染色体的正常分离，而且减数分裂时同源染色体之间的交叉互换是导致基因重组的物质基础，由两次连续的核分裂组成。

第一次减数分裂使染色体数目减半分成4期，即前期Ⅰ、中期Ⅰ、后期Ⅰ、末期Ⅰ（图2-7）。

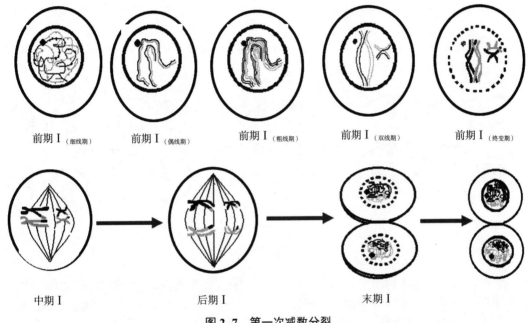

前期Ⅰ(细线期)	前期Ⅰ(偶线期)	前期Ⅰ(粗线期)	前期Ⅰ(双线期)	前期Ⅰ(终变期)

中期Ⅰ　　　　　　后期Ⅰ　　　　　　末期Ⅰ

图2-7　第一次减数分裂

1. 前期Ⅰ 在大部分高等生物中此期持续几天，通常分为连续的5个时期，即细线期、偶线期、粗线期、双线期和浓缩期或称终变期。这些描述的术语表明了每个时期中染色体的形态。

(1) 细线期：染色体呈细线状，具有念珠状的染色粒。此时染色体已经复制，但仅在电镜下才能辨别姐妹染色单体。

(2) 偶线期：同源染色体配对，也称为同源染色体的联会，起始于染色体的端部。配对过程沿染色体的长轴进行形成联会复合体。每对联会的同源染色体称为二价体。每一对同源染色体已复制，含4条染色单体，所以又称四分体。

(3) 粗线期：染色体继续凝聚，缩短变粗，非姐妹染色单体之间发生交换。在粗线晚期用光镜可观察到二价体。不能配对的染色体则称为单价体或二联体。在果蝇粗线期用电镜可以观察到联会复合体的中央具有与联会复合体宽度相近的呈圆形或椭圆形的电子致密球状小体，称为重组节，重组节上存在多个参与重组交换的酶，它的位置也标志着交换发生的位置。

(4) 双线期：联会的染色体开始分离，但同源染色体的非姐妹染色单体在交换处缠结在一起形成显微镜下可见的交叉。交叉的数目和位置是不固定的，在正常的减数分裂中，每条二价体通常具有至少一个交叉，长染色体的二价体通常有三个或多个交叉。而随着时间推移，交叉向端部移动，这种现象称为端化，端化过程一直进行到中期，双线期持续时间较长。

(5) 终变期：二价体显著变短，并向核周边移动，在核内均匀散开。终变期二价体的形状表现出多样性，如 X 形和 O 形等。在近终变期末，核仁开始消失，纺锤体形成，核膜破裂。

2. 中期 I 染色体排列在赤道板上，二价体偏向中期板的两侧，每个二价体有 4 个着丝粒，一侧的纺锤体和同侧的两个着丝粒相连。同源染色体的着丝粒被纺锤体拉向相反的两极，仅在交叉处连接，正是由于交叉的存在保证了同源染色体的正常分离。

3. 后期 I 二价体中的两条同源染色体分开，随机地向两极移动。因此非同源染色体自由组合地趋向一极，使母本和父本染色体重新组合。作为结果，子代中就有了父方和母方不同的基因组合，这是孟德尔定律的细胞学基础。由于姐妹染色单体黏连蛋白的存在，使得此期两条姐妹染色单体仍紧密相连。

4. 末期 I 两套染色体分别到达两极后，解旋为细丝状、纺锤体断裂、核膜重建、核仁形成，同时进行胞质分裂，产生两个子细胞。子细胞染色体数目减半，但因姐妹染色体单体仍被黏连蛋白（cohesin）束缚在一起尚未分离，故 DNA 含量仍为 $2n$，姐妹染色单体直到第二次减数分裂的中期才分开。

第二次减数分裂与有丝分裂相似，分为 4 期，即前期 II、中期 II、后期 II、末期 II，最后产生 4 个单倍体子细胞体（图 2-8）。

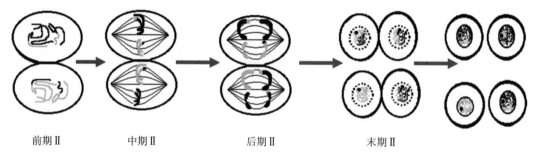

前期 II　　　　中期 II　　　　后期 II　　　　末期 II

图 2-8　第二次减数分裂

早在 1909 年，细胞生物学家 Frans A Janssens，报道了他发现在减数分裂前期 I 的双线期和后期 I 的同源染色体的非姐妹染色单体在某些点上存在交叉，提出"交叉假说"对减数分裂进行全新释义。来自父方和母方的同源染色体分别带有不同的等位基因 AB 和 ab，在减数分裂前期 I 配对时，非姐妹染色单体在交叉处断裂、重接，彼此交换了部分片段，到后期 I 同源染色体分向两极时，仅在交叉处连接，减数分裂产生的配子就有 Ab、AB、ab 和 aB。其中 AB 和 ab 是亲本型，Ab 和 aB 是重组型。Janssens 的交叉假说引起了摩尔根的关注，这一假说刚好能解释连锁基因间发生重组的原因。减数分裂过程中，染色体的断裂和重接是基因重组的物质基础，而显微镜下观察到的交叉就是非姐妹染色单体断裂和交换的位点。如果基因在染色体上做线性排列，那么染色体交换应该带来基因重组。

但直到 1931 年美国著名的遗传学家 B. McClintock 指导她的女博士生 H. B. Creighton 以玉米为材料进行的一项实验，利用显微镜下可辨认的细胞学标记追踪特定染色体，再根据遗传学标记确定杂交后代是否发生了基因重组，为染色体交换导致基因重组提供了直接的证据。实验选用了特殊的玉米为材料，研究了位于 9 号染色体上的色素基因"C"和糯质基因"Wx"，在其短臂上靠近 C 带有一个明显的节结，在长臂端靠近 Wx 有一条来自 8 号染色体的附加片段，正常的染色体是没有结节和易位片段的，因此结节和附加片段就成为一种细胞学标记。实验选用一个杂合品系，其中一条染色体带有有色 C 和非糯 wx 基因，两端有标记，而另一条染色体两端是不带有标记的，带有无色 c 和糯性 Wx 基因。通过杂交后比较亲本型后代和遗传重组型后代的染色体，发现亲本型的后代都保持了亲本的染色体排列，而所有重组型后代的染色体都发生了重组（图 2–9）。这样，她们就把遗传学和染色体内重组的细胞学证据联系起来，证实了基因重组是染色体交换的结果。

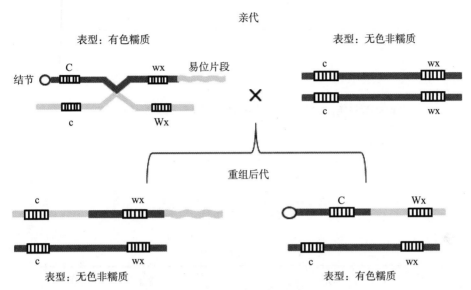

图 2–9 玉米杂交实验

二、基因定位

在连锁分析中，我们可以利用连锁的特性，即附近的基因往往会从一个亲代共同传给子代来定位影响表型的基因。如何找到影响特定表型的基因？连锁分析在创建基因组图谱方面具有重要作用。通过研究特定 DNA 变异是否在家族中共同传递，研究人员能够推断出这些标记在每条染色体上的相对顺序和位置。连锁分析还有助于检测基因型和表型的相关性，如果标记和表型在家族中共同传递，可以推断，存在着与标记连锁的受表型影响的基因。

摩尔根的果蝇实验已表明重组是同源染色体发生交换的结果，两个连锁基因之间的距离决定了它们的重组率。那么我们能否用实验的方法来确定真核生物染色体上不同基因的位置？ 1911 年，A. H. Sturtevant 提出用基因重组的频率来确定它们在染色体上的排列顺序，并画出了第一张染色体图，包括 X 染色体上的决定果蝇身体黄色 y、朱红眼 v、白眼 w、小翅 m、残翅 r，并统计了任意两个基因间的重组率，共 10 个数据。

（一）两点测交

他假定基因在染色体是呈直线排列的，重组率大的两个基因相距更远，重组率可反映两个基因在染色体上的距离，即重组率等于重组型在所有类型中所占的比例。如图 2–10 所示，y-m 的重组率为 34.3，y-w 和 w-w 的重组率分别为 1.1 和 33.8，由此将 w 置于 y 和 m 之间。根据 10 个重组率（表 2–1）依次将 5 个基因排好顺序，仔细观察基因间的距离有出入，如 y-r 的重组率是 42.9，但将 y 和 r 之间的基因距离逐一相加的距离却是 55。

$$（y-w）+（w-v）+（v-m）+（m-r）=1.1+32.1+4.0+17.8=55$$

Sturtevant 意识到两点测交定位基因存在诸多缺点：缺点之一就是烦琐，想定位 3 对基因就要进行 3 次杂交和 3 次测交实验。很难确保亲本的遗传背景相同及每次实验条件一致。当两个基因位置很近时也很难确定基因的位置。另一个缺点就是位于两端基因间的距离不等于居中基因间距离的叠加。

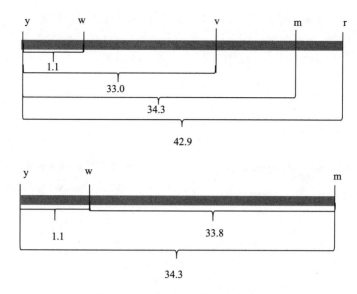

图 2-10　y、w 和 m 基因定位示意

表 2-1　五个基因两两重组率统计

基因对	重组率
y-w	1.1
y-v	33.0
y-m	34.3
y-r	42.9
w-v	32.1
w-m	33.8
w-r	42.1
v-m	4.0
v-r	24.1
m-r	17.8

（二）三点测交

意识到两点测交的问题，Sturtevant 改用三杂合体和三个隐性个体测交的方法进行基因定位，称为三点测交（three point test cross）。从几何知识上知道，要证明 a、b、c 三点共线，可通过三点之间的距离加以证明，当 ab+bc=ac 时 a、b、c 三点在一条直线上。Sturtevant 选择了三个基因座残翅 vg、黑体 b 和紫色眼 pr。为了确定其位置 Sturtevant 先将三隐性雌蝇（vg b pr/ vg b pr）和野生型雄蝇（vg^+ b^+ pr^+/ vg^+ b^+ pr^+）杂交，F1 代不论雌蝇还是雄蝇都表现为野生型。说明三个突变都是隐性突变。再将得到的三杂合体雌蝇（vg b pr/ vg^+ b^+ pr^+）与三隐性雄蝇（vg b pr/ vg b pr）测交，三隐性雄蝇只产生一种三隐性精子，所以测交后代的 8 种类型和比例（表 2-2），直观反映了三杂合体雌蝇产生的卵子类型和比例。

表 2-2 果蝇三点测交结果

组 合	实得数
vg b pr	1779
vg⁺ b⁺ pr⁺	1654
vg⁺ b pr	252
vg b⁺ pr⁺	241
vg⁺ b pr⁺	131
vg b⁺ pr	118
vg b pr⁺	13
vg⁺ b⁺ pr	9
总数	4197

vg 与 b 之间的重组率 P=（252+241+131+118）÷4197×100=17.7

vg 与 pr 之间的重组率 P=（252+241+13+9）÷4197×100=12.3

b 与 pr 之间的重组率 P=（131+118+13+9）÷4197×100=6.4

由于 vg 与 b 之间的重组率最大相距最远，因此在两端。pr 在中间，三个基因在染色体上的顺序和位置得以确定（图 2-11）。

前文讲到，重组是减数分裂产生配子过程中，同源染色体非姐妹染色单体交换的结果，如果在所研究的三对基因间没有发生任何交换，就将仅产生亲本型配子，在本实验中数目最多。

如果 vg 和 pr 之间发生一次单交换（图 2-12），将产生重组型配子，在本实验中数目其次。

如果 pr 和 b 之间发生一次单交换（图 2-13），将产生重组型配子，由于两者间距离较近，重组后代的数目较 vg 和 pr 间单交换数少。

当 vg 和 pr 之间、pr 和 b 之间各发生一次单交换即一次双交换时（图 2-14），产生的重组后代数目最少，上文计算 vg 和 pr 的重组率是 12.3，pr 和 b 重组率是 6.4，而 vg 与 b 之间的重组率是 17.7，小于 12.3+6.4=18.7，这是为什么呢？

如果只考虑 vg 和 b，忽略 pr，vg 和 b 之间的双交换不会带来重组类型。之前计算的 vg-b 的重组率时并没有计入双交换时产生的重组类型。因此，两端的基因 vg 和 b 的遗传距离要加上两倍的双交换数，因为每个双交换实际上包含了两个单交换。因此，（vg-b）=（252+241+13+9+131+118+13+9）÷4197×100=18.7。

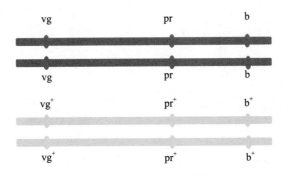

图 2-11 vg、pr 和 b 基因定位示意

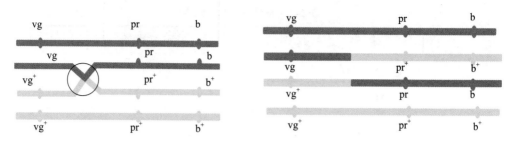

图 2-12　vg 和 pr 单交换示意

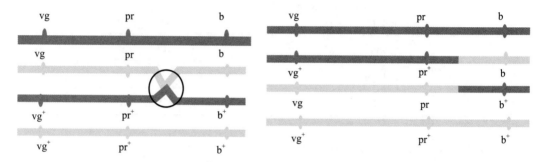

图 2-13　pr 和 b 单交换示意

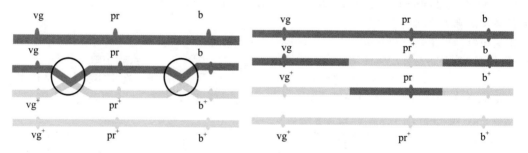

图 2-14　vg 和 pr 及 pr 和 b 双交换示意

　　三点测交实验的意义在于：①比两点测交更方便、准确，一次三点测交相当于三次两点测交实验所获得的结果；②能获得双交换的资料；③证实了基因在染色体上是直线排列的；④可进行遗传作图。

第3章 DNA 的结构、复制与重组

核酸（nucleic acid）是以核苷酸为基本组成单位的生物大分子，具有复杂的空间结构和重要生物学功能，分为脱氧核糖核酸（deoxyribonucleic acid，DNA）和核糖核酸（ribonucleic acid，RNA）。DNA 存在于细胞核和线粒体中，携带遗传信息，并通过复制的方式将遗传信息进行传代，细胞及生物体的性状均由这种遗传信息所决定。

第一节 DNA 是遗传物质实验证据

早在 20 世纪，科学家就已发现染色体是遗传物质，主要是由蛋白质和 DNA 组成的。但在这两种物质中，究竟哪一种是遗传物质呢？这个问题曾引起生物学界激烈的争论。直到后来科学家们通过一系列实验进一步证明了 DNA 是遗传信息的载体。

一、肺炎双球菌体内转化实验

发现 DNA 的遗传功能，始于 1928 英国科学家 P. Griffith 所做的肺炎双球菌体内转化实验，首次发现了基因是一类特殊生物分子的证据。

肺炎双球菌作为一种重要的人类病因，于 1880 年已被发现能导致肺炎。而肺炎双球菌能否致病与其是否能产生荚膜有密切关系，因荚膜能抵抗人体内吞噬细胞的吞噬作用而大量繁殖，从而引起疾病。因此，常被作为体液免疫研究的对象。

肺炎双球菌有多种株系，其中光滑型的菌株（S 型）其菌落是光滑的，可产生荚膜，有毒，在人体内会导致肺炎，在小鼠体中会导致败血症，并使小鼠患病死亡；粗糙型的菌株（R 型）其菌落是粗糙的，不产生荚膜，无毒，在人或动物体内不会导致疾病。

1928 年，P. Griffith 以 R 型和 S 型菌株作为实验材料进行遗传物质实验，将活的、无毒的 RⅡ 型（无荚膜，菌落粗糙型）肺炎双球菌或加热杀死的有毒的 SⅢ 型肺炎双球菌注入小白鼠体内，结果小白鼠安然无恙；将活的、有毒的 SⅢ 型（有荚膜，菌落光滑型）肺炎双球菌或将大量经加热杀死的有毒的 SⅢ 型肺炎双球菌和少量无毒、活的 RⅡ 型肺炎双球菌混合后分别注射到小白鼠体内，结果小白鼠患病死亡，并从小白鼠体内分离出活的 SⅢ 型菌。P. Griffith 称这一现象为转化作用。实验表明，加热杀死的 SⅢ 型菌体内含有某种促成 RⅡ 型活菌转化为 SⅢ 型细菌的"转化因子"。

"转化因子"就是遗传物质，但具体是蛋白质还是 DNA 仍未得到证实。

二、肺炎双球菌体外转化实验

1944 年，美国科学家 O. Avery、C. Macleod 及 M. Mccarty 等在 P. Griffith 工作的基础上，对肺炎双球菌体内转化实验的本质进行了深入研究（体外转化实验）。他们从 SⅢ 型活菌体内提取 DNA、RNA、蛋白质和荚膜多糖，将它们分别和 RⅡ 型活菌混合均匀后注入小白鼠体内，结果只有注射 SⅢ 型菌 DNA 和 RⅡ 型活菌混合液的小白鼠才死亡。实验表明，有荚膜的可致病的 SⅢ 型肺炎双球菌中提取出的 DNA 可以使另一种无荚膜的非致病性的 RⅡ 型肺炎双球菌细胞转化成致病菌，而蛋白质、RNA 和多糖物质没有这种转化功能。

进一步用蛋白水解酶或核糖核酸酶降解蛋白质或 RNA，都不影响其转化能力。但是如果 DNA 被脱氧核糖核酸酶降解处理后，则失去转化功能；而已经转化的细菌，其后代仍保留了合成 SⅢ 型荚膜的能力。这就进一步确认了转化因子是 DNA。

体外转化实验首次证明了蛋白质不是遗传物质，DNA才是携带生物体遗传信息的物质基础。

三、噬菌体侵染细菌实验

1952年，A. Hershey和M. Chase用大肠埃希菌噬菌体的DNA进行的性状表达实验，进一步确认了DNA是遗传信息的载体。

T2噬菌体是一种专门寄生于细菌体内的病毒，它的主要组成部分是蛋白质衣壳和DNA分子。A. Hershey等将T2噬菌体分别培养在含有放射性同位素 ^{35}S 和 ^{32}P 的培养基中，噬菌体的蛋白质和DNA分别被 ^{35}S 和 ^{32}P 所标记，用被 ^{35}S 和 ^{32}P 标记的噬菌体分别去侵染未标记的大肠埃希菌，经过短时间的温育、搅拌、离心后，通过检测 ^{35}S 和 ^{32}P 的放射性，追踪噬菌体的DNA和蛋白质外壳。实验结果显示，当用 ^{35}S 标记的噬菌体侵染细菌后，放射性同位素主要分布在上清液中，子代噬菌体几乎都不含 ^{35}S，提示宿主细胞内很少有放射性同位素 ^{35}S，而大多数 ^{35}S 标记的噬菌体蛋白质附着在宿主细胞的外部。当用 ^{32}P 标记的噬菌体侵染细菌后，放射性同位素主要分布在试管的沉淀物中，约有30%的 ^{32}P 出现在子代噬菌体中，提示宿主细胞外部的噬菌体外壳中很少有放射性同位素 ^{32}P，而大多数放射性同位素 ^{32}P 在宿主细胞内。

以上实验表明，噬菌体侵染大肠埃希菌时，进入细菌内的主要是DNA，而大多数蛋白质在细菌的外部。可见，在噬菌体的生活史中，只有DNA是在亲代和子代之间具有连续性的物质，进一步准确地证明了DNA是遗传物质。

生物体的遗传信息是以基因的形式存在的。基因（gene）是编码RNA或多肽链的DNA片段，即DNA中特定的核苷酸序列。它为DNA复制和RNA生物合成提供了模板。DNA的核苷酸序列以遗传密码的方式决定了蛋白质的氨基酸排列顺序。依据这一原理，DNA利用4种碱基的不同排列编码了生物体的遗传信息，并通过复制的方式遗传给子代。此外，DNA还利用转录过程，合成出各种RNA。后者参与蛋白质的合成，确保细胞内生命活动的有序进行和遗传信息的世代相传。

一个生物体的基因组（genome）是指包含在该生物的DNA（部分病毒除外）中的全部遗传信息，即一套染色体中完整的核苷酸序列。各种生物体基因组的大小、所包含的基因数量和种类都有所不同。一般来讲，进化程度越高的生物体，其基因组越大越复杂。简单生物的基因组仅含有几千个碱基对，而高等动物的基因组可高达 10^9 碱基对，使可编码的信息量大大增加。病毒颗粒的基因组可以由DNA组成，也可以由RNA组成，两者一般不共存。病毒基因组的DNA和RNA可以是单链的，也可以是双链的，可以是环形分子，也可以是线性分子。

DNA是生物体遗传信息的载体，是生命遗传的物质基础，也是个体生命活动的信息基础，为基因复制和转录提供了模板。DNA具有高度稳定性的特点，用来保持生物体系遗传特征的相对稳定性。同时，DNA又表现出高度复杂性的特点，它可以发生各种重组和突变，适应环境变迁，为自然选择提供机会，使大自然表现出丰富的生物多样性。

第二节　DNA的双螺旋结构

DNA是多个脱氧核糖核苷酸通过3′, 5′–磷酸二酯键聚合形成的线性大分子，脱氧核糖核苷酸之间是通过3′, 5′–磷酸二酯键共价连接的。这条多聚脱氧核糖核苷酸分子的一端是连接在C-5′原子上的磷酸基团，另一端是C-3′原子上的羟基，它们分别称为5′端和3′端。这条多聚脱氧核糖核苷酸链的3′–羟基可以与另一个游离的脱氧核苷三磷酸的 α–磷酸基团发生缩合反应，生成一个新的3′, 5′–磷酸二酯键，并将原来的多聚脱氧核糖核苷酸链在3′端增加一个脱氧核糖核苷酸。这个延长的多聚脱氧核糖核苷酸链的3′端仍然保留着一个羟基，它可以继续与游离的脱氧核苷三磷酸的 α–磷酸基团反应，继续生成一个新的3′, 5′–磷酸二酯键。这样的反应可以反复进行下去生成一条多聚脱氧核苷酸链，即DNA链（图3-1）。多聚脱氧核苷酸链只能从它的3′端得以延长，因此，DNA链有了5′端→3′端的方向性。基于DNA的方向性，把DNA链从5′端至3′端的排列顺序定

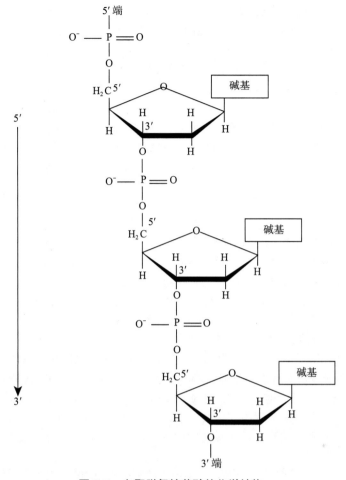

图 3–1　多聚脱氧核苷酸的化学结构

义为 DNA 的一级结构。

在特定的环境条件下（pH、离子特性、离子浓度等），DNA 链上的功能基团可以产生特殊的氢键、离子作用力、疏水作用力及空间位阻效应等，从而使得 DNA 分子的各个原子在三维空间里具有确定的相对位置关系，这称为 DNA 的空间结构（spatial structure）。DNA 的空间结构可分为二级结构（secondary structure）和高级结构，其中二级结构即为两条脱氧多核苷酸链反向平行盘绕所形成的双螺旋结构。DNA 的二级结构分为两大类：一类是右手螺旋，如 A 型 DNA、B 型 DNA 等；另一类是左手螺旋，如 Z 型 DNA。J. Watson 和 F. Crick 所发现的 DNA 双螺旋，属于右手螺旋中的 B 型 DNA，在细胞中最为常见。

一、DNA 双螺旋结构的实验基础

20 世纪 40 年代末，美国生物化学家 E. Chargaff 利用层析和紫外吸收光谱等技术研究了 DNA 的化学组分，并在 1950 年提出了有关 DNA 中四种碱基的 Chargaff 规则。它们是不同生物个体的 DNA，其碱基组成不同；同一个体的不同器官或不同组织的 DNA 具有相同的碱基组成；对于一个特定组织的 DNA，其碱基组分不随其年龄、营养状态和环境而变化；对于一个特定的生物体，腺嘌呤（A）的摩尔数与胸腺嘧啶（T）的摩尔数相等，鸟嘌呤（G）的摩尔数与胞嘧啶（C）的摩尔数相等。Chargaff 规则揭示了 DNA 的碱基之间存在某种对应关系，为碱基之间的互补配对关系奠定了基础。

20 世纪 50 年代初，英国帝国学院的 R. Franklin 和 M. Wilkins 进行了大量的工作，利用 X 线衍射技术来解析 DNA 分子空间结构。凭借丰富的经验和细致耐心的工作，R. Franklin 取得了突破性的进展。1951 年 11 月，R. Franklin 获得了高质量的 DNA 分子 X 线衍射照片，并从衍射图像得出 DNA 分子呈螺旋状的推论。之后英国剑桥大学的 J. Watson 和 F. Crick 在前人的研究基础上，提出了 DNA 双螺旋结构（double helix structure）的模型，并在 1953 年 4 月 25 日将该模型发表在 *Nature* 上。这一发现不仅解释了当时已知的 DNA 的理化性质，还将 DNA 的功能与结构联系起来，它诠释了生物界遗传性状得以世代相传的分子机制，奠定了现代生命科学的基础。DNA 双螺旋结构揭示了 DNA 作为遗传信息载体的物质本质，为 DNA 作为复制模板和基因转录模板提供了结构基础。因此，DNA 双螺旋结构的发现被认为是现代生物学和医学发展史的一个里程碑。

二、DNA 双螺旋结构的特点

J. Watson 和 F. Crick 提出的 DNA 双螺旋结构具有下列特征。

（一）DNA 由两条多聚脱氧核苷酸链组成

两条多脱氧核苷酸链围绕着同一个螺旋轴形成反向平行的右手螺旋（right-handed helix）的结构（图 3-2）。两条链中一条链的 5' 端→3' 端方向是自上而下，而另一条链的 5' 端→3' 端方向是自下而上，呈现出反向平行（anti-parallel）的特征。

（二）DNA 的两条多聚脱氧核苷酸链之间形成了互补碱基对

碱基的化学结构特征决定了两条链之间的特有相互作用方式：一条链上的腺嘌呤与另一条链上的胸腺嘧啶形成了两对氢键；一条链上的鸟嘌呤与另一条链上的胞嘧啶形成了 3 对氢键。这种特定的碱基之间的作用关系称为互补碱基对（complementary base pair），DNA 的两条链则称为互补链（complementary strand）。由于组成碱基对的两个碱基的分布在不同平面上，氢键使碱基对沿长轴旋转一定角度，使碱基的形状像螺旋桨叶片的样子，整个 DNA 分子形成双螺旋缠绕状。碱基对平面与双螺旋结构的螺旋轴近乎垂直，碱基对之间的距离是 0.34nm，10 个碱基旋转一周，故旋转一周的螺距是 3.4nm（图 3-2）。

（三）两条多聚脱氧核苷酸链的亲水性骨架将互补碱基对包埋在 DNA 双螺旋结构内部

多聚脱氧核苷酸链的脱氧核糖和磷酸基团构成了亲水性骨架（backbone），该骨架位于双螺旋结构的外侧，而疏水性碱基对包埋在双螺旋结构的内侧。DNA 双链的反向平行走向使得碱基对与磷酸骨架的连接呈现非对称性，从而在 DNA 双螺旋结构的表面上产生一个大沟（major groove）和一个小沟（minor groove）。

（四）两个碱基对平面重叠产生了碱基堆积作用

在 DNA 双螺旋结构的旋进过程中，相邻的两个碱基对平面彼此重叠（overlapping），由此产生了疏水性的碱基堆积力（base stacking force）。这种碱基堆积力作用十分重要，它和互补链之间碱基对的氢键共同维系着 DNA 双螺旋结构的稳定。

三、DNA 双螺旋结构的多样性

J. Watson 和 F. Crick 提出的 DNA 双螺旋结构模型是基于在 92% 相对湿度下得到的 DNA 纤维的 X 线衍射图像的分析结果。这是 DNA 在水环境下和生理条件下最稳定的结构。随着研究的深入，人们发现 DNA 的结构不是一成不变的，溶液的离子强度或相对湿度的变化可以使 DNA 双螺旋结构的沟槽、螺距、旋转角度、碱基对倾角等发生变化。由于历史原因，人们将 J. Watson 和 F. Crick 提出的双螺旋结构称为 B 型 DNA。当环境的相对湿度降低后，DNA 仍然保存着稳定的右手双螺旋结构，但是它的空间结构参数不同于 B 型 DNA，人们将其称为 A 型 DNA。1979 年，美国科学家 A. Rich 等在研究人工合成的寡核酸链 CGCCCG 的晶体结构时，发现这种 DNA 具有左手双螺旋（left-handed helix）的结构特征。后来证明这种结构在天然 DNA 分子中同样存在，并称为 Z 型 DNA。三种不同类型 DNA 双螺旋结构的结构参数见表 3-1。在生物体内，DNA 的右手双螺旋结

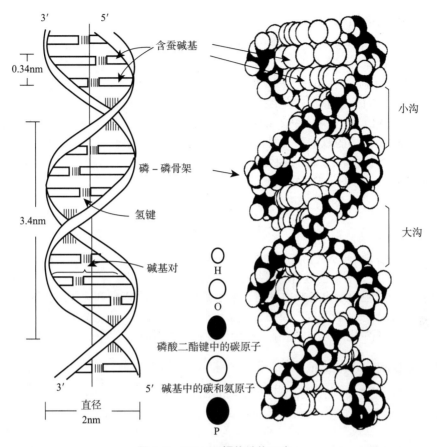

图 3-2　DNA 双螺旋结构示意

构不是 DNA 在自然界中唯一存在方式，不同的 DNA 双螺旋结构是与基因表达的调节和控制相适应的。

表 3-1　不同类型 DNA 的结构参数

	A 型 DNA	B 型 DNA	Z 型 DNA
螺旋旋向	右手螺旋	右手螺旋	左手螺旋
螺旋直径	2.55nm	2.37nm	1.84nm
每一螺旋的碱基对数目	11	10.5	12
螺距	2.53nm	3.54nm	4.56nm
相邻碱基对之间的垂直间距	0.23nm	0.34nm	0.38nm
糖苷键构象	反式	反式	嘧啶为反式，嘌呤为顺式，反式和顺式交替
使构象稳定的相对环境湿度	75%	92%	—
碱基对平面法线与主轴的夹角	19°	1°	9°
大沟	窄深	宽深	相当平坦
小沟	宽浅	窄深	窄深

四、DNA 的高级结构

随着对 DNA 研究的不断深入，科学家们发现，自然界中线性的 DNA 双链不是一条刚性分子，具有一定程度的柔韧性。一旦发生弯曲，DNA 双链就会在其内部产生一定的应力。DNA 双链需要形成一种超螺旋结构（superhelix），释放出这些应力使 DNA 处在一个低能量的稳定状态。当盘绕方向与 DNA 双螺旋方向相同时，其超螺旋结构为正超螺旋（positive supercoil）；反之则为负超螺旋（negative supercoil）。在生物体内，DNA 的超螺旋结构是在拓扑异构酶参与下形成的。拓扑异构酶可以改变超螺旋结构的数量和类型。自然条件下的 DNA 双链主要是以负超螺旋形式存在的，经过一系列的盘绕、折叠和压缩后，形成了高度致密的高级结构。这种负超螺旋形式产生了 DNA 双链的局部解链效应，有助于 DNA 复制、转录过程的进行。

第三节　DNA 的复制

DNA 复制发生在所有 DNA 为遗传物质的生物体中，是生物遗传的基础。DNA 复制（replication）是指 DNA 双链在细胞分裂以前进行的复制过程，从一个原始 DNA 分子产生两个相同 DNA 分子的生物学过程。这个过程通过边解旋边复制和半保留复制机制得以顺利完成。在这个过程中，亲代 DNA 作为合成模板，按照碱基配对原则合成子代分子，其化学本质是酶促脱氧核苷酸聚合反应。DNA 的复制以碱基配对规律为分子基础，酶促修复系统可以校正复制中可能出现的错误。

一、DNA 复制的基本特征

DNA 的复制特征主要包括半保留复制（semi-conservative replication）、双向复制（bidirectional replication）和半不连续复制（semi-discontinuous replication）。DNA 的复制具有高保真性（high fidelity）。

（一）DNA 的主要复制方式

DNA 主要是以半保留方式进行复制，且 DNA 生物合成的半保留复制规律是遗传信息传递机制的重要发现之一。在复制时，亲代双链 DNA 解开为两股单链，各自作为模板，依据碱基配对规律，合成序列互补的子链 DNA 双链。亲代 DNA 模板在子代 DNA 中的存留有 3 种模型：全保留复制模型、半保留复制模型和弥散复制模型（图 3-3A）。

1958 年，科学家 Meselson M. 和 Stahl F. W. 用实验证实自然界的 DNA 复制方式是半保留复制的。他们利用细菌能够以 NH_4Cl 为氮源合成 DNA 的特性，将细菌在 $^{15}NH_4Cl$ 的培养液中培养若干代（每一代约 20min），此时细菌 DNA 全部是含 ^{15}N 的"重"DNA；再将细菌放回普通的 $^{14}NH_4Cl$

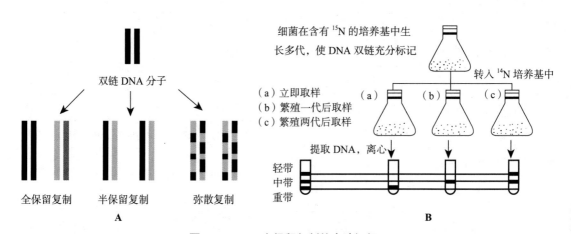

图 3-3　DNA 半保留复制的实验证据

A. DNA 的三种复制方式；B. ^{15}N 标记 DNA 实验证明半保留复制假设

培养液中培养，新合成的 DNA 则掺入 ^{14}N；提取不同培养代数的细菌 DNA 做密度梯度离心分析，^{15}N-DNA 和 ^{14}N-DNA 的密度不同，DNA 因此形成不同的致密带。结果表明，细菌在重培养基中生长繁殖时合成的 ^{15}N-DNA 是 1 条高密度带；转入普通培养基培养一代后得到 1 条中密度带，提示其为 ^{15}N-DNA 链与 ^{14}N-DNA 链的杂交分子；在第二代时可见中密度和低密度 2 条带，表明它们分别为 ^{15}N-DNA 链 /^{14}N-DNA 链、^{14}N-DNA 链 /^{14}N-DNA 链组成的分子（图 3–3B）。随着在普通培养基中培养代数的增加，低密度带增强，而中密度带保持不变。这一实验结果证明，亲代 DNA 复制后，是以半保留形式存在于子代 DNA 分子中的。

半保留复制规律的阐明，对于理解 DNA 的功能和物种的延续性有重大意义。依据半保留复制的方式，子代 DNA 中保留了亲代的全部遗传信息，亲代与子代 DNA 之间碱基序列高度一致。

（二）DNA 复制的方向

细胞的增殖有赖于基因组复制而使子代得到完整的遗传信息，因此 DNA 的复制是从起点开始双向进行的。

原核生物基因组是环状 DNA，只有一个复制起点（origin）。复制从起点开始，向两个方向进行解链，进行单点起始双向复制。复制中的模板 DNA 形成 2 个延伸方向相反的开链区，称为复制叉（replication fork）。复制叉指的是正在进行复制的双链 DNA 分子所形成的 Y 形区域，其中，已解旋的两条模板单链，以及正在进行合成的新链构成了 Y 形的头部，尚未解旋的 DNA 模板双链构成了 Y 形的尾部。

真核生物基因组庞大而复杂，由多个染色体组成，全部染色体均需复制，每个染色体又有多个起点，呈多起点双向复制特征（图 3–4）。每个起点产生两个移动方向相反的复制叉，复制完成时，复制叉相遇并汇合连接。从一个 DNA 复制起点起始的 DNA 复制区域称为复制子（replicon）。复制子是含有一个复制起点的独立完成复制的功能单位。高等生物有数以万计的复制子，复制子间长度差别很大，为 13～900kb。

（三）DNA 复制以半不连续方式进行

DNA 双螺旋结构的特征之一是两条链的反向平行，一条链为 5′ 端→3′ 端方向，其互补链是 3′ 端→5′ 端方向。DNA 聚合酶只能催化 DNA 链从 5′ 端→3′ 端方向的合成，即子链沿着模板复制时，只能从 5′ 端→3′ 端延伸。在同一个复制叉上，解链方向只有一个，此时一条子链的合成方向与解链方向相同，可以边解链，边合成新链。然而，另一条链的复制方向则与解链方向相反，只能等待 DNA 全部解链，方可开始合成，这样的等待在细胞内显然是不现实的。

1968 年，日本科学家（Okazaki R.）用电子显微镜结合放射自显影技术观察到，复制过程中会出现一些较短的新 DNA 片段，后人证实这些片段只出现于同一复制叉的一股链上。由此提出，子代 DNA 合成是以半不连续的方式完成的，从而克服 DNA 空间结构对 DNA 新链合成的制约。

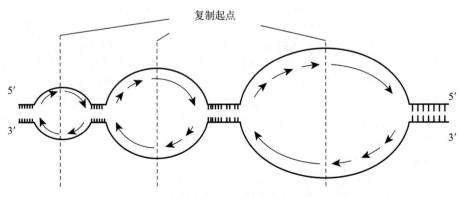

图 3–4 真核生物 DNA 的多点起始双向复制

目前认为，在 DNA 复制过程中，沿着解链方向生成的子链 DNA 的合成是连续进行的，这股链称为前导链（leading strand）；另一股链因为复制方向与解链方向相反，不能连续延长，只能随着模板链的解开，逐段地从 5′ 端→3′ 端生成引物并复制子链。模板被打开一段，起始合成一段子链；再打开一段，再起始合成另一段子链，这一不连续复制的链称为后随链（lagging strand），也称为滞后链。前导链连续复制而后随链不连续复制的方式称为半不连续复制。在引物生成和子链延长上，后随链都比前导链迟一些，因此，两条互补链的合成是不对称的。沿着后随链的模板链合成的新的 DNA 片段被命名为冈崎片段（Okazaki fragment）。冈崎片段的大小，在原核生物中为 1000～2000 个核苷酸，而在真核生物中约为 100 个核苷酸。复制完成后，这些不连续片段经过去除引物，填补引物留下的空隙，连接成完整的 DNA 长链。

（四）DNA 复制具有高度保真性

DNA 复制具有高度保真性，其错配概率为 10^{-10}。"半保留复制"确保亲代和子代 DNA 分子之间信息传递的绝对保真性。高保真 DNA 聚合酶利用严格的碱基配对原则是保证复制保真性的机制之一。另外，体内复制叉的复杂结构提高了复制的准确性；DNA 聚合酶的核酸外切酶活性功能，以及复制后修复对错配加以纠正，进一步提高了复制的保真性。

二、DNA 复制的反应体系

DNA 复制是酶促核苷酸聚合反应，底物是 dATP、dGTP、dCTP 和 dTTP，总称 dNTP。dNTP 底物有 3 个磷酸基团，最靠近核糖的称为 α-P，向外依次为 β-P 和 γ-P。在聚合反应中，α-P 与子链末端核糖的 3′-OH 连接。模板是指解开成单链的 DNA 母链，遵照碱基互补规律，按模板指引合成子链，子链延长有方向性。引物提供 3′-OH 末端使 dNTP 可以依次聚合。由于底物的 5′-P 是加合到延长中的子链（或引物）3′ 端核糖的 3′-OH 基上生成磷酸二酯键，因此新链的延长只可沿 5′ 端→3′ 端方向进行。核苷酸和核苷酸之间生成 3′，5′- 磷酸二酯键而逐一聚合，是复制的基本化学反应，整个化学反应需要多种酶和辅助蛋白质因子共同参与，如 DNA 聚合酶、DNA 拓扑异构酶、DNA 连接酶等。

（一）DNA 聚合酶催化脱氧核糖核苷酸间的聚合

DNA 聚合酶全称是依赖 DNA 的 DNA 聚合酶（DNA-dependent DNA polymerase，DNA pol）。DNA pol 是 1958 年由 Kornberg A. 在 E.coli 中首先发现的。他从细菌沉渣中提取得到纯酶，在试管内加入模板 DNA、dNTP 和引物，该酶可催化新链 DNA 生成。这一结果直接证明了 DNA 是可以复制的，是继 DNA 双螺旋模型确立后的又一重大发现。当时将此酶称为复制酶（replicase）。在发现其他种类的 DNA pol 后，Komberg A. 发现的 DNA 聚合酶被称为 DNA pol Ⅰ。

原核生物至少有 5 种 DNA 聚合酶（DNA pol Ⅰ、DNA pol Ⅱ、DNA pol Ⅲ、DNA pol Ⅳ 和 DNA pol Ⅴ 等）。DNA pol Ⅰ 由 polA 编码，主要在 DNA 损伤修复中发挥作用，在半保留复制中起到辅助作用，在活细胞内的功能主要是对复制中的错误进行校对，对复制和修复中出现的空隙进行填补。从大肠埃希菌变异菌株中相继提取到的其他 DNA pol 被分别称为 DNA pol Ⅱ 和 DNA pol Ⅲ。DNA pol Ⅱ 由 polB 编码，当复制过程被损伤的 DNA 阻碍时重新启动复制叉，主要功能是参与 DNA 损伤的应急状态修复。DNA pol Ⅲ 由 polC 编码，聚合反应与活性远高于 pol Ⅰ，每分钟可催化多至 10^5 次聚合反应，因此 DNA pol Ⅲ 是原核生物复制延长中真正起催化作用的酶。DNA pol Ⅲ 是由 10 种（17 个）亚基组成的不对称异聚合体（图 3-5），由 2 个核心酶通过 1 对 β 亚基构成的滑动夹与 γ- 复合物、即夹子加载复合体连接组成。核心酶由 α、ε、θ 亚基共同组成，主要作用是合成 DNA，有 5′ 端→3′ 端聚合活性；ε 亚基是复制保真性所必需的；β 亚基发挥夹稳 DNA 模板链，并使酶沿滑板滑动的作用；其余的 7 个亚基统称为 γ- 复合物，包括 γ、δ、δ′、ψ、χ 和两个 τ，有促进滑动夹加载、全酶组装至模板上及增强核心酶活性的作用。这三种聚合酶都有 5′ 端→3′ 端延长脱氧核苷酸链的聚合活性及 3′ 端→5′ 端核酸外切酶活性。DNA pol Ⅳ 和 DNA pol Ⅴ 分别由 dinB 和 umu′$_{2C}$ 编码，属于跨损伤合成 DNA 聚合酶。

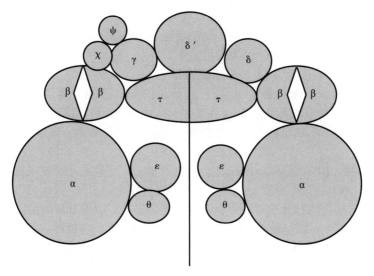

图 3-5　DNA pol Ⅲ 全酶的分子结构

　　真核细胞的 DNA 聚合酶至少 15 种，常见的有 5 种，它们在功能上与原核细胞不尽相同（表 3-2）。DNA polα 合成引物，然后迅速被具有连续合成能力的 DNA polδ 和 DNA polε 所替换，这一过程称为聚合酶转换（polymerase switching）。DNA polδ 负责合成后随链，DNA polε 负责合成前导链。DNA polα 催化新链延长的长度有限，但它能催化 RNA 链的合成，因此认为它具有引物酶活性。DNA polβ 复制的保真性低，可能是参与应急修复复制的酶。DNA polγ 是线粒体 DNA 复制的酶。

表 3-2　真核生物和原核生物 DNA 聚合酶的比较

原核生物	真核生物	功　能
Ⅰ		去除 RNA 引物，填补复制中的 DNA 空隙，DNA 修复和重组
Ⅱ		复制中的校对，DNA 修复
	β	DNA 修复
	γ	线粒体 DNA 合成
Ⅲ	ε	前导链合成
	α	引物酶
	δ	后随链合成

（二）DNA 聚合酶的选择和校正功能

　　DNA 复制的保真性是遗传信息稳定传代的保证。生物体主要依靠严格的碱基配对规律、聚合酶在复制延长中对碱基的选择功能、复制出错时即时的校正功能来实现保真性。

　　DNA 复制保真的关键是正确的碱基配对，而碱基配对的关键又在于氢键的形成。G 和 C 以 3 个氢键、A 和 T 以 2 个氢键维持配对，错配碱基之间难以形成氢键。除化学结构限制外，DNA 聚合酶对配对碱基具有选择作用。

　　聚合酶中的核酸外切酶活性在复制中辨认切除错配碱基并加以校正。原核生物的 DNA pol Ⅰ、真核生物的 DNA polδ 和 DNA polε 的 3′ 端→5′ 端核酸外切酶活性都很强，可以在复制过程中辨认并切除错配的碱基，对复制错误进行校正，此过程又称错配修复（mismatch repair）。实验证明，如果是正确的配对，DNA pol 的 3′ 端→5′ 端外切酶活性是不表现的。DNA pol Ⅰ还有 5′ 端→3′ 端外切酶活性，实施切除引物、切除突变片段的功能。

（三）DNA 拓扑异构酶改变 DNA 的超螺旋状态

DNA 双螺旋沿轴旋绕，复制解链也沿同一轴反向旋转，复制速度快，会造成复制叉前方的 DNA 分子打结、连环现象，从而使得 DNA 在复制解链过程中形成超螺旋结构。这种超螺旋及局部松弛等过渡状态，需要拓扑异物酶作用来改变 DNA 分子的拓扑构象，理顺 DNA 链结构来配合复制进程。

DNA 拓扑异构酶（DNA topoisomerase）简称拓扑酶，广泛存在于原核及真核生物。拓扑酶既能水解，又能连接 DNA 分子中磷酸二酯键，可在将要打结或已打结切口，下游的 DNA 穿过切口并做一定程度的旋转，把结打开或解松，然后旋转复位连接。主要有两类拓扑酶在复制中用于松解超螺旋结构。拓扑酶Ⅰ可以切断 DNA 双链中一股，使 DNA 解链旋转中不致打结，适当时候又把切口封闭，使 DNA 变为松弛状态，这一反应无须 ATP。拓扑酶Ⅱ可在一定位置上，切断处于正超螺旋状态的 DNA 双链，使超螺旋松弛；然后利用 ATP 供能，松弛状态 DNA 的断端在同一酶的催化下连接恢复。这些作用均可使复制中的 DNA 解开螺旋、连环或解连环，达到适度盘绕。母链 DNA 与新合成链也会互相缠绕，形成打结或连环，也需拓扑酶Ⅱ的作用。

DNA 分子一边解链，一边复制，所以复制全过程都需要拓扑异构酶来改变 DNA 的超螺旋状态。

（四）DNA 连接酶连接复制中产生的单链缺口

DNA 连接酶（DNA ligase）连接 DNA 链 3′-OH 末端和另一条 DNA 链的 5′-P 末端，两者间生成磷酸二酯键，从而将两段相邻的 DNA 链连接成完整的链。连接酶的催化作用需要消耗 ATP。实验证明，连接酶只能连接 DNA 双链中的单链缺口，它并没有连接单独存在的 DNA 单链或 RNA 单链的作用。复制中的后随链是分段合成的，产生的冈崎片段之间的缺口，要靠连接酶接合。

DNA 连接酶不但在复制中起最后接合缺口的作用，在 DNA 修复、重组中也起接合缺口作用。如果 DNA 两股都有单链缺口，只要缺口前后的碱基互补，连接酶也可连接。因此它也是基因工程的重要工具酶之一。

（五）其他反应体系

DNA 分子的碱基埋在双螺旋内部，只有解成单链，才能发挥模板作用。J. Watson 和 F. Crick 在建立 DNA 双螺旋结构模型时曾指出，生物细胞如何解开 DNA 双链是理解复制机制的关键。目前已知，DNA 复制起始时，需多种酶和辅助的蛋白质分子，共同解开并理顺 DNA 双链，且维持分子在一段时间内处于单链状态（表 3-3）。

表 3-3　原核生物复制中参与 DNA 解链的相关蛋白质

蛋白质（基因）	通用名	功　能
DnaA（dnaA）		辨认复制起点
DnaB（dnaB）	解旋酶	解开 DNA 双链
DnaC（dnaC）		运送和协同 DnaB
DnaG（dnaG）	引物酶	催化 RNA 引物生成
SSB	单链结合蛋白 /DNA 结合蛋白	稳定已解开的单链 DNA

大肠埃希菌（Escherichia coli，E.coli）结构简单，繁殖速度快，是较早用于分子遗传学研究的模式生物。对大肠埃希菌变异株进行分析，可以阐明各种基因的功能。早期发现的与 DNA 复制相

关的基因曾被命名为 dnaA、dnaB……dnaX 等，分别编码 DnaA、DnaB 等蛋白质分子。

DnaB 作用是利用 ATP 供能来解开 DNA 双链，为解旋酶（helicase）。E.coli DNA 复制起始的解链是由 DnaA、DnaB 和 DnaC 共同作用而发生的。

DNA 分子只要碱基配对，就会有形成双链的倾向。单链结合蛋白（single stranded binding protein，SSB）具有结合单链 DNA 的能力，维持模板的单链稳定状态并使其免受细胞内广泛存在的核酸酶的降解。SSB 作用时表现协同效应，保证 SSB 在下游区段的继续结合。可见，它不像聚合酶那样沿着复制方向向前移动，而是不断地结合、脱离。

三、DNA 的复制过程

DNA 复制主要包括引发、延伸、终止三个阶段。以原核生物 DNA 复制过程予以简要说明。

（一）DNA 复制的引发

DNA 复制始于基因组中的特定位置（复制起点），即启动蛋白的靶标位点。启动蛋白识别"富含 AT"（富含腺嘌呤和胸腺嘧啶碱基）的序列，因为 AT 碱基对具有两个氢键（而不是 CG 对中形成的 3 个），因此更易于 DNA 双链的分离。一旦复制起点被识别，启动蛋白就会募集其他蛋白质一起形成前复制复合物，从而解开双链 DNA，形成复制叉。复制叉的形成是多种蛋白质及酶参与的较复杂的过程。这些酶包括单链 DNA 结合蛋白（single-stranded DNA binding protein，ssbDNA 蛋白）和 DNA 解链酶（DNA helicase）。ssbDNA 蛋白是较牢固结合在单链 DNA 上的蛋白质，作用是保证解旋酶解开的单链在复制完成前能保持单链结构，以四聚体的形式存在于复制叉处，等待单链复制后才脱下来，重新循环。因此，ssbDNA 蛋白仅保持单链的存在，不起解旋作用。DNA 解链酶能通过水解 ATP 获得能量以解开双链 DNA。

DNA 解链过程中，DNA 在复制前不仅是双螺旋而且处于超螺旋状态，而超螺旋状态的存在是解链前的必须结构状态，参与解链的除解链酶外还有一些特定蛋白质，如大肠埃希菌中的 Dna 蛋白等。一旦 DNA 局部双链解开，就必须有 ssb DNA 蛋白以稳定解开的单链，保证此局部不会恢复成双链。两条单链 DNA 复制的引发过程有所差异，但是不论是前导链还是后随链，都需要一段 RNA 引物用于开始子链 DNA 的合成。因此前导链与后随链的差别在于前者从复制起始点开始按 5′ 端→3′ 端持续地合成下去，不形成冈崎片段，后者则随着复制叉的出现，不断合成长 2~3kb 的冈崎片段。

（二）DNA 复制的延伸

多种 DNA 聚合酶在 DNA 复制过程中扮演不同的角色。在大肠埃希菌中，DNA pol Ⅲ 是主要负责 DNA 复制的聚合酶。它在复制分支上组装成复制复合体，具有极高的持续性，在整个复制周期中保持完整。相反，DNA pol Ⅰ 是负责用 DNA 替换 RNA 引物的酶。DNA pol Ⅰ 除了具有聚合酶活性外，还具有 5′ 端→3′ 端外切核酸酶活性，并利用其外切核酸酶活性降解 RNA 引物。pol Ⅰ 在 DNA 复制中的主要功能是使正超螺旋状态转为松弛状态，创建许多短 DNA 片段；而 DNA pol Ⅱ 可以在 DNA 解链前方不停地将负超螺旋引入双链 DNA；再由 DNA pol Ⅲ 合成新的 DNA 链。在真核生物中，polα 有助于启动复制，因为它与引物酶形成复合物。polε 和 polδ 负责前导链的合成。polδ 还负责引物的去除，而 polε 也参与复制期间 DNA 的修复。

在复制叉附近，形成了以两套 DNA pol Ⅲ 全酶分子、引发体和螺旋构成的类似核糖体大小的复合体，称为 DNA 复制体（replisome）。复制体在 DNA 前导链模板和后随链模板上移动时便合成了连续的 DNA 前导链和由许多冈崎片段组成的后随链。在 DNA 合成延伸过程中主要是 DNA pol Ⅲ 的作用。当冈崎片段形成后，DNA pol Ⅰ 通过其 5′ 端→3′ 端外切核酸酶活性切除冈崎片段上的 RNA 引物，同时，利用后一个冈崎片段作为引物由 5′ 端→3′ 端合成 DNA。最后两个冈崎片段由 DNA 连接酶将其连接起来，形成完整的 DNA 后随链。

（三）DNA 复制的终止

DNA 复制的终止发生在特定的基因位点，即复制终止位点。该位点的终止位点序列被与该序列结合的阻止 DNA 复制的蛋白质识别并结合，阻止了复制叉前进，复制终止。细菌的 DNA 复制末端位点结合蛋白又称 Ter 蛋白。

因为细菌具有环状染色体，所以当两个复制叉在亲代染色体的另一端彼此相遇时复制终止发生。大肠埃希菌通过使用终止序列来调节该过程，当该序列被 Tus 蛋白结合时，终止序列仅允许复制叉一个方向的通行。结果，复制叉总是在染色体的终止区域内相遇，导致复制终止。

原核生物和真核生物 DNA 复制的规律和过程相似，但在具体细节上有许多差别，真核生物 DNA 复制过程和参与的分子更为复杂和精致。真核生物在染色体的多个点开始 DNA 复制，因此复制叉在染色体的许多点处相遇并终止。由于真核生物具有线性染色体，DNA 复制无法到达染色体的最末端。因为这个问题，染色体末端的 DNA 在每个复制周期中都会丢失。端粒是接近末端的重复 DNA 区域，有助于防止基因丢失。端粒缩短是体细胞中的正常过程，它缩短了子 DNA 染色体的端粒。因此，在 DNA 丢失阻止进一步分裂之前，细胞只能分裂一定次数。在生殖细胞中，端粒酶延伸端粒区域的重复序列以防止降解。

第 4 章 基因表达

20 世纪 50 年代末，生物学家们揭示了遗传信息从 DNA 传递到蛋白质的规律——中心法则。此后，科学家们一直在探索究竟何种机制调控着遗传信息的传递。1961 年，Jacob F 和 Monod JL 提出了著名的操纵子学说，开创了基因表达调控研究的新纪元。

基因表达（gene expression）是指基因指导下的蛋白质合成过程，也是基因所携带的遗传信息表现为表型的过程，包括基因转录成互补的 RNA 序列，mRNA 继而翻译成氨基酸多肽链，并装配加工成最终的蛋白质产物。在一定调节机制控制下，基因表达通常包括转录和翻译过程，从而产生具有特异生物学功能的蛋白质分子，赋予细胞或个体一定的功能或形态表型。生物体生命活动中并不是所有的基因都同时表达，也并非所有基因表达过程都产生蛋白质。代谢过程中所需要的各种酶和蛋白质的基因以及构成细胞化学成分的各种编码基因，正常情况下是经常表达的，而与生物发育过程有关的基因则要在特定的反应式表达。rRNA、tRNA 编码基因转录产生 RNA 的过程也属于基因表达。

第一节　遗传密码子的组成

遗传密码是一组规则，将 DNA 或 RNA 序列以三个核苷酸为一组的密码子转译为蛋白质的氨基酸序列，以用于蛋白质合成。它决定肽链上每一个氨基酸和各氨基酸的合成顺序，以及蛋白质合成的起始、延伸和终止。遗传密码又称密码子、遗传密码子、三联体密码，匿藏了生命及其历史演化的秘密。

一、遗传密码概述

遗传密码是活细胞用于将 DNA 或 mRNA 序列中编码的遗传物质信息翻译为蛋白质的一整套规则。mRNA 的翻译是通过核糖体完成的，核糖体利用 tRNA 分子一次读取 mRNA 的 3 个核苷酸，并将其编码的氨基酸按照 mRNA 指定的顺序连接完成蛋白质多肽链的合成。由于 DNA 双链中一般只有一条单链（称为模板链）被转录为 mRNA，而另一条单链（称为编码链）则不被转录，所以即使对以双链 DNA 作为遗传物质的生物来讲，密码也用 RNA 中的核苷酸顺序而不用 DNA 中的脱氧核苷酸顺序表示。

遗传密码决定蛋白质中氨基酸顺序的核苷酸顺序，由 3 个连续核苷酸组成的密码子所构成。遗传密码在所有生物体中高度相似，几乎所有的生物都使用同样的遗传密码，可以在一个包含 64 个条目的密码子表中表达。即使是非细胞结构的病毒，它们也使用标准遗传密码。但是也有少数生物使用一些稍微不同的遗传密码 。

虽然遗传密码决定了蛋白质的氨基酸序列，但 DNA 的其他基因组区域决定了根据各种基因调控密码生产这些蛋白质的时间和地点。

遗传密码由两套相对独立的系统——RNA 和 DNA 构成，是为了实现对细胞内成百上千同时发生的生化反应进行有序的信息调控，因为在生命构建与运行过程之中，mRNA 的使命完成之后，马上就被降解掉，而 DNA 所记录的遗传信息则是要永久保存的，是种族延续的根本。遗传密码是与原始生命的生化系统协同演化而来的，遗传密码的诞生是生命诞生的重要标志。

二、遗传密码中常用的概念

1. 遗传密码（genetic codon）　核酸中的核苷酸残基序列与蛋白质中的氨基酸残基序列之间的

对应关系。连续的 3 个核苷酸残基序列为一个密码子，特指一个氨基酸。标准的遗传密码是由 64 个密码子组成的，几乎为所有生物通用。

2. 密码子（condon） mRNA（或 DNA）上的三联体核苷酸残基序列，该序列编码着一个指定氨基酸，tRNA 的反密码子与 mRNA 的密码子互补。

3. 起始密码子（iniation codon） 指定蛋白质合成起始位点的密码子。蛋白质的翻译从初始化开始，单独的起始密码子不足以启动翻译过程，需要适当的初始化序列和起始因子才能使 mRNA 和核糖体结合，如大肠埃希菌中的 Shine-Dalgarno 序列和起始因子。最常见的起始密码子是 AUG，其同时编码的氨基酸在原核生物中为甲酰甲硫氨酸，在真核生物中为甲硫氨酸，但在个别情况其他一些密码子也具有起始功能。其他备选起始密码子还包括 "GUG" 或 "UUG"，分别编码缬氨酸或亮氨酸，但作为起始密码子，它们被翻译为甲硫氨酸或甲酰甲硫氨酸。

4. 终止密码子（termination codon） 也称 "终止" 或 "无意义" 密码子，指任何 tRNA 分子都不能正常识别的，但可被特殊的蛋白结合并引起新合成的肽链从翻译机器上释放的密码子。在经典遗传学中，终止密码子各有名称，如 UAG 为琥珀（amber）、UGA 为蛋白石（opal）、UAA 为赭石（ochre）。这些名称是由最初发现这些终止密码子的发明者命名的。因为没有同源 tRNA 具有这些终止密码子互补的反密码子，使得释放因子有机会与核糖体结合，促进新合成的多肽从核糖体分离从而结束翻译程序。另外，在哺乳动物的线粒体中，AGA 和 AGG 也充当终止密码子。

5. 反密码子（anticodon） tRNA 分子的反密码子环上的三联体核苷酸残基序列。在翻译过程中，反密码子与 mRNA 中的互补密码子结合。

6. 简并密码子（degenerate codon） 也称同义密码子，是指编码相同的氨基酸的几个不同的密码子。

三、遗传密码的破解过程

（一）历史来源

遗传密码的发现是 20 世纪 50 年代的一项奇妙想象和严密论证的伟大结晶。mRNA 由四种含有不同碱基 A、U、C、G 的核苷酸组成。最初科学家猜想，一个碱基决定一种氨基酸，那就只能决定 4 种氨基酸，显然不够决定生物体内的 20 种氨基酸。那么两个碱基结合在一起，决定一个氨基酸，就可决定 16 种氨基酸，显然还是不够。如果三个碱基组合在一起决定一个氨基酸，则有 64 种组合方式（$4^3=64$）（表 4-1）。苏联科学家 George Gamow 最早指出需要三个核苷酸为一组才能组成 20 个氨基酸编码。英国学者 F. Crick 通过实验首次证明密码子由三个 DNA 碱基组成。1961 年，美国研究者 Heinrich M. 与 Marshall W. N. 在 Cell-free system 环境下，把一条只由 U 组成的 RNA 翻译成一条只有苯丙氯酸（Phe）的多肽，由此破解了首个（UUU → Phe）。随后 Har G. K. 等学者破解了其他密码子，接着 Robett W. H. 发现了负责转录过程 tRNA。直到 1968 年，以上研究发现获得了诺贝尔生理学或医学奖。

（二）破译方法

Marshall W. N. 等发现由三个核苷酸构成的微 mRNA 能促进相应的氨基酸 -tRNA 和核糖体结合。但微 mRNA 不能合成多肽，因此不一定可靠。Khorana H. G. 用已知组成的两个、三个或四个一组的核苷酸顺序人工合成 mRNA，在细胞外的翻译系统中加入放射性标记的氨基酸，然后分析合成的多肽中氨基酸的组成。

通过比较，找出实验中三联码相同的部分，再找出多肽中相同的氨基酸，于是可确定该三联码就为该氨基酸的遗传密码。Har G. K. 用此方法破译了全部遗传密码，从而与 Marshall W. N. 分别获得 1968 年诺贝尔生理学或医学奖。

后来，Marshall W. N. 等用多种不同的人工 mRNA 进行实验，观察所得多肽链上的氨基酸类别，再用统计方法推算出人工 mRNA 中三联体密码出现的频率，分析与合成蛋白中各种氨基酸的频率之间的相关性，以此方法也能找出 20 种氨基酸的全部遗传密码。最后，科学家们还用了由 3 个核苷酸组成的各种多核苷链来检查相应的氨基酸，进一步证实了全部遗传密码（表 4-1）。

表 4-1　遗传密码表

第一位碱基	第二位碱基				第三位碱基
–	U	C	A	G	–
U	UUU（Phe/F）苯丙氨酸	UCU（Ser/S）丝氨酸	UAU（Tyr/Y）酪氨酸	UGU（Cys/C）半胱氨酸	U
	UUC（Phe/F）苯丙氨酸	UCC（Ser/S）丝氨酸	UAC（Tyr/Y）酪氨酸	UGC（Cys/C）半胱氨酸	C
	UUA（Leu/.L）亮氨酸	UCA（Ser/S）丝氨酸	UAA（终止）	UGA（终止）	A
	UUG（Leu/L）亮氨酸	UCG（Ser/S）丝氨酸	UAG（终止）	UGG（Trp/W）色氨酸	G
C	CUU（Leu/L）亮氨酸	CCU（Pro/P）脯氨酸	CAU（His/H）组氨酸	CGU（Arg/R）精氨酸	U
	CUC（Leu/L）亮氨酸	CCC（Pro/P）脯氨酸	CAC（His/H）组氨酸	CGC（Arg/R）精氨酸	C
	CUA（Leu/L）亮氨酸	CCA（Pro/P）脯氨酸	CAA（Gln/Q）谷氨酰胺	CGA（Arg/R）精氨酸	A
	CUG（Leu/L）亮氨酸	CCG（Pro/P）脯氨酸	CAG（Gln/Q）谷氨酰胺	CGG（Arg/R）精氨酸	G
A	AUU（Ile/I）异亮氨酸	ACU（Thr/T）苏氨酸	AAU(Asn/N)天冬酰胺	AGU（Ser/S）丝氨酸	U
	AUC（Ile/I）异亮氨酸	ACC（Thr/T）苏氨酸	AAC(Asn/N)天冬酰胺	AGC（Ser/S）丝氨酸	C
	AUA（Ile/I）异亮氨酸	ACA（Thr/T）苏氨酸	AAA（Lys/K）赖氨酸	AGA（Arg/R）精氨酸	A
	*AUG（Met/M）甲硫氨酸	ACG（Thr/T）苏氨酸	AAG（Lys/K）赖氨酸	AGG（Arg/R）精氨酸	G
G	GUU（Val/V）缬氨酸	GCU（Ala/A）丙氨酸	GAU(Asp/D)天冬氨酸	GGU（Gly/G）甘氨酸	U
	GUC（Val/V）缬氨酸	GCC（Ala/A）丙氨酸	GAC(Asp/D)天冬氨酸	GGC（Gly/G）甘氨酸	C
	GUA（Val/V）缬氨酸	GCA（Ala/A）丙氨酸	GAA（Glu/E）谷氨酸	GGA（Gly/G）甘氨酸	A
	GUG（Val/V）缬氨酸	GCG（Ala/A）丙氨酸	GAG（Glu/E）谷氨酸	GGG（Gly/G）甘氨酸	G

*. 为标准起始编码，在原核生物中代表甲酰甲硫氨酸，在真核生物中代表甲硫氨酸；位于 mRNA 起始部位代表蛋白质翻译的起始部位

（三）阅读方式

破译遗传密码，必须了解阅读密码的方式。遗传密码的阅读，可能有两种方式：一种是重叠阅读，一种是非重叠阅读。比如，mRNA 上的碱基排列是 AUGCUACCG。若非重叠阅读为 AUG、

CUA、CCG；若重叠阅读为 AUG、UGC、GCU、CUA、UAC、ACC、CCG。两种不同的阅读方式，会产生不同的氨基酸排列。F. Crick 等用 τ 噬菌体为实验材料进行研究时发现，在编码区增加或删除一个碱基，便无法产生正常功能的蛋白质；增加或删除两个碱基，也无法产生正常功能的蛋白质。但是当增加或删除三个碱基时，却合成了具有正常功能的蛋白质。他们的实验证明了遗传密码中三个碱基编码一个氨基酸，阅读密码的方式是从一个固定的起点开始，以非重叠的方式进行，编码之间没有分隔符。

四、遗传密码的特点

（一）简并性

大部分密码子具有简并性，即两个或多个密码子编码同一氨基酸。简并的密码子通常只有第三位碱基不同，而第三位碱基的改变往往不影响对其三联码编码氨基酸的翻译。例如，GAA 和 GAG 都编码谷氨酰胺。无论密码子的第三位是哪种核苷酸，都编码同一种氨基酸，则称为四重简并；如果第三位有四种可能的核苷酸之中的两种，而且编码同一种氨基酸，则称为二重简并，一般第三位上两种等价的核苷酸同为（A/G）或（C/T）。只有两种氨基酸仅由一个密码子编码，一个是甲硫氨酸，由 AUG 编码，同时也是起始密码子；另一个是色氨酸，由 UGG 编码。

遗传密码的简并性可使基因更加耐受点突变。例如，四重简并密码子可以容忍密码子第三位的任何变异；二重简并密码子使 1/3 可能的第三位变异不影响蛋白质序列。

（二）摆动性

mRNA 上的密码子与 tRNA 上的反密码子配对辨认时，大多数情况遵守碱基互补配对原则，但也可出现不严格配对，尤其是密码子的第三位碱基与反密码子的第一位碱基配对时常出现不严格碱基互补，这种现象称为摆动配对。比如，反密码子第一位碱基为次黄嘌呤（inosine，I），可与密码子第三位的 A、C 或 U 配对；反密码子第一位的 U 可与密码子第 3 位的 A 或 G 配对；反密码子第一位的 G 可与密码子第三位的 C 或 U 配对。由此可见，密码子的摆动性能使一种 tRNA 识别 mRNA 中的多种简并性密码子。

（三）方向性

组成密码子的核苷酸在 mRNA 中的排列具有方向性。翻译时的阅读方向是与 mRNA 的合成方向或 mRNA 编码方向一致的，即从 mRNA 的起始密码子 AUG 开始，按 5′端→3′端方向逐一阅读，直至终止密码子。mRNA 可读框中从 5′端→3′端方向排列的核苷酸顺序决定了肽链中从 N 端到 C 端的氨基酸排列顺序。

（四）连续性

mRNA 的读码方向从 5′端→3′端方向，密码子之间没有间隔核苷酸，即从起始密码子开始，密码子被连续阅读，直至终止密码子出现。因密码子具有连续性，若可读框中插入或缺失了非 3 倍数的核苷酸，将会引起 mRNA 可读框发生移动，称为移码（frame shift）。移码导致后续氨基酸编码序列改变，使得其编码的蛋白质彻底丧失或改变原有功能，称为移码突变（frame shift mutation）。若连续插入或缺失 3 个核苷酸，则只会在多肽链产物中增加或缺失 1 个氨基酸残基，但不会导致读框移位。

（五）通用性

遗传密码具有通用性（universal），即从低等生物（如细菌）到人类都使用着同一套遗传密码，这为地球上的生物来自同一起源的进化论提供了有力证据，另外也使得利用细菌等生物来制造人类蛋白质成为可能。但遗传密码的通用性并不是绝对的，也有少数例外。例如，在哺乳类动物线粒体内，UGA 除了代表终止信号，也代表色氨酸；AUA 不再代表异亮氨酸，而是作为甲硫氨酸的密码子。

第二节　基因的转录

DNA 分子上的遗传信息是决定蛋白质氨基酸序列的原始模板，mRNA 是蛋白质合成的直接模板。通过转录合成 RNA，遗传信息从染色体的贮存状态转送至细胞质，从功能上衔接 DNA 和蛋白质这两种生物大分子。1958 年，F. Crick 将上述遗传信息的传递方式归纳为中心法则（DNA→RNA→蛋白质）。1970 年，H. Temin 发现了反转录现象，对中心法则进行了补充。

转录（transcription）是指遗传信息从基因（DNA）转移到 RNA，在 RNA 聚合酶的作用下形成一条与 DNA 碱基序列互补的 mRNA 的过程。作为蛋白质生物合成的第一步，进行转录时，一个基因会被读取并被复制为 mRNA，即特定的 DNA 片段作为遗传信息模板，以依赖 DNA 的 RNA 聚合酶作为催化剂，通过碱基互补配对原则合成前体 mRNA；RNA 聚合酶通过与一系列辅助因子构成动态复合体，从而完成转录起始、延伸、终止等过程。转录的最终产物是 mRNA、tRNA 和 rRNA 等。

一、基因转录的反应体系

RNA 的生物合成属于酶促反应，反应体系中需要 DNA 模板、三磷酸核苷酸（NTP，包括 ATP、UTP、CTP 和 GTP）、DNA 依赖的 RNA 聚合酶、其他蛋白质因子及 Mg^{2+} 等。

（一）转录的模板

原核生物中，DNA 分子双链上一股链作为模板，按碱基配对规律指导转录生成 RNA，另一股链则不转录。用核酸杂交法对模板 DNA 和转录产物 RNA 进行测定，或对 DNA、RNA 的碱基进行序列测定，都可证明 DNA 分子上只有一股链可转录生成其编码产物。

作为一个基因载体的一段 DNA 双链片段，转录时作为 RNA 合成模板的一股单链称为模板链（template strand），或称反义链（antisense strand），相对应的另一股单链被称为编码链（coding strand）。转录产物若是 mRNA，则可用作翻译的模板，决定蛋白质的氨基酸序列。模板链既与编码链互补，又与 mRNA 互补，它与转录产物的差异仅在于 DNA 中的胸腺嘧啶（T）变为 RNA 中的尿嘧啶（U）。

真核基因组中转录生成的 RNA 中有 20% 以上存在反义 RNA（antisense RNA），即与 mRNA 互补的 RNA 分子，也包括与其他 RNA 互补的 RNA 分子，提示某些 DNA 双链区域在不同的时间点两条链都可以作为模板进行转录。另外，基因组中的基因间区也可以作为模板被转录而产生长非编码 RNA 等，提示真核基因组 RNA 生物合成是很广泛的现象。

（二）转录所需 RNA 聚合酶

RNA 聚合酶（RNA polymerase，RNA pol）是以 DNA 为模板的 RNA 聚合酶，又称为 DNA 依赖的 RNA 聚合酶（DNA-dependent RNA polymerase），参与转录过程也称转录酶。真核生物和原核生物的 RNA pol 种类不同，故结合模板的特性不一样。

1. 原核生物的 RNA 聚合酶

(1) RNA 聚合酶的结构：原核生物的 RNA pol 分子量很大，通常由 5 种亚基组成六聚体蛋白质（$\alpha_2\beta\beta'\omega\sigma$）。两个相同的 α 亚基负责识别和结合启动子，决定了基因转录的特异性。β 和 β′ 亚基参与和 DNA 链的结合。σ 亚基能识别转录起始点，保证转录能从特定的起始点开始。ω 亚基的具体作用则尚未明确。其中核心酶（core enzyme）由 $\alpha_2\beta\beta'\omega$ 亚基组成，它能够催化 NTP 按模板的指引合成 RNA，但合成的 RNA 没有固定的起始位点，也不能区分双链 DNA 的模板链与编码链。核心酶加上 σ 亚基构成全酶（holoenzyme），保证转录的准确启动。活细胞的转录起始是需要全酶的，而转录延长阶段则仅需核心酶即可。

(2) RNA 聚合酶须结合到启动子上启动转录：原核生物的结构基因大多数按功能相关性成簇地串联排列于染色体上，结构基因同其上游的调控区（包括调节基因、启动子和操纵基因）及下游的转录终止信号，共同组成了一个基因结构，称为操纵子结构，如乳糖操纵子、阿拉伯糖操纵子及色氨酸操纵子等。实验证明，上游调控区的一段 DNA 序列因与 RNA pol 结合而不能被核酸外切酶水解，这段受保护的 DNA 位于转录起始点的上游。而上游调控区的启动子（promoter）是 RNA pol 结合模板 DNA 的部位，最终被确认为是 RNA pol 辨认和紧密结合的区域，也是决定转录起始点的关键部位。原核生物是以 RNA pol 全酶结合到启动子上而启动转录的，其中由 σ 亚基辨认启动子，其他亚基相互配合。

对数百个原核生物基因操纵子转录上游区段进行碱基序列分析，证明 RNA pol 保护区存在共有序列。以开始转录的 5′ 端第一位核苷酸位置转录起点（transcription start site，TSS）为 +1，用负数表示其上游的碱基序号，发现 –35 区和 –10 区 A-T 配对比较集中，表明该区段的 DNA 容易解链，因为 A-T 配对只有两个氢键维系。–35 区的最大一致性序列是 TTGACA。–10 区的一致性序列 TATAAT，RNA pol 结合在该区比结合在 –35 区更为牢固，这是 1975 年 D. Pribnow 发现的，故被称为 Pribnow 盒（Pribnow box）。–35 区与 –10 区相隔 16～18 个核苷酸，–10 区与转录起点相距 6～7 个核苷酸。由此推论出，–35 区是 RNA pol 对转录起始的识别序列。RNA pol 结合识别序列后向下游移动，到达 Pribnow 盒后与 DNA 形成相对稳定的 RNA pol-DNA 复合物，便开始转录。

(3) RNA 聚合酶直接启动转录：RNA pol 催化 RNA 的转录合成，该反应以 DNA 为模板，以 ATP、CTP、UTP 和 GTP 为原料，还需要 Mg^{2+} 作为辅基。RNA 合成的化学机制与 DNA 的复制合成相似，参与 DNA 复制的 DNA 聚合酶在启动 DNA 链延长时需要 RNA 引物存在，而 RNA pol 能够在转录起点处直接结合模板使两个核苷酸间形成磷酸二酯键，即直接启动转录，因而 RNA 链的起始合成不需要引物。

2. 真核生物有多种 DNA 依赖的 RNA 聚合酶　真核生物至少具有 3 种主要的 RNA pol，分别是 RNA pol Ⅰ、RNA pol Ⅱ 和 RNA pol Ⅲ。RNA pol Ⅰ 位于细胞核的核仁，催化合成核糖体 RNA（rRNA）前体，rRNA 前体再加工成 28S、5.8S 及 18SrRNA，为蛋白质的合成提供物质基础。RNA pol Ⅱ 是真核生物中最活跃的 RNA pol，它在细胞核内转录生成 mRNA 的前体，然后经剪接加工为成熟的 mRNA 并输送给细胞质的蛋白质合成体系。mRNA 是各种 RNA 中寿命最短、性能最不稳定的，需不断重新合成的。此外，RNA pol Ⅱ 还可以合成一些非编码 RNA，如长非编码 RNA、微小 RNA 和 piRNA（与 Piwi 蛋白相互作用的 RNA）。RNA pol Ⅲ 位于核仁外，催化 tRNA、5SrRNA 和一些核小 RNA（small nuclear RNA，snRNA）的合成。

真核生物 RNA pol 的结构比原核生物复杂，以上所述真核生物的三种 RNA pol 都有两个不同的大亚基和十几个小亚基。真核生物的三种 RNA pol 都具有核心亚基，与原核生物 RNA pol 的核心酶有一些序列同源性。最大的亚基（分子质量 160～220kDa）和另一大亚基（分子质量 128～150kDa）与原核生物 RNA pol 的 β 和 β′ 亚基有一定同源性。除核心亚基外，真核生物的三种 RNA pol 具有数个共同小亚基。另外，每种真核生物 RNA pol 各自还有 3～7 个特有的小亚基。这些小亚基的作用还不清楚，但是，每一种亚基对真核生物 RNA pol 发挥正常功能都是必需的。

RNA pol Ⅱ 最大亚基的羧基末端有一段共有序列（Tyr-Ser-Pro-Thr-Ser-Pro-Ser 的七肽重复序列片段），称为羧基末端结构域（carboxyl-terminal domain，CTD）。RNA pol Ⅰ 和 RNA pol Ⅲ 没有 CTD。所有真核生物的 RNA pol Ⅱ 都具有 CTD，只是 7 个氨基酸共有序列的重复程度不同。CTD 对于维持 RNA pol Ⅱ 的催化活性是必需的。体内外实验证明，CTD 的磷酸化在转录起始中起关键作用，即当 RNA pol Ⅱ 启动转录后，CTD 的许多 Ser 和一些 Tyr 残基处于磷酸化状态。

真核生物内还有其他类型的 DNA 依赖的 RNA 聚合酶，比如 RNA pol Ⅳ 在植物中合成小干扰 RNA（siRNA）；RNA pol Ⅴ 在植物中合成的 RNA 与 siRNA 介导的异染色质形成有关。真核细胞线粒体的 RNA pol 属于单亚基 RNA 聚合酶蛋白质家族，与上述 RNA 聚合酶在结构上不同。

真核生物转录起始时，RNA pol 不直接结合模板 DNA，而是通过顺式作用元件、转录因子等协助 RNA pol 靶向结合启动子装配形成转录起始前复合物从而启动转录过程。RNA pol Ⅰ、RNA pol Ⅱ 和 RNA pol Ⅲ 分别使用不同类型的启动子，分别为 Ⅰ 类、Ⅱ 类和 Ⅲ 类启动子，其中 Ⅲ 类启动子又可被分为 3 个亚型，其起始过程比原核生物复杂。

（三）顺式作用元件和转录因子

真核生物的转录起始上游区段比原核生物多样化，其 RNA pol 与启动子结合后启动转录，还需要多种蛋白质因子的协同作用。

1. 与转录起始有关的顺式作用元件 不同物种、不同细胞或不同的基因，转录起始点上游可以有不同的 DNA 序列，但这些序列都可能称为顺式作用元件（cis-acting element），包括核心启动子序列、启动子上游元件等近端调控元件和增强子等远隔序列（图 4-1）。

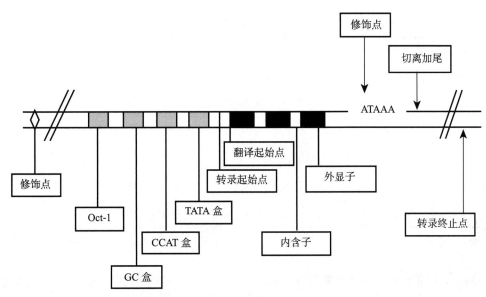

图 4-1 真核生物 RNA pol Ⅱ 识别的部分启动子共有序列

真核生物转录起始也需要 RNA pol 对起始区上游 DNA 序列识别并结合形成起始复合物。转录起始点至上游 –37bp 的启动子区域是核心启动子区，是转录起始前复合物（preinitiation complex，PIC）的结合位点。起始点上游多数有共同的 TATA 序列，称为 TATA 盒（TATA box），通常认为这就是启动子的核心序列。TATA 盒的位置不像原核生物上游 –35 区和 –10 区那样典型。许多 RNA pol Ⅱ 识别的启动子具有保守的共有序列：位于转录起始点附近的起始子（initiator，Inr）。

转录起始点上游 –40bp～–200bp 区域的 DNA 序列是启动子上游元件，位于 TATA 盒上游，比较常见的是位于 –70bp～–200bp 的 CAAT 盒和 GC 盒。这些元件与相应的蛋白因子结合能提高或改变转录效率。

增强子是能够结合特异基因调节蛋白并促进邻近或远隔特定基因表达的 DNA 序列。增强子距转录起始点的距离变化很大，为 1000bp～50000bp，甚至更大，但一般作用于最近的启动子，在所控基因的上游和下游都可发挥调控作用，但以上游为主。

2. 转录因子 转录因子是起调控作用的反式作用因子。转录因子是转录起始过程中 RNA 聚合酶所需的辅助因子。真核生物基因在无转录因子时处于不表达状态，RNA 聚合酶自身不与 DNA 分子直接结合，无法启动基因转录，只有结合一些特殊的蛋白质，识别的 DNA 序列，形成具有活性的转录复合体后，基因才开始表达。将这些特殊蛋白质称为转录因子（transcription factor，TF）。能直接、间接辨认和结合转录上区区段 DNA 或增强子的蛋白质，统称为反式作用因子（trans-acting factor）。反式作用因子包括通用转录因子和特异转录因子。

通用转录因子是直接或间接结合 RNA pol 的一类转录调控因子。相对应于 RNA pol Ⅰ、RNA Ⅱ、pol Ⅲ 的 TF，分别称为 TF Ⅰ、TF Ⅱ、TF Ⅲ。真核生物所有的 RNA pol Ⅱ 都需要通用转录因子，这些通用转录因子包括 TF Ⅱ A、TF Ⅱ B、TF Ⅱ D、TF Ⅱ E、TF Ⅱ F、TF Ⅱ H 等，在真核生物进化中高度保守（表 4-2）。中介子（mediator）也是在反式作用因子和 RNA pol 之间的蛋白质复合体，它与某些反式作用因子相互作用，同时能够促进 TF Ⅱ H 对 RNA pol 羧基末端结构域的磷酸化。

此外，还有与启动子上游元件，如 GC 盒、CAAT 盒等顺式作用元件结合的转录因子，称为上游因子（upstream factor），如 SP1 结合到 GC 盒上，C/EBP 结合到 CAAT 盒上等。这些上游因子通过调节通用转录因子与 TATA 盒的结合，RNA pol 在启动子的定位及起始复合物的形成，从而协助调节基因的转录效率。

表 4-2　参与 RNA pol Ⅱ 转录的 TF Ⅱ

转录因子	功　能
TF ⅡA	辅助和加强 TBP 与 DNA 的结合
TF ⅡB	结合 TF ⅡD，稳定 TF ⅡD-DNA 复合物；介导 RNA pol Ⅱ 的募集
TF ⅡD	含 TBP 亚基，结合启动子的 TATA 盒 DNA 序列
TF ⅡE	募集 TF ⅡH 并调节其激酶和解螺旋酶活性；结合单链 DNA，稳定解链状态
TF ⅡF	结合 RNA pol Ⅱ 并随其进入转录延长阶段，防止其与 DNA 接触
TF ⅡH	解旋酶和 ATPase 活性；作为蛋白激酶参与 CTD 磷酸化

TBP. TATA 盒结合蛋白；CTD. 羧基末端结构域，是 RNA pol Ⅱ 最大亚基的羧基末端的一段七肽重复序列片段

特异转录因子是在特定类型的细胞中高表达，并对一些基因的转录进行时间和空间特异性调控的转录因子。与远隔调控序列如增强子等结合的转录因子是主要的特异转录因子。比如，属于特异转录因子的可诱导因子（inducible factor）是与增强子等远端调控序列结合的转录因子。它们只在某些特殊生理或病理情况下才被诱导产生的（如 MyoD 在肌肉细胞中高表达，HIF-1 在缺氧时高表达）。可诱导因子在特定的时间和组织中表达而影响转录。

除此之外，可诱导因子或上游因子与增强子或启动子上游元件的结合；辅激活因子和（或）中介子在可诱导因子、上游因子与通用转录因子 RNA pol Ⅱ 复合物之间起中介和桥梁作用；通用转录因子和 RNA pol Ⅱ 在启动子处组装成转录起始前复合物。因子和因子之间互相辨认、结合，以准确地控制基因是否转录、何时转录。表 4-3 列出了识别、结合 Ⅱ 类启动子的四类转录因子及其功能。应该指出的是，上游因子和可诱导因子等在广义上也称为转录因子，但一般不冠以 TF 的词头而各有自己特殊的名称。

表 4-3　Ⅱ类启动子基因中的四类转录因子

转录因子	结合部位	具体组分	功　能
通用转录因子	TBP 结合 TATA 盒	TBP，TF ⅡA、B、E、G、F、H	转录定位和起始
辅激活因子		TAF 和中介子	在聚合酶和转录因子间起中介作用
上游因子	启动子上游元件	SP1、ATF、CTF 等	协助基本转录因子
可诱导因子	增强子等元件	MyoD、HIF-I 等	时空特异性地调控转录

TAF. 8～10 个 TATA 盒结合蛋白相关因子

二、基因转录的过程

基因转录过程就是 RNA 合成的过程，分为起始、延伸和终止 3 个连续的步骤。在转录过程中，DNA 模板的转录方向是从 3′ 端→5′ 端；RNA 链的合成方向是从 5′ 端→3′ 端。

真核生物的转录过程比原核复杂。真核生物和原核生物的 RNA pol 种类不同，结合模板的特性不一样。原核生物 RNA pol 可直接结合 DNA 模板，而真核生物 RNA pol 需与辅因子结合后才结合模板，所以两者的转录起始过程有较大区别，转录终止也不相同。

（一）起始

在转录起始阶段，该反应以 DNA 为模板，以 ATP、CTP，UTP 和 GTP 为原料，以顺式作用元件、辅助因子及 Mg^{2+} 等等作为辅基，在 RNA 聚合酶的作用下正确识别 DNA 编码链上的启动子并与之结合，形成由酶、DNA 和 NTP 等构成的起始复合物，即可启动 RNA 的转录合成。

原核生物转录全过程均需 RNA pol 催化，起始过程需全酶，由 σ 亚基辨认起始点，RNA pol 在 DNA 模板的转录起始区装配形成转录起始复合体，打开 DNA 双链，并完成第一和第二个核苷酸间聚合反应的过程。转录起始复合物中包含有 RNA pol 全酶、DNA 模板，以及与转录起点配对的 NTP。起始阶段的第一步是由 RNA pol 识别并结合启动子，形成闭合转录复合体，其中的 DNA 仍保持完整的双链结构。原核生物需要靠 RNA pol 中的 σ 亚基辨转录起始区和转录起点。首先被辨认的 DNA 区段是 –35 区的 TTCACA 序列，在这一区段，酶与模板的结合松弛；接着酶移向 –10 区的 TATAAT 序列并跨过了转录起点，形成与模板的稳定结合。第二步 DNA 双链打开，闭合转录复合体成为开放转录复合体，开放转录复合体中 DNA 分子接近 –10 区域的部分双螺旋解开后转录开始。无论是转录起或延长中，DNA 双链解开的范围都只在 17bp 左右，这比复制中形成的复制叉小得多。第三步是第一个磷酸二酯键的形成。转录起始不需引物，两个与模板配对的相邻核苷酸，在 RNA pol 催化下生成磷酸二酯键。转录起点配对生成 RNA 的第一位核苷酸，也是新合成的 RNA 分子的 5′ 端，以 CTP 或 ATP 较为常见。比如，当 5′ 端第一位核苷酸 CTP 与第二位的 NTP 聚合生成磷酸二酯键后，仍保留其 5′ 端 3 个磷酸基团，生成聚合物是 5′–pppGpN-OH-3′，其 3′ 端的游离羟基，可以接收新的 NTP 并与之聚合，使 RNA 链延长下去。RNA 链的 5′ 端结构在转录延长中一直保留，至转录完成。RNA 合成开始时会发生流产式起始的现象，即 RNA pol 在完全进入延伸阶段前不从启动子上脱离，而是合成长度 < 10 个核苷酸的 RNA，并将这些短片段 RNA 从聚合酶上释放而终止转录。这个过程可在进入转录延长阶段前重复多次，从而产生多个短片段 RNA。当一个 RNA pol 成功合成一条 > 10 个核苷酸的 RNA 时，便形成一个稳定的包含有 DNA 模板、RNA pol 和 RNA 片段的三重复合体，从而进入延长阶段。当 RNA 合成起始成功后，RNA pol 离开启动子，称为启动子清除（promoter clearance），启动子清除发生后转录进入延伸阶段。

真核生物转录起始时，RNA pol 不直接结合模板 DNA，而是通过顺式作用元件、转录因子等协助 RNA pol 靶向结合启动子装配形成转录起始前复合物，从而启动转录过程。首先由 TBP 结合启动子的 TATA 盒，这时 DNA 发生弯曲，然后 TFⅡB 与 TBP 结合，TFⅡB 也能与 TATA 盒上游邻近的 DNA 结合。TFⅡA 不是必需的，其存在时能稳定已与 DNA 结合的 TFⅡD-TBP 复合体，并且在 TBP 与不具有特征序列的启动子结合时发挥重要作用。TFⅡB 可以结合 RNA pollⅡ。TFⅡB-TBP 复合体再与由 RNA polⅡ和 TFⅡF 组成的复合体结合。TFⅡF 的作用是通过和 RNA polⅡ一起与 TFⅡB 相互作用，降低 RNA polⅡ与 DNA 的非特异部位的结合，来协助 RNA polⅡ靶向结合启动子。最后是 TFⅡE 和 TFⅡH 加入，形成闭合 TFⅡD-ⅡA-ⅡB-DNA 复合体这就是转录起始前复合物。TFⅡH 具有解旋酶（helicase）活性，能使转录起始点附近的 DNA 双螺旋解开，使闭合复合体成为开放复合体，启动转录。TFⅡH 还具有激酶活性，它的一个亚基能使 RNA polⅡ的 CTD 磷酸化。CTD 磷酸化能使开放复合体的构象发生改变，启动转录。这时 TFⅡD、TFⅡA 和 TFⅡB 等就会脱离转录起始前复合物。当合成一段含有 30 个左右核苷酸的 RNA 时，TFⅡE 和 TFⅡH 释放，RNA polⅡ进入转录延伸阶段。

（二）延伸

延伸过程是 RNA 聚合酶发挥催化作用并沿着模板链的 3′ 端→5′ 端方向移动，精确地按照碱基互补原则，以 NTP 为底物，在 3′ 端逐个添加核苷酸，使 RNA 不断延伸。

原核生物中第一个磷酸二酯键生成后，转录复合体的构象发生改变，σ 亚基从转录起始复合物上脱落，并离开启动子，RNA 合成进入延长阶段。此时，仅有 RNA pol 的核心酶留在 DNA 模板上，并沿 DNA 链不断前移，催化 RNA 链的延长。脱离核心酶的 σ 亚基还可与另外的核心酶结合，参与另一转录过程。随着转录不断延伸，DNA 双链顺次地被打开，并接受新来的碱基配对，合成新的磷酸二酯键后，核心酶向前移去，已使用过的模板重新恢复双螺旋结构。一般合成的 RNA 链对 DNA 模板具有高度的忠实性。此外，在原核生物中，RNA 链的转录合成尚未完成，蛋白质的合成已经将其作为模板开始进行翻译了。转录和翻译的同步进行保证了原核生物转录和翻译都能以高效率运行，从而满足快速增值的需要。

真核生物转录延长过程与原核生物大致相似，但因有核膜相隔，没有转录与翻译同步的现象。

（三）终止

转录的终止包括停止延伸及释放 RNA 聚合酶和合成的 RNA，即 RNA pol 在 DNA 模板上停顿下来不再前进，转录产物 RNA 链从转录复合物上脱落下来，就是转录终止。

依据是否需要蛋白质因子的参与，原核生物的转录终止分为依赖 ρ（Rho）因子与非依赖 ρ 因子两大类。在依赖 ρ 因子终止的转录中，产物 RNA 的 3′ 端会依照 DNA 模板，产生较丰富且有规律的 C 碱基。ρ 因子识别产物 RNA 上这些终止信号序列，并与之结合。结合 RNA 后的 ρ 因子和 RNA pol 都可发生构象变化，从而使 RNA pol 的移动停顿，因子中的解旋酶活性使 DNA/RNA 杂化双链拆离，RNA 产物从转录复合物中释放，转录终止。DNA 模板上靠近转录终止处有些特殊碱基序列，可形成鼓槌状的茎环或发夹形式的二级结构，转录出 RNA 后，RNA 产物可以形成特殊的结构来终止转录，不需要蛋白因子的协助，即非依赖 ρ 因子的转录终止。茎环结构（富含 GC）或发夹形式的二级结构是阻止转录继续向下游推进的关键。其机制有两个：一是 RNA 分子形成的茎环结构可能改变 RNA pol 的构象，从而使 RNA pol-DNA 模板的结合方式发生改变，RNA pol 不再向下游移动，于是转录停止；二是转录复合物（RNA pol-DNA-RNA）上形成的局部 RNA/ DNA 杂化短链的碱基配对是不稳定的，随着 RNA 茎环结构的形成，RNA 从 DNA 模板链上脱离，单链 DNA 复原为双链，转录泡关闭，转录终止。

真核生物的转录终止，是和转录后修饰密切相关的。真核生物 mRNA 有多聚 A 尾巴结构，是转录后才加进去的，因为在模板链上没有相应的多聚核苷酸（poly dT）。转录不是在 poly（A）的位置上终止，而是超出数百个乃至上千个核苷酸后才停止。已发现在可读框的下游，常有一组共同序列 AATAAA，再下游还有相当多的 CT 序列，这些序列称为转录终止的修饰点。

三、转录后加工

原核生物的结构基因中无内含子成分，其 RNA 合成后不需要经过剪接加工过程，可以直接作为翻译蛋白质的模板。真核生物转录生成的 RNA 分子是前体 RNA（pre-RNA），也称为初级 RNA 转录物（primary RNA transcript），几乎所有的初级 RNA 转录物都要经过加工，才能成为具有功能的成熟的 RNA。

（一）前体 mRNA 的加工

真核生物前体 mRNA 合成后，需要进行 5′ 端和 3′ 端（首、尾部）的修饰及对前体 mRNA 进行剪接（splicing），才能成为成熟的 mRNA，被转运到核糖体，指导蛋白质翻译。

1. 剪接　真核基因结构最突出的特点是其不连续性，即在成熟的 mRNA 分子基因序列中有一些区段被去除了，因此真核基因又称为断裂基因。核酸序列分析证明，mRNA 来自前体 mRNA，而前体 mRNA 和 DNA 模板链可以完全配对。前体 mRNA 中被剪接去除的核酸序列为内含子序列，而最终出现在成熟 mRNA 分子中、作为模板指导蛋白质翻译的序列为外显子序列。去除初级转录物上的内含子，把外显子连接为成熟 RNA 的过程称为 mRNA 剪接。由一个叫作剪切体的 RNA 和蛋白质组成的复合物执行。剪切发生在外显子 3′ 末端的 GT 和内含子 3′ 末端与下一个外显子交界的 AG 处，通过两次转酯反应进行剪接过程。

mRNA 编辑是对基因的编码序列进行转录后加工。有些基因的蛋白质产物其氨基酸序列与基因的初级转录物序列并不完全对应，mRNA 上的一些序列在转录后发生了改变，称为 mRNA 编辑。

2. 加帽 几乎全部的真核 mRNA 端都具"帽子"结构。虽然真核生物 mRNA 的转录以嘌呤核苷酸三磷酸（pppAG 或 pppG）领头，但在 5′ 端有 7− 甲基鸟嘌呤的帽结构。RNA pol Ⅱ 催化合成的新生 RNA 在长度达 25～30 个核苷酸时，其 5′ 端的核苷酸就与 7− 甲基鸟嘌呤核苷通过不常见的 5′, 5′− 三磷酸连接键相连。

加帽过程由加帽酶和甲基转移酶催化完成。在添加帽结构的过程中，此酶与 RNA pol Ⅱ 的 CTD 结合在一起，其氨基端部分具有磷酸酶活性，其作用是去除新生 RNA 的 5′ 端核苷酸的 γ− 磷酸；其羧基端部分具有 mRNA 鸟苷酸转移酶活性，将一个 GTP 分子中的 GMP 部分和新生 RNA 的 5′ 端结合，形成 5′, 5′− 三磷酸结构；然后由 S− 腺苷甲硫氨酸先后提供甲基，使加上去的 GMP 中鸟嘌呤的 N7 和原新生 RNA 的 5′ 端核苷酸的核糖 2′–O 甲基化。

5′ 端帽结构可使 mRNA 免遭核酸酶的攻击，也能与帽结合蛋白质复合体结合，并参与 mRNA 和核糖体的结合，启动蛋白质的生物合成。

3. 加尾 大多数真核生物的 mRNA 3′ 端都有由 100～200 个腺苷酸组成的多聚腺苷酸 Poly（A）尾结构。Poly（A）尾不是由 DNA 编码的，而是转录后的前 mRNA 以 ATP 为前体，由 RNA 末端腺苷酸转移酶，即 Poly（A）聚合酶催化聚合到 3′ 末端。加尾并非加在转录终止的 3′ 端，而是在转录产物的 3′ 端，由一个特异性酶识别切点上游方向 13～20 个碱基的加尾识别信号序列 AAUAAA 及切点下游的保守顺序 GUGUGUG，把切点下游的一段切除，然后再由 Poly（A）聚合酶催化，加上 Poly（A）尾。

mRNA Poly（A）尾有助于 mRNA 从细胞核到细胞质转运，也避免 mRNA 在细胞中受到核酸酶降解，增强 mRNA 的稳定性。

（二）tRNA 前体的加工

真核生物的大多数细胞有 40～50 种不同的 tRNA 分子。编码 tRNA 的基因组内都有多个拷贝。前体 tRNA 分子需要多种转录后加工才能成为成熟的 tRNA。

目前分离得到的 tRNA 前体有两类，一类是含单个 tRNA 的 tRNA 前体，在 5′ 端和 3′ 端各有一段多余顺序；另一类是含二个 tRNA 的 tRNA 前体，除 5′ 端和 3′ 端有长短不一的多余顺序外，在两个 tRNA 之间还有数目不等的核苷酸隔开。有的真核 tRNA 前体的反密码子环区含有一个居间顺序。tRNA 前体的加工有如下步骤：①修饰，对 tRNA 分子上的部分核苷酸进行修饰（包括甲基化、酰化、硫代和重排等）；②切除 5′ 端和 3′ 端多余核苷酸；③ 3′ 端不含 CCA 顺序的 tRNA 前体需装上 CCA 顺序，最后生成成熟的 tRNA。

（三）rRNA 前体的加工

真核细胞的 rRNA 基因属于冗余基因族的 DNA 序列，即染色体上一些相似或完全一样的纵列串联基因单位的重复。rRNA 前体的后加工通常有如下步骤。

1. 修饰 除 5SrRNA 外，rRNA 上通常有修饰核苷酸（主要是甲基化核苷酸），它们都是在后加工时修饰的。一般认为核糖 2′− 羟基的甲基化在碱基甲基化之前。

2. 剪切 在 rRNA 前体的多余顺序处切开，产生许多中间前体，然后再切除中间前体末端的多余顺序。

3. 剪接 有的真核生物 rRNA 前体中存在有居间顺序的，须加工时除去。1982 年，T. R. Cech 发现，在四膜虫 rRNA 前体中，去除含有 413 个核苷酸的居间顺序是由 rRNA 前体自身催化完成的。在 5′− 鸟苷酸的促进下经过自身催化作用将居间顺序切除，居间顺序前后的两个部分再连接起来，产生成熟的 rRNA 和一个环状 RNA 分子及一个 15 个核苷酸残基的小片段。rRNA 前体的自身催化作用表明 RNA 具有类似于酶的活性。这一发现突破了生物高分子中只有蛋白质才有催化作用的观念。同时对生物进化与生命起源等研究都将有重要的意义

rRNA 成熟后，就在核仁上装配，与核糖体蛋白质一起形成核糖体，输送到胞质。生长中的细胞，其 rRNA 较稳定；静止状态的细胞，其 rRNA 的寿命较短。

第三节　蛋白质翻译

蛋白质具有多种生物学功能，参与生命的几乎所有过程，是生命活动的物质基础。通常一个细胞在某一特定时刻，其生存及活动约需数千种结构蛋白质和功能蛋白质的参与。蛋白质具有高度的种属特异性，不同种属间蛋白质不能互相替代。因此各种生物的蛋白质均由机体自身合成。

蛋白质由基因编码，是遗传信息表达的主要终产物。mRNA 带有蛋白质合成的编码信息，是蛋白质合成的模板。蛋白质在机体内的合成过程，实际上就是遗传信息从 DNA 经 mRNA 传递到蛋白质的过程，此时 mRNA 分子中的遗传信息被具体地翻译成蛋白质的氨基酸排列顺序，因此将这一过程形象地称为翻译（translation）。

一、蛋白质合成的反应体系

蛋白质生物合成是细胞最为复杂的活动之一。参与细胞内蛋白质生物合成的物质除原料氨基酸外，还需要 mRNA 作为模板，tRNA 作为特异的氨基酸"搬运工具"，核糖体作为蛋白质合成的装配场所，有关的酶与蛋白质因子参与反应，并且需要 ATP 或 CTP 提供能量。

（一）mRNA 是蛋白质合成的模板

mRNA 的发现回答了细胞核内基因组的遗传信息如何编码蛋白质这一重要问题。由 DNA 转录形成的 mRNA 在细胞质内作为蛋白质合成的模板，mRNA 编码区中的核苷酸序列作为遗传密码，在蛋白质合成过程中被翻译为蛋白质的氨基酸序列。

mRNA 分子中核苷酸序列的翻译以 3 个相邻核苷酸为单位进行。在 mRNA 的可读框区域，每 3 个相邻的核苷酸为一组，编码一种氨基酸或肽链合成的起始 / 终止信息，称为密码子，又称三联体密码。比如，UUU 是苯丙氨酸的密码子，UCU 是丝氨酸的密码子，CCA 是丙氨酸的密码子。构成 mRNA 的 4 种核苷酸经排列组合可产生 64 个密码子，其中的 61 个编码 20 种在蛋白质合成中作为原料的氨基酸，另有 3 个（UAA、UAG、UGA）不编码任何氨基酸，而是作为肽链合成的终止密码子。需要注意的是，AUG 具有特殊性，不仅代表甲硫氨酸，如果位于 mRNA 的翻译起始部位，它还代表肽链合成的起始密码子（表 4-1）。

（二）tRNA 是特异的氨基酸"搬运工具"

作为蛋白质翻译原料的 20 种氨基酸，翻译时由其各自特定的 tRNA 负责转运至核糖体。tRNA 作为氨基酸和密码子之间的特异连接物，通过其特异的反密码子与 mRNA 上的密码子相互配对，将其携带的氨基酸在核糖体上准确对号入座。虽然已发现的 tRNA 多达数十种，一种氨基酸通常与多种 tRNA 特异结合（与密码子的简并性相适应），但是一种 tRNA 只能转运一种特定的氨基酸。通常在 tRNA 的右上角标注氨基酸的三字母符号，以代表其特异转运的氨基酸，如 tRNA^{Tyr} 表示这是一种特异转运酪氨酸的 tRNA。

tRNA 呈倒三叶草结构，其上有两个重要的功能部位：一个是氨基酸结合部位，即 tRNA 的氨基酸臂的 –CCA 末端的腺苷酸 3′–OH；另一个是 mRNA 结合部位，即 tRNA 反密码环中的反密码子。参与肽链合成的氨基酸通过氨酰 –tRNA 合成酶识别相应的 tRNA，形成各种氨酰 –tRNA，再运载至核糖体，通过其反密码子与 mRNA 中对应的密码子互补结合（图 4-1），从而按照 RNA 的密码子顺序依次加入氨基酸。因此氨基酸与 tRNA 连接的准确性是正确合成蛋白质的关键，而且肽链合成的起始需要特殊的起始氨酰 –tRNA。

（三）核糖体是蛋白质翻译的场所

合成肽链时 mRNA 与 tRNA 的相互识别、肽键形成、肽链延长等过程全部在核糖体上完成。核糖体类似于一个移动的多肽链"装配厂"，沿着模板 mRNA 链从 5′ 端向 3′ 端移动。期间携带着各种氨基酸的 tRNA 分子依据密码子与反密码子碱基配对关系快速进出核糖体为延长肽链提供氨基酸原料。肽链合成完毕，核糖体立刻离开 mRNA 分子。

原核生物和真核生物的核糖体上均存在 A 位、P 位和 E 位这 3 个重要的功能部位。A 位结合

氨酰 –tRNA，称为氨酰位；P 位结合肽酰 –tRNA，称为肽酰位；E 位释放已经卸载了氨基酸的空载 tRNA，称为排出位（图 4-2）。

（四）蛋白质合成需要多种酶类和蛋白质因子

蛋白质合成需要由 ATP 或 GTP 供能，需要 Mg^{2+}、肽酰转移酶、氨酰 –tRNA 合成酶等多种分子参与反应。此外，起始、延长及终止各阶段还需要起始因子、延长因子和终止因子参与。各类因子的种类及其生物学功能见（表 4-4 和表 4-5）。

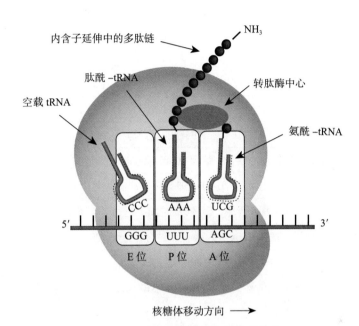

图 4-2　核糖体在翻译中的功能部位

表 4-4　原核生物翻译所需蛋白质因子

种　类		功　能
起始因子	IF1	占据核糖体 A 位，防止 tRNA 过早结合于 A 位
	IF2	促进 fMet-tRNA^fMet 与小亚基结合
	IF3	防止大、小亚基过早结合；增强 P 位结合 fMet-tRNA^fMet 的特异性
延长因子	EF-Tu	促进氨酰 –tRNA 进入 A 位，结合并分解 GTP
	EF-Ts	EF-Tu 的调节亚基
	EF-G	有转位酶活性，促进 mRNA– 肽酰 –tRNA 由 A 位移至 P 位；促进 tRNA 卸载与释放
终止因子	RF1	特异识别终止密码 UAA 或 UAG；诱导肽酰转移酶转变为酯酶
	RF2	特异识别终止密码 UAA 或 UGA；诱导肽酰转移酶转变为酯酶
	RF3	具有 GTPase 活性，在新合成肽链从核糖体释放后促进 RF1 或 RF2 与核糖体分离

fMet-tRNA^fMet 表示 tRNA^fMet 的氨基酸臂上已经结合了甲酰化的甲硫氨酸

表 4-5　真核生物翻译所需蛋白质因子

种　类		功　能
起始因子	eIFl	结合于小亚基的 E 位，促进 eIF2-tRNA-GTP 复合物与小亚基相互作用
	eIF1A	原核 IF1 的同源物，防止 tRNA 过早结合于 A 位
	eIF2	具有 GTPase 活性，促进起始 Met-tRNA^{Met} 与小亚基结合
	eIF2B，eIF3	最先与小亚基结合的起始因子；促进后续步骤的进行
	eIF4A	eIF4F 复合物成分，具有 RNA 解旋酶活性，解开 mRNA 二级结构，使其与小亚基结合
	eIF4B	结合 mRNA，促进 mRNA 扫描定位起始密码 AUG
	eIF4E	eIF4F 复合物成分，结合于 mRNA 的 5′- 帽子结构
	eIF4F	包含 eIF4A、eIF4E、eIF4G 的复合物
	eIF4G	eIF4F 复合物成分，结合 eIF4E 和 poly（A）结合蛋白质
	eIF5	促进各种起始因子从小亚基解离，从而使大、小亚基结合
	eIF5B	具有 GTPase 活性，促进各种起始因子从小亚基解离，从而使大、小亚基结合
延长因子	eEF1α	促进氨酰 -tRNA 进入 A 位，结合并分解 GTP
	eEFlβγ	eEF1α 的调节亚基
	eEF2	有转位酶活性，促进 mRNA- 肽酰 -tRNA 由 A 位移至 P 位；促进 tRNA 卸载与释放
终止因子	eRF	识别所有终止密码子

二、蛋白质的合成过程

以 mRNA 作为模板，tRNA 作为运载工具，在有关酶、辅助因子和能量的作用下将活化的氨基酸在核糖体上装配为蛋白质多肽链的过程，称为翻译（translation）。翻译过程包括起始（initiation）、延长（elongation）和终止（termination）三个阶段。真核生物的肽链合成过程与原核生物的肽链合成过程基本相似，只是反应更复杂、涉及的蛋白质因子更多。

（一）肽链起始

翻译的起始是指 mRNA、起始氨酰 -tRNA 分别与核糖体结合而形成译起始复合物（translation initiation complex）的过程。在许多起始因子的作用下，首先是核糖体的小亚基和 mRNA 上的起始密码子结合，通过 tRNA 的反密码子 UAC 识别 mRNA 上的起始密码子 AUG，并相互配对，随后核糖体大亚基结合到小亚基上去，形成稳定的复合体，从而完成了起始的作用，即翻译起始复合物的装配标志着肽链合成的启动。

1. 原核生物翻译起始复合物的形成　原核生物翻译起始复合物的形成需要 30S 小亚基、mRNA、fMet-tRNA^{fMet} 和 50S 大亚基，还需要 3 种 IF、GTP 和 Mg^{2+}。其主要步骤如下。

（1）核糖体大小亚基分离：完整的核糖体在 IF 的帮助下，促使大、小亚基解离，为结合 mRNA 和 fMet-tRNA^{fMet} 做好准备。

（2）mRNA 与核糖体小亚基结合：小亚基与 mRNA 结合时，mRNA 起始密码子 AUG 上游的一段被称为核糖体结合位点（ribosome-binding site，RBS）的序列，该序列距 AUG 上游约 10 个核苷酸处有一段 AGGAGG 序列（S-D 序列），可被 16SrRNA 通过碱基互补而精确识别，从而将核糖体小亚基准确定位于 mRNA，使其准确识别可读框的起始密码子 AUG，而不会结合内部的 AUG，从而正确地翻译出所编码蛋白质。

(3) fMet-tRNA^{fMet} 与核糖体结合：fMet-tRNA^{fMet} 与结合了 GTP 的 IF2 共同识别并结合核糖体小亚基 P 位上 mRNA 的 AUG 处。此时，A 位被 IF1 占据，不与任何氨酰 –tRNA 结合。

(4) 翻译起始复合物形成：结合于 IF2 的 GTP 被水解，释放的能量促使 3 种 IF 释放，大亚基与结合了 mRNA、fMet-tRNA^{fMet} 的小亚基结合，形成由完整核糖体、mRNA、fMet-tRNA^{fMet} 组成的翻译起始复合物。

在肽链合成过程中，新的氨酰 –tRNA 首先进入核糖体上的 A 位，形成肽键后移至 P 位。但是在翻译起始复合物装配时，结合起始密码子的 fMet-tRNA^{fMet} 则直接结合于核糖体的 P 位，A 位空留，且对应于 AUG 后的密码子，为下一个氨酰 –tRNA 的进入及肽链延长做好准备。

2. 真核生物翻译起始复合物的形成　真核生物翻译起始复合物的装配所需起始因子的种类更多，其装配过程更复杂，且 mRNA 5′ 端的帽子结构和 3′ 端的 poly（A）尾均为正确起始所必需。此外，起始氨酰 –tRNA 先于 mRNA 结合于小亚基，与原核生物的装配顺序不同。其主要步骤如下。

(1) 43S 前起始复合物的形成：多种起始因子与核糖体小亚基结合，其中 eIF1A 和 eIF3 可阻止 tRNA 结合 A 位，并防止大亚基和小亚基过早结合。eIF1 结合于 E 位，GTP-eIF2 与起始氨酰 –tRNA 结合，与 eIF5 和 eIF5B 共同形成 43S 的前起始复合物。

(2) mRNA 与核糖体小亚基结合：在 eIF4F 复合物（包含 eIF4A、eIF4E、eIF4G 的复合物）介导下 mRNA 与 43S 前起始复合物结合。

(3) 翻译起始复合物形成：mRNA 与 43S 前起始复合物及 eIF4F 复合物结合后产生 48S 起始复合物，此复合物从 mRNA 5′ 端→3′ 端起始并定位起始密码子，随后大亚基加入，起始因子释放形成翻译起始复合物。

但是，有些 mRNA 的翻译起始并不依赖其 5′ 端的帽子结构，在翻译起始时，核糖体可被 mRNA 上的内部核糖体进入位点（internal ribosome entry site，IRES）直接招募至翻译起始处，这一过程需要多种蛋白质，如 IRES 反式作用因子（ITAF）、eIF4GI 等的协助。

（二）肽链延长

翻译起始复合物形成后，核糖体从 mRNA 的 5′ 端向 3′ 端移动，依据密码子顺序，从 N 端开始向 C 端合成多肽链。这是一个在核糖体上重复进行的进位、成肽和移位的循环过程，每循环 1 次，肽链上即可增加 1 个氨基酸残基。这一过程除了需要 mRNA、tRNA 和核糖体外，还需要数种延长因子及 GTP 等参与。原核生物与真核生物的肽链延长过程基本相似，只是反应体系和延长因子不同。

核糖体上的 P 位和 A 位可以同时结合两个氨酰 tRNA，即肽酰 –tRNA 和氨酰 –tRNA。当原核生物核糖体沿着 mRNA 从 5′ 端→3′ 端移动时，依次读出密码子，首先是 fMet-tRNA^{fMet} 结合在 P 位启动肽链合成，氨酰 –tRNA 按照 mRNA 模板的指令进入核糖体 A 位。此时，在肽基转移酶的催化作用下，P 位和 A 位上的 2 个氨基酸脱水缩合形成二肽。第一个肽键形成后，二肽酰 –tRNA 占据核糖体 A 位，而卸载了氨基酸的 tRNA 仍在 P 位。随后 A 位上的二肽酰 –tRNA 在延长因子 EF-G（即转位酶）和 GTP 水解供能的作用下移到 P 位，A 位则空载，并准确定位在 mRNA 的下一个密码子，以接受下一个氨酰 –tRNA 进位。经过第二轮进位、成肽、移位，P 位出现三肽酰 –tRNA，A 位空留并对应于第四个氨基酸 –tRNA 进位。重复此过程，肽链由 N 端向 C 端不断延长（图 4-3）。

真核生物的肽链延长机制与原核生物基本相同，但亦有差异，如两者所需延长因子不同，真核生物需要 eEF1α、eEF1γ 和 eEF2 这三类延长因子，其功能分别对应于原核生物的 EF-Tu、EF-Ts 和 EF-G。此外，在真核生物中一个新的氨酰 –tRNA 进入 A 位后会产生别构效应，致使空载 tRNA 从 E 位排出。

在肽链延长阶段，每生成一个肽键，都需要水解 2 分子 GTP（进位与转位各 1 分子）获取能量，即消耗 2 个高能磷酸键。若出现不正确氨基酸进入肽链，也需要消耗能量来水解清除；此外，氨基酸活化为氨酰 –RNA 时需消耗 2 个高能磷酸键。因此，在蛋白质合成过程中，每生成 1 个肽键，至少需消耗 4 个高能磷酸键。同时，在此过程中核糖体对氨酰 –tRNA 的进位有校正作用，只有正确

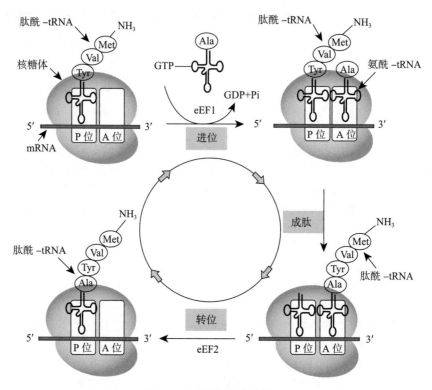

图 4-3　肽链的延长过程

的氨酰 -tRNA 能迅速发生反密码子 - 密码子互补配对而进入 A 位。反之，错误的氨酰 -tRNA 因反密码子 - 密码子不能配对结合而从 A 位解离。这也是维持肽链生物合成的高度保真性的机制之一。

（三）肽链终止

终止信号是 mRNA 上的终止密码子（UAA、UAG 或 UGA）。当核糖体沿着 mRNA 移动时，多肽链不断延长，到 A 位上出现终止信号后，就不再有任何氨酰 -tRNA 接上去，多肽链的合成进入终止阶段。在终止因子的作用下，肽酰 -tRNA 的酯键分开，于是完整的多肽链和核糖体的大亚基便释放出来，然后小亚基也脱离 mRNA。

无论在原核细胞还是真核细胞内，一条 mRNA 模板链上都可附着 10～100 个核糖体。这些核糖体依次结合起始密码子并沿 mRNA 由 5′ 端→ 3′ 端方向移动，同时进行同一条肽链的合成。多个核糖体结合在一条 mRNA 链上所形成的聚合物称为多聚核糖体。多聚核糖体的形成可以使肽链合成高速、高效进行。

原核生物的转录和翻译过程紧密耦联，转录未完成时已有核糖体结合于 mRNA 分子的 5′ 端开始翻译。而真核生物的转录发生在细胞核，翻译在细胞质，因此这两个过程分隔进行。

三、蛋白质翻译后加工

从核糖体上释放出来的新生肽链并不具有生物活性，它们必须在分子伴侣帮助下正确折叠形成具有生物活性的三维空间结构，有的还需形成二硫键，有的需通过亚基聚合形成具有四级结构的蛋白质。此外，许多蛋白质在翻译后还要经过肽链末端及内部的水解作用切除一些肽段或氨基酸，或对某些氨基酸残基的侧链基团进行化学修饰（如羟基化、磷酸化、乙酰化、糖基化）等，才能成为有活性的成熟蛋白质，这一过程称为翻译后加工。

蛋白质合成后还需要被靶向输送到合适的亚细胞部位才能行使各自的生物学功能。有的蛋白质驻留于细胞质，有的被运输到细胞器或镶嵌入细胞膜，还有的被分泌到细胞外，从而发挥其生物学功能。

第5章 人类基因组与染色体

第一节 人类染色体的组成

一、染色体的基本成分

（一）染色质

染色质（chromatin）与染色体（chromosome）是在不同细胞周期时，存在的同一遗传物质的两种表现形式。在细胞间期，以伸展状态的染色质形态存在，染色质纤维的直径 10～30nm，在细胞中期则折叠压缩成为粗短的染色体形态，直径可达 1μm。在间期细胞核中只能看到染色质，在细胞中期则只能看到染色体。

染色质在细胞间期核内能被碱性染料染色的物质，是染色体的基本成分，又可分为伸展状态的常染色质和凝缩状态的异染色质。

常染色质（euchromatin）是指细胞间期核中央部位染色质纤维折叠压缩程度低，呈松散状，用碱性染料染色时染色较浅而均匀的染色质。构成常染色质的 DNA 主要是单一序列 DNA 和中度重复序列 DNA。处于常染色质状态往往有转录活性。

异染色质（heterochromatin）位于着丝粒区、端粒、核仁形成区、染色体的中间、末端和整个染色体臂，是细胞间期处于凝集状态的染色质。具有强嗜碱性，染色深，与常染色质相比，异染色质是转录不活跃部分，很少进行转录或无转录活性。其 DNA 复制较晚，多在晚 S 期复制。异染色质又分为结构异染色质和功能异染色质两种类型。结构异染色质是指各类细胞在整个细胞周期内处于凝集状态的染色质，多位于着丝粒区、端粒区、次缢痕以及 Y 染色体长臂远端 2/3 区段，含有大量高度重复序列的 DNA。功能异染色质只在特定细胞类型或在发育的某一阶段发生凝集，转变成凝缩状态的异染色质，如雌性哺乳动物的 X 染色体。

（二）组蛋白

组蛋白是组成染色体的最主要蛋白质共有 5 种，为 H_1、H_2A、H_2B、H_3 和 H_4。在细胞正常 pH 时，组蛋白带有正电荷，它的作用是和染色体中带有负电荷的 DNA 相结合。组蛋白的总量和 DNA 的总量大致相等，这个总量和比例在各种真核细胞中都是如此。

（三）非组蛋白

非组蛋白是细胞核中组蛋白以外的酸性蛋白质，非组蛋白含量很少，在控制基因表达中发挥重要功能。非组蛋白主要包括与 DNA 和组蛋白的代谢、复制、重组和转录调控等密切相关的各种酶类，如组蛋白甲基化酶、DNA 聚合酶和连接酶、RNA 聚合酶等，此外还包括 DNA 结合蛋白、组蛋白结合蛋白和调节蛋白。由于非组蛋白常常与 DNA 或组蛋白结合，所以在染色质或染色体中也有非组蛋白的存在，如染色体支架蛋白。

二、染色体的结构与数目

在细胞从间期到分裂期过程中，染色质通过螺旋化凝缩成为染色体。由 DNA 和蛋白质构成，具有储存和传递遗传信息的功能。

（一）染色体的结构

从 DNA 到染色体，不论是形态还是长度都相差很大。长达 1.74m 的 DNA 是如何形成染色体又纳入直径仅 5μm 的细胞核中的？解答这一问题是科学家经过 20 年的努力，最终提出的为大多数人所能接受的染色体结构。DNA 经过与组蛋白、非组蛋白等的相互作用，经过有序的折叠、螺旋、包装，才能构建染色体的四级结构。核小体经过进一步压缩折叠形成更高级的结构。

1. 染色体的一级结构　染色质的基本结构是由无数核小体串联组成的染色质丝，每个核小体由一个组蛋白核心、DNA 及组蛋白 H_1 组成。组蛋白核心由 H_2A、H_2B、H_3、H_4 各两分子组成一个八聚体球形结构，形成直径约为 10nm 的圆盘状颗粒，核心颗粒的外周约有 146bp 的 DNA 缠绕了 1.75 圈。相邻的两个核小体之间有一个 DNA 片段相连，称为连接 DNA（linker DNA），连接 DNA 对内切核酸酶敏感。染色体的一级结构就是由 DNA 与组蛋白包装成的核小体在组蛋白 H_1 的介导下彼此连接成直径约为 10nm 的核小体串珠状结构，并使 DNA 分子压缩了约 7 倍。

2. 染色体的二级结构　染色质纤维丝螺旋缠绕成直径为 30nm 的螺旋管，内径为 10nm。每一周包含 6 个核小体，形成螺距 11nm 的螺线体，这是染色体的 2 级结构。组蛋白 H_1 在形成螺旋管的过程起到了重要的作用，因为组蛋白 H_1 用完时仍能形成 10nm 的染色质丝，却不能形成 30nm 的螺旋管。由 1 级结构进入 2 结构 DNA 的长度大约又缩短 6 倍。

3. 染色体的三级结构　对于 30nm 的螺旋管如何形成更高级的结构，至今尚不明确。科学家们提出了很多的模型。现在一般认为 30nm 的螺线管进一步螺旋化和蜷缩形成直径大约为 400nm 的圆筒状结构，称为超螺线管，这是染色体的 3 级结构，由 2 级结构到 3 级结构染色体缩短 40 倍左右。

4. 染色体的四级结构　超螺线管进一步螺旋和折叠，形成光学显微镜下可见的染色单体，这是染色体的 4 级结构，其长度又缩短 5 倍（图 5–1）。

至此，从 DNA 双螺旋分子到染色单体其长度共压缩了 8000～10 000 倍。

（二）染色体的数目

不同物种的染色体的数目和形态特征不同，而同种生物染色体的数目和形态特征相对恒定。因此，可以根据染色体的数目及形态特征进行物种的鉴定。比如小鼠的染色体数目为 40 条，且形态多呈 V、U 形。人的染色体数目为 46 条，其形态多呈 X 形（图 5–2）。

（三）人类染色体的特点

染色体的形态结构在细胞增殖周期中的不同时期不断地变化。在有丝分裂中期时，染色体的形态结构最典型。可以在光学显微镜下观察，常用于染色体研究和临床上染色体病的诊断。以有丝分裂中期染色体为例，其有两条染色单体（chromatid），互称为姐妹染色单体。两者之间由着丝粒相连接，着丝粒处凹陷缩窄为主缢痕或初级缢痕（primary consriction）。着丝粒是纺锤体附者的部位，在细胞分裂中与染色体的运动密切相关，失去着丝粒的染色体片段通常不能在分裂后期向两极移动而丢失。着丝粒将染色体分为短臂（p）和长臂（q）两部分，在短臂和长臂的末端分别有一特化结构，称为端粒（telomere）。端粒起着维持染色体形态结构的稳定性和完整性的作用。在某些染色体的长短臂上还可见凹陷缩窄的部分，称为次级缢痕（secondary consriction）。人类近端着丝粒染色体的短臂末端有球状结构，称为随体（satellite）。随体柄部为缩窄的次级缢痕，该部位与核仁的形成有关，称为核仁组织者区（nucleolus organizing region，NOR）（图 5–3）。

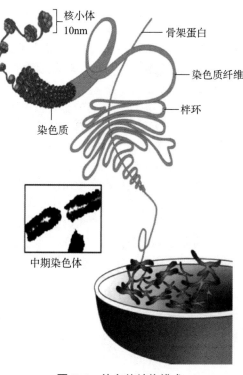

图 5–1　染色体结构模式

根据着丝粒的位置不同，可将染色体分为四类：中央着丝粒染色体，着丝粒位于或靠近染色体中央。若将染色体分为8等份，则着丝粒位于染色体纵轴的1/2～5/8，并将染色体分为长短相近的两个臂；②近（亚）中着丝粒染色体，着丝粒位于染色体纵轴的5/8～7/8，将染色体分为长度不同的两个臂；③近端着丝粒染色体，着丝粒位于染色体纵轴的7/8至末端之间，断臂很短；④端着丝粒染色体，着丝粒位于染色体的末端（没有短臂）。人类染色体只有前三种类型，无端着丝粒染色体。

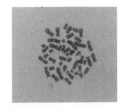

图 5-2　人类染色体吉姆萨染色

第二节　性染色体和性别决定

性别是生物的一种重要性状，与基因的调控有关，因此性别决定一直是研究的热门领域。染色体发现20年后，细胞遗传学的研究热点之一就是寻找染色体与各种性状遗传间的关系。并首先在昆虫中发现了性染色体，为性染色体与性别之间的联系提供了重要的启示。性别决定的分子机制复杂，通过由多个基因的级联调控来实现，其中也涉及表观遗传的调节。性别决定系统是一个决定生物体性别特征发育的生物学系统。

一、性染色体的发现

1891年，德国科学家 H. V. Henking 在观察雄性昆虫红蝽的生殖细胞减数第一次分裂时，发现了一条不与其他染色体配对的，单条染色体移向一极，并将这条染色体称为"X 染色体"。1902年，C. E. Mc Clung，在蝗虫的雄性细胞中发现了一条不配对的染色体，推测其就是"X 染色体"，在受

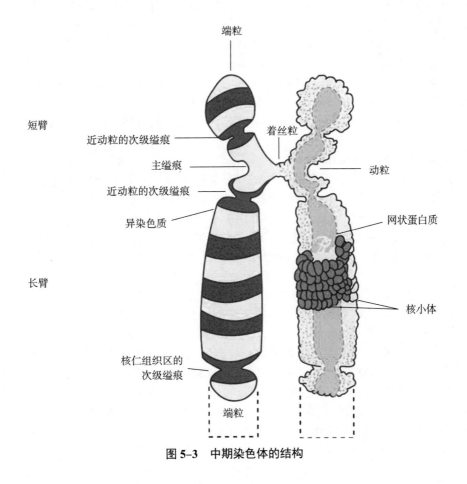

图 5-3　中期染色体的结构

精时决定昆虫的性别。1905 年，Netti Stevens 发现一种甲虫的雌雄个体染色体数目相同，但在雄性中有一对是异源的，大小不同，其中一条和雌性的一条染色体相同，而雌性中该条染色体却是成对的。另一条染色体在雌性中找不到，Stevens 将其命名为"Y 染色体"。同时，哥伦比亚大学的 E. B. Wilson 也观察到了性染色体并认为性别是由性染色体决定的。

二、性染色质

性染色质（sex chromatin）是性染色体（X 和 Y）在间期细胞核中显示出来的一种特殊结构，包括 X 染色质和 Y 染色质。

（一）X 染色质（X chromatin）

正常女性的间期细胞核中紧贴核膜内缘有二个染色较深，大小约为 1μm 的椭圆形小体，称为 X 染色质、Barr 小体或 X 小体（图 5-4）。

1949 年，ML. Barr 等在雌猫神经元细胞核中发现一种浓缩小体，在雄猫中则见不到这一结构。进一步研究发现，除猫以外，其他雌性哺乳类动物（包括人类）间期细胞中也同样存在这种显示性别差异的结构，而且不仅是神经元细胞，在其他细胞的间期核中也可以见到这一结构。但正常男性没有 X 染色质，如何解释这一现象？

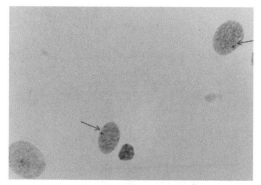

图 5-4　人类 X 染色质

1961 年，女科学家 Mary Frnes Lyon 提出的 X 染色体失活的假说（Lyon 假说）对这些问题进行了解释：X 染色体在胚胎发育早期会失活且失活是随机的，可以是来自父源的染色体也可以是来自母源的染色体；失活是完全的，雌性哺乳动物体细胞内仅有一条 X 染色体是有活性的，另一条 X 染色体在遗传上是失活的；失活是永久的和克隆式繁殖的。一旦某一特定的细胞内的 X 染色体失活，那么由此细胞而增殖的所有子代细胞也总是该条 X 染色体失活。在一个正常女性的细胞中失活的 X 染色体既有父源的，也有母源的。因此，失活是随机的，同时也是恒定的。间期核内 X 染色质数目总是比 X 染色体数目少 1，即性染色体是 XX 者含有 1 个 X 染色质，XXX 者含有 2 个 X 染色质。在正常男性中，单个的 X 染色体不发生失活，而且任何时候都是有活性的，故无 X 染色质。

（二）Y 染色质（Y chromatin）

正常男性的间期细胞用荧光染料染色后，在细胞核内可出现一个强荧光小体，直径为 0.3μm 左右，称为 Y 染色质或 Y 小体。由 Y 染色体长臂远端约 2/3 区段形成的，可被荧光染料染色后发出荧光。Y 染色质是男性细胞中特有的，女性不存在。与 X 染色质不同的是，细胞中 Y 染色质的数目与 Y 染色体的数目相同。根据性染色质与性染色体数目的关系，可应用性染色质染色、镜检检测人类性别。比如，体育运动会上的性别鉴定，胎儿性别鉴别与性染色体畸形诊断或对性染色体异常疾病与癌症的研究等。

（三）人类男性的性别决定基因

性染色体决定了人类的性别。在人类的体细胞中有 46 条染色体，其中 44 条染色体与性别无直接关系称为常染色体（autosome）。形成 22 对同源染色体，每对同源染色体的形态结构和大小都基本相同；而另外一对 X 染色体和 Y 染色体与性别决定有直接的关系，称为性染色体（sex chromosome）。两条性染色体的形态结构和大小都有明显的差别。X 染色体的长度介于第 6 号和第 7 号染色体之间，而 Y 染色体的大小略大于第 21 号和 22 号染色体。男性的性染色体组成为 XY，在配子发生时，男性可以产生两种精子，即含有 X 染色体的 X 型精子和含有 Y 染色体的 Y 型精子且两种精子的数目相等；而女性的性染色体组成为 XX，由于细胞中有两条同源的 X 染色体，因此，只能形成一种含有 X 染色体的卵子。这种性别决定方式为 XY 型性别决定。当 X 型精子与卵子结合时，形成性染色体组成为 XX 的受精卵，将来发育成女性；Y 型精子与卵子结合时，形成性染色体组成为 XY 的受精卵，将来发育成男性。所以人类的性别是精子和卵子在结合时就决定了的，这种结合是随机的，因而人类群体中的男女比例大致保持 1 : 1。

显而易见，在性别决定过程中是由精子所带有的是 X 染色体还是 Y 染色体决定人类性别的。一个个体无论其有几条 X 染色体，只要有 Y 染色体就决定其为男性表型（睾丸女性化患者除外）。性染色体异常的个体，如核型为 45，其 X 表型是女性，核型为 48，XXXY 的个体表型是男性，但均不是一个正常的个体。可见 Y 染色体在性别决定中起到了关键的作用，已证实人类 Y 染色体短臂上有一个决定性别的关键基因，称为性别决定区域 Y 基因（sex-determining region Y，SRY）。*SRY* 位于 Yp11.31，全长 7897bp。编码含 204 个氨基酸的 SRY 蛋白，具有高度的保守性和特异性。*SRY* 基因的表达产物只出现在睾丸分化前的部分生殖嵴体细胞中，即含有 SRY 蛋白的这些细胞最终分化为支持细胞。支持细胞既是睾丸组织中最主要的细胞类型，也是生殖嵴体细胞中最早产生性别分化的细胞，可诱导性腺细胞中其他体细胞分化为睾丸相关组成细胞，从而引导性别分化朝向男性方向。一旦 *SRY* 基因突变或易位，可导致某些两性畸形（如 46,XY 女性或 46,XX 男性）的发生。

第三节　人染色体的分组与核型

一、染色体的分组及形态特征

人类共有 46 条染色体，即 23 对同源染色体。其中 1～22 对为常染色体，第 23 对为性染色体，并根据染色体的大小递减顺序和着丝粒的位置，将 23 对染色体分为 A、B、C、D、E、F、G 七个组。A 组中的染色体最大，G 组的最小。X 染色体列入 C 组，Y 染色体列入 G 组（表 5-1）。

表 5-1　人类染色体分组及形态特征（非显带标本）

组　别	染色体序号	形态大小	着丝粒位置	次缢痕	随　体
A	1～3	最大	中央（1，3）亚中（2）	1 号染色体常见	
B	4～5	次大	亚中		
C	6～12，X（介于 7～8）	中等	亚中	9 号染色体常见	
D	13～15	中等	近端		有
E	16～18	小	中央（16）亚中（17，18）	16 号染色体常见	
F	19～20	次小	中央		
G	21～22，Y	最小	近端		有（22、21）

二、人类染色体命名

根据 1971 年在巴黎召开的第四届国际人类细胞遗传学会议及 1972 年爱丁堡会议，提出了区分每个显带染色体区带的标准系统，称为人类细胞遗传学命名的国际体制（International System for Human Cytogenetics Nomenclature，ISCN）。随后又进行了多次的修订 ISCN 命名被广泛接受，对显带染色体有了统一的识别和描述标准。界标（landmark）：每条染色体经显带后具有的稳定的、显著形态学特征的标记，包括染色体两臂的末端、着丝粒和某些稳定且显著的带。根据界标将染色体划分为若干个区（region）位于相邻界标之间的区域，每个区包含若干条带（band），为深浅着色的条纹，每一条染色体都是由一系列连贯的带组成，没有非带区。

一般沿着染色体的臂从着丝粒开始向远端连续标记区和带。界标所在的带属于此界标以远的区，并作为该区的第1带。每条染色体均以着丝粒为界标，分成长臂和短臂。区和带的序号均从着丝粒为起点，沿着每一条染色体臂分别向长臂和短臂的末端依次编号为1区2区、1带2带。被着丝粒一分为二的带，分别归属于长臂和短臂，分别标记为长臂的1区1带和短臂的1区1带（图5-5）。

一个体细胞内的全部染色体，按大小、形态特征分组编号排列构成核型（karyotype）的图像。在完全正常的情况下，一个细胞的核型一般可代表该个体的核型。而将一个体细胞中的全部中期染色体按染色体的形态特点和大小依次配对，分组排列进行分析的过程，称为核型分析（karyotype analysis）。核型分析又分为非显带分析和显带分析。正常核型的描述分两部分，第一部分是染色体总数，第二部分是性染色体组成两者之间用","隔开。如正常女性的核型描述为46，XX。异常染色体的描述为三部分内容，染色体组成、性染色体组成和异常类型。如唐氏综合征为47，XY，+21。显带技术能显示染色体本身更细微的结构，有助于准确地识别每一条染色体及诊断染色体异常疾病，在后续章节将介绍具体的显带技术。

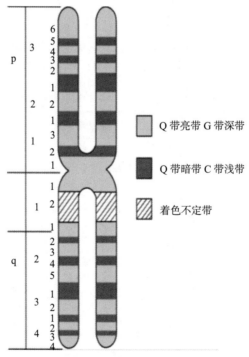

图5-5　显带染色体的界标、区和带示意

第6章　基因突变

基因是细胞内遗传物质的功能单位，是具有特定遗传效应的 DNA 片段，它决定细胞内 RNA 和蛋白质等（包括酶分子）的合成，从而决定生物遗传性状。基因突变（gene mutation）是指基因在结构上发生碱基的组成或排列顺序的改变。基因突变仅涉及一个或一对碱基改变时称为点突变（point mutation）。基因突变是生物界中存在的普遍现象，是生物进化的主要动力。

基因突变可发生在个体发育的任何阶段，即可发生在生殖细胞中，也可发生在体细胞中。基因突变发生在生殖细胞中，突变基因可通过有性生殖传递给其后代，从而使后代的遗传性状发生相应改变；基因突变如果发生在体细胞中，称为体细胞突变（somatic mutation），这种基因突变虽不会传递给后代个体，但可传递给由突变细胞分裂所形成的各代子细胞，形成突变的细胞克隆（clone），成为具有体细胞遗传学特征的肿瘤病变甚至癌变的基础。

第一节　基因突变的诱因

根据基因突变发生的原因，可分为自发突变和诱发突变。自发突变（spontaneous mutation）也称自然突变，即在自然条件下发生的突变。诱发突变（induced mutation）是指经人工处理后而发生的突变。能诱发基因突变的各种内外环境因素均被称为诱变剂（mutagen）。

一、自发突变

自发突变产生的原因很多，可能是自然环境中所受到的恒定剂量的天然辐射，如来源于太阳和外太空高能粒子流的宇宙辐射、岩石和土壤中天然放射性元素的地球辐射和体内辐射引起的 DNA 损伤，也可能是机体在正常代谢过程中产生的自由基或糖基化终末产物引起的 DNA 损伤。另外，DNA 复制过程中碱基错配也可引起自发突变，但细胞自身具有复制校正系统，能校正 99.9% 的复制错误。自然条件下人类基因的自发突变频率非常低，一般为 $1.0 \times 10^{-4} \sim 1.0 \times 10^{-6}$。

二、诱发突变

很多物理因素、化学因素和生物因素都可诱发基因突变。

（一）物理诱变因素

1. 紫外线　紫外线是引起基因突变的常见因素之一。它引起基因突变是通过损伤 DNA 的结构来实现的。在紫外线照射下，人体细胞内的 DNA 序列中相邻的嘧啶类碱基可结合成嘧啶二聚体，最常见的有胸腺嘧啶二聚体（TT）。TT 的形成，使 DNA 的局部结构变形，当 DNA 复制或 RNA 转录到这一部位时，碱基配对发生错误，从而引起新合成的 DNA 或 RNA 链的碱基改变（图 6-1）。

2. 电离辐射　X 线、γ 射线等电离辐射如果直接击中 DNA 链，能量被 DNA 分子吸收，可导致 DNA 分子和染色体的断裂，断裂的片段发生重排，会引起染色体结构畸变。

（二）化学诱变因素

1. 羟胺类　羟胺（hydroxylamine, HA）是一种还原化合物，作用于胞嘧啶（C），使其化学成分发生变化而不能正常地与鸟嘌呤（G）配对，转而改为与腺嘌呤（A）配对。经两次复制后，原本的 C-G 碱基对就变换成 T-A 碱基对（图 6-2）。

2. 亚硝酸类化合物　这类物质可以使 DNA 碱基中的氨基（–NH₂）脱去，而产生原有碱基分子

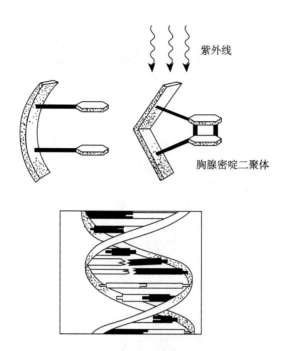

图 6-1 紫外线诱发的胸腺嘧啶二聚体

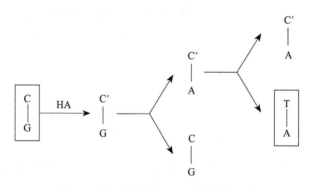

图 6-2 羟胺引起的 DNA 碱基对的改变

结构及化学性质的改变。如腺嘌呤（A）被脱氨基后可变成为次黄嘌呤（Hx），次黄嘌呤（Hx）不能与胸腺嘧啶（T）配对，而变为与胞嘧啶（C）配对，经 DNA 复制后，由原来正常的 A-T 碱基对转换形成 G-C 碱基对（图 6-3）。

3. 烷化剂类 包括甲醛、氯乙烯、硫酸二乙酯和氮芥等。这是一类具有高度诱变活性的诱变剂，它们可将烷基基团引入多核苷酸链上的任一位置使其烷基化，烷基化的核苷酸将产生错误配对而引起突变。如鸟嘌呤（G）烷基化后不与胞嘧啶（C）配对而与胸腺嘧啶（T 配对），形成 G-C → A-T 的转换（图 6-4）。

4. 碱基类似物 一些碱基类似物可掺入 DNA 分子中取代某些正常碱基，引起突变的发生，如 5- 溴尿嘧啶（5-BU）、2- 氨基嘌呤（2-AP）等。5-BU 的结构与胸腺嘧啶（T）相似，它的特点是既可以与腺嘌呤（A）配对，也可以与鸟嘌呤（G）配对。如果 5-BU 取代 T 以后，一直保持与 A 配对，所产生的影响并不大；如果它以后又转成与 G 配对，经一次复制后，就可以使原来的 A-T 碱基对变成 G-C 碱基对（图 6-5）。

5. 芳香族化合物 吖啶类和焦宁类等扁平分子构型的芳香族化合物，可以嵌入 DNA 的核苷酸

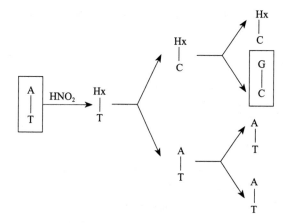

图 6-3　亚硝酸类物质引起的 DNA 碱基对的改变

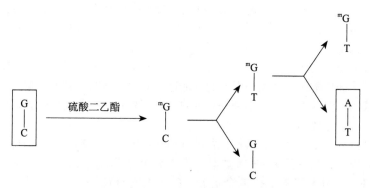

图 6-4　烷化剂引起的 DNA 碱基对的改变

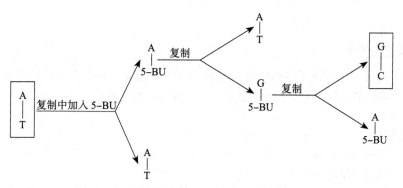

图 6-5　5- 溴尿嘧啶引起的 DNA 碱基对的改变

序列中而引起移码突变。

（三）生物诱变因素

1. 病毒　多种 DNA 病毒（如流感病毒、麻疹病毒、风疹病毒、疱疹病毒等）是诱发基因突变的常见生物因素。这些病毒引起基因突变的作用机制，尚不清楚，是医学遗传学研究的热点之一。RNA 病毒也具有诱发基因突变的作用，很可能是通过反转录酶合成病毒 DNA，再插入宿主细胞的 DNA 序列中而引起突变发生。

2. 真菌和细菌　真菌和细菌所产生的毒素或代谢产物具有强烈的诱发突变作用。比如，花生作物中的黄曲霉菌所产生的黄曲霉素，具有致突变作用，并被认为是引起肝癌的一种致癌物质。

第二节　基因突变的特点与形式

一、基因突变的特性

基因突变无论是自发突变，还是诱发突变，都具有共同的特性，一般包括多向性、可逆性、有害性、稀有性、随机性和重复性。

1. 多向性　任何同一基因座上的基因，都可独立发生多次不同的突变，这就是基因突变的多向性。如在染色体某一基因座上的基因 A，在一定条件下，它既可以突变为 a_1，也可以突变为 a_2、a_3 等，从而形成一组复等位基因。复等位基因（multiple alleles）是指在群体中，相同座上的基因有 3 个或 3 个以上，但对每一个体来说，只能具有其中任何两个基因，这一组基因就称为复等位基因。例如，人类 ABO 血型系统就是在 9q34 基因位点上由 I^A、I^B、i 三个基因构成的一组复等位基因所决定的。

2. 可逆性　自然状态下未发生突变的基因称为野生型基因，基因突变使原基因座位上出现的新基因称为突变型基因。基因突变的可逆性是指任何一种野生型基因，都能够通过突变形成突变型基因，突变型基因也可突变为野生型基因，前者称为正向突变（forward mutation），后者则称为回复突变（reverse mutation）。一般正向突变率远超过回复突变率。

3. 有害性　基因突变对个体来说大多数是有害的，这是因为生物在长期的自然选择和进化中，已经形成了遗传结构的均衡系统，而基因突变打乱这种均衡性并产生有害影响。绝大多数遗传病都是由基因突变造成的。但基因突变并不都是有害的，有些突变并不造成核酸和蛋白质正常功能的损害，如同义突变和非功能性 DNA 序列改变等。

4. 稀有性　基因突变是一种稀有事件，各种基因在一定群体中都有一定的自发突变率，自发突变率是指在自然状态下，某一基因在一定群体中发生突变的频率。人类基因的突变率很低，为每代 $10^{-4} \sim 10^{-6}$／生殖细胞，即每代每 1×10^4 个至 1×10^6 个生殖细胞中有 1 个基因发生突变。

5. 随机性　基因突变的发生对任何一个个体、任何一个细胞、任何一个基因都是随机的。

6. 重复性　对于任何一个基因来说，突变并不是只发生一次或有限几次，而是会以一定频率反复发生。

二、基因突变的形式

从分子水平来讲，在各种诱变因素的作用下，DNA 中碱基的种类和排列顺序发生改变，是基因突变的基础。基因突变后会引起相应的遗传效应变化。基因突变的主要形式一般可分为静态突变和动态突变两种。

（一）静态突变

静态突变（static mutation）是生物各世代中基因突变总是以一定的频率发生，并能随着世代的繁衍、交替而得以相对稳定的传递。

1. 点突变　点突变（point mutation）是 DNA 多核苷酸链中单个碱基或碱基对的改变。

(1) 碱基置换（base substitution）是 DNA 链中碱基之间的互相置换。碱基置换又可分为转换和颠换（图 6-6）。

转换（transition）是指嘌呤之间或嘧啶之间的置换，即一种嘌呤被另一种嘌呤所取代，或一种嘧啶被另一种嘧啶所取代，这是点突变最常见的一种形式。例如，AT 对变成 GC 对，或 CG 对变成 TA 对。

颠换（transversion）是指嘌呤与嘧啶之间的互换，即一种嘌呤被另一种嘧啶所取代，或一种嘧啶被另一种嘌呤所取代，这种点突变的形式比较少见。比如 AT 对变成 TA 对，或 GC 对变成 CG 对。

碱基置换只是原有碱基种类的改变，并不涉及碱基数目的变化。这种突变会因其作用对象的不同而产生不同的遗传学效应。如果被置换的是构成特定三联密码子单位的碱基或碱基对，则会造成以下突变：

①同义突变：指碱基被置换后，由于密码子具有兼并性，所编码的氨基酸保持不变，因此不产生突变效应（图6-7），同义突变不易检出。比如，DNA 中的 GCG 第 3 位 G → A 形成 GCA，对应 mRNA 中的 CGC 和 CGU，这两个密码子均编码精氨酸。

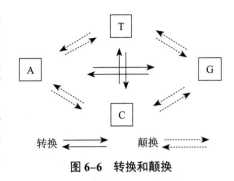

图 6-6 转换和颠换

②无义突变：指碱基被置换后，将编码氨基酸的密码子突变为终止密码子 UAA、UAG 或 UGA，导致翻译时多肽链的延伸提前终止，造成多肽链的组成结构残缺及蛋白质功能的异常或丧失，引起致病效应。

③错义突变：指碱基被置换后，编码某种氨基酸的密码子变成编码另一种氨基酸的密码子，从而使多肽链的氨基酸种类和序列发生改变，导致蛋白质多肽链原有功能的异常或丧失。错义突变是最常见的突变形式，人类的许多分子病和代谢病，就是因此而造成的。例如，镰状细胞贫血就是由错义突变所引起的，即珠蛋白 β 基因 mRNA 的第 6 位密码子 GAG 突变为 GUG，使谷氨酸突变为缬氨酸，导致镰状血红蛋白（HbS）取代了正常血红蛋白（HbA）（图 6-8）。

④终止密码突变：是指碱基被置换后，使原来的终止密码子突变为编码某个氨基酸的密码子，从而使本应终止延伸的多肽链合成非正常地持续进行，形成功能异常的蛋白质结构分子。比如，Hb Constant Spring 就是 α 珠蛋白的第 142 位终止密码子 UAA 突变为谷氨酰胺的密码子 CAA，结果使珠蛋白链延长至 172 个氨基酸，由于产生的 mRNA 不稳定，容易被降解，导致 α 珠蛋白合成减少，表现为 α 地中海贫血（图 6-9）。

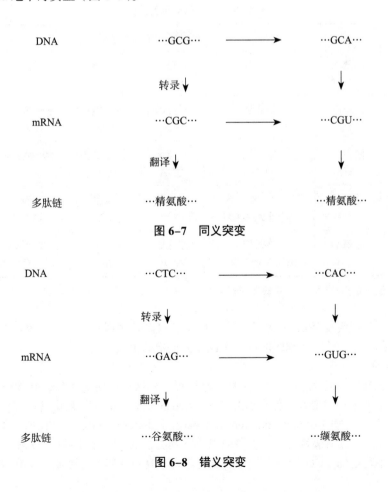

DNA	···GCG···	→	···GCA···
	转录↓		↓
mRNA	···CGC···	→	···CGU···
	翻译↓		↓
多肽链	···精氨酸···		···精氨酸···

图 6-7 同义突变

DNA	···CTC···	→	···CAC···
	转录↓		↓
mRNA	···GAG···	→	···GUG···
	翻译↓		↓
多肽链	···谷氨酸···		···缬氨酸···

图 6-8 错义突变

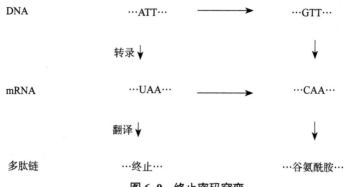

图 6-9 终止密码突变

除了编码区外，碱基置换也可以发生在非编码区。发生在调控区的碱基置换，可能影响转录和翻译的效率，从而使蛋白质合成量增加或减少，进而影响细胞的代谢节律，以致引起疾病的发生。而发生在内含子的碱基置换，则可能改变剪接位点，致使 RNA 前体剪接错误，生成异常的 mRNA，最终导致蛋白质合成的障碍。

(2) 移码突变（frame shift mutation）是由于 DNA 链中插入或缺失 1 个或几个碱基对，造成插入或缺失点以下的三联体密码的组合发生改变，引起所编码的蛋白质多肽链中的氨基酸种类和序列的变化，影响蛋白质和酶的生物功能，进而危机到机体细胞正常的生命活动。碱基对插入或缺失的数目和位置不同，对其后密码子组合改变的影响也不尽相同（表 6-1）。

表 6-1 几种移码突变结果

移码类型	移码突变的几种结果					
正常密码组合	酪氨酸 …UAC	丝氨酸 AGU	脯氨酸 CCU	苏氨酸 ACA	谷氨酸 GAA	天冬酰胺 AAC…
插入一个碱基	酪氨酸 …UAC	精氨酸 AG↑Ⓐ	丝氨酸 UCC	酪氨酸 UAC	精氨酸 AGA	赖氨酸 AAA…
缺失一个碱基	酪氨酸 …UAC	缬氨酸 ↓ⒶGUC	亮氨酸 CUA	谷氨酰胺 CAG	赖氨酸 AAA	苏氨酸 ACG…
插入三个碱基	酪氨酸 …UAC	精氨酸 天冬酰胺 AG↑A-AAU	脯氨酸 CCU	苏氨酸 ACA	谷氨酸 GAA	天冬酰胺 AAC…
缺失三个碱基	酪氨酸 …UAC	苏氨酸 A↓GUCCU	苏氨酸 ACA	谷氨酸 GAA	天冬酰胺 AAC	丙氨酸… GCU

↑.插入位点；↓.缺失位点；□.插入或缺失的碱基

2. 片段突变 片段突变是指 DNA 分子中某些小片段碱基序列发生缺失、插入与重排。这类突变导致基因结构的明显变化，所编码的蛋白质也失去正常的生理功能。

（二）动态突变

串联重复的三核苷酸序列在一代一代的传递过程中，拷贝数明显增加，并导致相应的病理改变，这种逐代递增的累加突变效应称为动态突变（dynamic mutation）。把由动态突变所引起的疾病称为三核苷酸重复扩增病（trinucleotide repeat expansion disease，TRED）。比如，脆性 X 综合征，患者的 X 染色体 q27.3 处有脆性位点，在该位点克隆到脆性 X 智能低下基因（*FMR1*），它的 5′ 端非编码区有一段不稳定的（CGG）*n* 三核苷酸重复序列，在每次减数分裂或有丝分裂过程中，CGG

的拷贝数都可能发生改变。正常人 CGG 的拷贝数为 6～50 个，当重复拷贝数增加到 52～200 个时，为表型正常的携带者。如果重复拷贝数超过 200 个时，就表现为脆性 X 综合征患者。患者 CGG 的拷贝数越多，症状就越严重，已知重症脆性 X 综合征患者的 CGG 拷贝数可多达 2000 次。但（CGG）n 两边的侧翼序列却与正常人无差异。

研究发现，不稳定三核苷酸重复序列扩增突变所致的某些遗传病的症状一代比一代严重，而发病年龄有一代早于一代的现象，发病年龄越小，病情越严重，这种现象称为遗传早现。目前，已发现 20 多种遗传病与动态突变有关，如亨廷顿病（Huntington disease，HD）、肯尼迪氏症（Spinal and bulbar muscular atrophy，SBMA）、脊髓小脑共济失调（spinocerebellar ataxia，SCA）、齿状核 – 红核 – 苍白球 – 丘脑下部萎缩（dentatorubral-pallidoluysian atraphy，DRPLA）、Machado Joseph 病（Machado Joseph disease，MJD）、强直性肌营养不良（myotonic dystrophy，DM）、Friedreich 共济失调（Friedreich ataxia，FA）等（表 6-2）。

动态突变发生的机制可能是姐妹染色单体的不等交换或重复序列中的断裂修复错位等。

表 6-2　部分三核苷酸重复扩增病

疾病	遗传方式	染色体定位	重复类型	正常范围	异常范围
HD	AD	4P16.3	CAG	6～35	36～121
SBMA	X 连锁	Xq11-q12	CAG	11～34	40～72
SCA1	AD	6p23	CAG	6～39	41～81
SCA2	AD	12q24.1	CAG	15～29	35～59
DRPLA	AD	12p13.31	CAG	7～25	49～88
MJD	AD	14q24.3-q31	CAG	16～36	68～82
DM	AD	19q13.2-q13.3	CTG	5～37	50～2000
FA	AR	9q13-q21.1	GAA	7～22	200～1200

HD. 亨廷顿病；SBMA. 肯尼迪氏症；SCA1. 脊髓小脑共济失调 1；SCA2. 脊髓小脑共济失调 2；DRPLA. 齿状核 – 红核 – 苍白球 – 丘脑下部萎缩；MJD. Machado Joseph 病；DM. 强直性肌营养不良；FA. Friedreich 共济失调；AD. 常染色体显性遗传；AR. 常染色体隐性遗传

三、基因突变的命名

人类基因突变的命名规则是由"人类基因组变异协会"（Human Genome Variation Society，HGVS）提出的，以《DNA 序列变异体描述建议》（*Recommendation for the Description of DNA Sequence Variant*）为依据命名。基因突变的命名分为以下三部分（图 6-10）。

（一）突变的位置

编码 DNA 序列（coding DNA sequence）层面用"c."表示，基因组 DNA（genome DNA）层面用"g."表示，线粒体 DNA（mitochondrial DNA）层面用"m."表示，RNA 层面用"r."表示，蛋白质（protein）层面用"p."表示。

（二）突变所在位点

将编码 DNA 序列起始密码子 ATG 中的 A 编号为"1"；位于该 A 的 5′ 端方向的核苷酸依次编号为"–1""–2"等；位于终止密码 3′ 端方向的核苷酸依次编号为"*1""*2"等。对于内含子变异，位于内含子开始部位的，依次在内含子之前的外显子最后一个核苷酸的编号之后加上"+1""+2"等作为其编号；而位于内含子末端的变异，依次在该内含子之后的外显子第一个核苷酸的编号之后

"1"：起始密码 ATG 中的 A 或蛋白质序列的第一个氨基酸
"–1"：起始密码 ATG 中 A 的 5′ 端方向的第一个核苷酸
"*1"：终止密码 3′ 端方向的第一个核苷酸

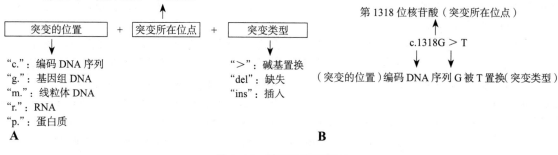

图 6-10　基因突变的命名

A. 命名方法；B. 举例

加上 "–1" "–2" 等作为其编号。RNA 序列的编号与编码 DNA 序列编号相同。蛋白质氨基酸序列编号，以起始密码子编码的甲硫氨酸为 "1"。

（三）突变类型

1. DNA 序列变异　碱基替换以 "＞" 表示，"＞" 之前是被置换的核苷酸，之后为置换后的核苷酸，核苷酸分别以大写英文字母 A、T、C、G 表示，如 c.76A ＞ T，表示某编码 DNA 序列第 76 位核苷酸由腺苷酸变为胸苷酸。

2. RNA 序列变异　与 DNA 变异描述相似，但核苷酸用小写英文字母表示，如 r.76a ＞ u。

3. 蛋白质序列变异　氨基酸置换不用 "＞" 表示，直接在发生变异的氨基酸编号前写出被置换的氨基酸，之后写出置换后的氨基酸。氨基酸可以用三个字母缩写表示，也可以用单字母缩写表示。如 p.Lys76Asn，表示某蛋白质第 76 位氨基酸由赖氨酸变为天冬酰胺。

第三节　DNA 损伤的修复

各种因素引起 DNA 的碱基组成或排列顺序等的变化后，未必就一定出现突变，因为细胞内存在多种 DNA 损伤修复系统，可以修复 DNA 分子的损伤与错误，降低突变所引起的有害效应，保持遗传物质的相对稳定。

一、紫外线引起的 DNA 损伤与修复

紫外线照射造成的 DNA 损伤，最常见的就是在 DNA 同一条多核苷酸链上相邻的两个胸腺嘧啶核苷酸之间出现异常的共价连接，形成胸腺嘧啶二聚体（TT），从而严重影响 DNA 的自我复制和 RNA 转录。对此不同生物一般可通过以下几种途径予以修复。

（一）光复活修复

光复活修复（photoreactivation repair）又称光修复，是在损伤部位直接进行修复。细胞内普遍存在一种特殊的光复活酶，在可见光的作用下，该酶被激活，并能够特异性地识别、结合胸腺嘧啶二聚体，形成酶 -DNA 复合体。利用可见光所提供的能量，胸腺嘧啶二聚体在酶的作用下解聚；修复完成后，光复合酶就从复合体中解离、释放出来，这一过程称为光复活修复。

（二）切除修复

切除修复（excision repair）亦称暗修复（dark repair），是取代损伤部位的修复，修复过程中无须光能的作用，也是人类 DNA 损伤的主要修复途径。切除修复发生在 DNA 复制之前，需要核酸内切酶、核酸外切酶、DNA 聚合酶和连接酶等的参与。修复中，首先是由核酸内切酶识别胸腺嘧啶二聚体损伤部位，在二聚体片段的 5′ 端切开一个缺口；然后以其互补的正常链为模板，在 DNA

聚合酶的作用下，按照碱基互补原则，合成一段新的 DNA 单链填补缺口；最后，由核酸外切酶切除有胸腺嘧啶二聚体片段 3′ 端的单链片段，并由 DNA 连接酶连接新合成的片段与原 DNA 分子，封闭缺口，完成对损伤的 DNA 修复（图 6-11）。

（三）重组修复

重组修复（recombination repair）又称复制后修复。

1. 复制 含有嘧啶二聚体的 DNA 单链仍可进行复制，当复制到胸腺嘧啶二聚体部位时，新合成的 DNA 互补子链中与胸腺嘧啶二聚体相对应的部位便留下一个缺口。与此同时，另外一条 DNA 单链进行完整的复制。

2. 重组 由核酸内切酶在完整的 DNA 分子同源链切割，形成一个与缺口互补的游离单链片段。完整的母链与有缺口的子链重组，使缺口转移到母链上。

3. 再合成 重组后，母链上的缺口由 DNA 聚合酶合成互补片段，再由连接酶连接新片段与旧链，缺口修复。

在重组修复过程中，虽未能使 DNA 结构中胸腺嘧啶二聚体得以根本消除，但是经过多次复制之后，却逐渐地降低了受损伤的 DNA 在生物体中的比例，起到一种"稀释"突变的作用（图 6-12）。

如果上述修复系统有缺陷，就可能造成两种后果，即细胞死亡或基因发生突变，并可转化为肿瘤细胞。比如，人类的着色性干皮病（xeroderma pigmentosum，XP）是一种罕见的常染色体隐性遗传病。患者的切除修复系统出现缺陷，不能修复紫外线诱发的 DNA 损伤，皮肤对日光高度敏感，照射部位易出现红斑、水肿，继而出现色素沉着、干燥、角化过度，最后可发展成为基底细胞癌、鳞状上皮癌或棘状上皮瘤。有证据表明这是由于患者皮肤成纤维细胞缺乏 DNA 修复酶，主要是核酸内切酶，对于由紫外线诱发的胸腺嘧啶二聚体无法修复。因此，XP 是一种 DNA 修复能力严重缺陷的遗传病。DNA 修复系统在保护个体免受环境中的诱变物质和致癌物质的作用方面有重要影响。

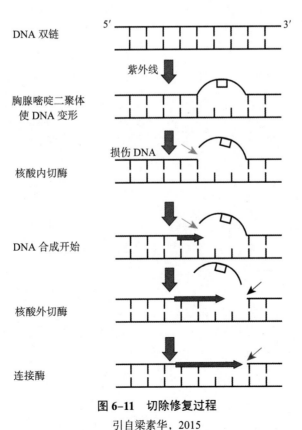

DNA 双链

紫外线

胸腺嘧啶二聚体
使 DNA 变形

损伤 DNA

核酸内切酶

DNA 合成开始

核酸外切酶

连接酶

图 6-11　切除修复过程

引自梁素华，2015

二、电离辐射引起的 DNA 损伤与修复

电离辐射（X 线）等对 DNA 的损伤作用一般不具有选择性和特异性。除其直接的损伤作用外，还可通过对水的电离所形成的自由基引起间接损伤作用。由于电离辐射作用的复杂性，其 DNA 损伤的修复机制尚不清楚。

（一）超快修复

超快修复是断裂损伤后的一种修复。在适宜条件下，2min 之内修复即可完成。可能在 DNA 连接酶的作用下，使被打断的 DNA 单链重新连接。

（二）快修复

修复速度慢于超快修复。一般在 X 线照射后数分钟之内，能够使经超快修复后所遗留的断裂单链的 90% 被修复。快修复可能需要 DNA 聚合酶 I 的参与。

（三）慢修复

慢修复是一种由重组修复系统对快修复未能予以修复的断裂单链加以修复的过程。其所用时间相对较长。一般情况下，细菌完成慢修复的时间在 40～60min。

DNA 损伤的修复系统在各种生物体内普遍存在，保证了遗传物质相对的稳定性，也维系了细胞最基本的生命活动。但修复的缺陷或错误的修复，也有可能会对有机体造成其他形式的危害。

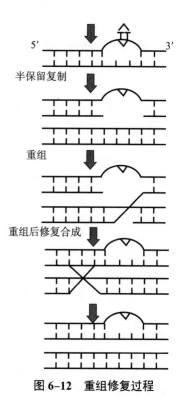

5′   3′

半保留复制

重组

重组后修复合成

图 6-12　重组修复过程

第 7 章　单基因遗传与单基因遗传病

存在于生殖细胞或受精卵中的突变基因，能按一定方式从上代向下代进行传递。突变基因所携带的遗传信息经过表达，可以形成异常性状或遗传病。单基因遗传（single-gene inheritance）是指受一对等位基因控制的性状遗传，其遗传方式遵循孟德尔定律，又称孟德尔遗传（Mendelian inheritance）。人类的某些遗传病是由一对等位基因异常引起的疾病，称为单基因遗传病（monogenic disease），简称单基因病。

据统计，1994 年人类单基因病及异常性状有 6678 种，1999 年上升至 10 126 种，2005 年达 15 483 种，2022 年已达 26 321 种，可见单基因病对人类的危害变得越来越大。

第一节　单基因遗传的方式与系谱分析

在单基因遗传中，根据决定某一性状或疾病的基因是在常染色体上还是在性染色体上，该基因的性质是显性的还是隐性的，可将单基因遗传方式分为 5 种，即常染色体显性遗传（autosomal dominant inheritance，AD）、常染色体隐性遗传（autonomic recessive inheritance，AR）、X 连锁显性遗传（X-linked Dominant inheritance，XD）、X 连锁隐性遗传（X-recessive inheritance，XR）和 Y 连锁遗传（Y-linked inheritance）。

人类单基因性状或遗传病的研究常采用系谱分析法（pedigree analysis）。系谱（pedigree）是指从先证者入手，追溯调查其家族所有成员的亲缘关系和某种遗传病发病（或某种性状的分布）情况等资料，用特定的系谱符号按一定格式绘制而成的图谱（图 7-1）。先证者（proband）是指该家族中第一个就诊或被发现的患病（或具有某种性状）个体。系谱至少要包括三代以上家族成员的相关信息，既要包括家族中患有某种疾病（或具有某种性状）的个体，也应包括家族中的所有健康成员。

在对某一种遗传病或性状进行系谱分析时，由于有时系谱记录的家族中世代数少、后代个体少，仅依据一个家族的系谱资料不能准确反映出该病或该性状的遗传方式及特点，通常要对多个具有相同遗传病或性状的家族系谱作综合分析，才能比较准确的作出判断。根据系谱，可以对家系进行回顾性分析，以便确定所发现的某一疾病或性状在该家系中是否有遗传因素的作用及可能的遗传方式。还可通过系谱对某一遗传病家系进行遗传咨询，评估某一家庭成员的患病风险或再发风险，从而为遗传病患者及家系成员的诊断、治疗及预防提供依据。

第二节　常染色体显性遗传

控制某种性状或疾病的基因位于 1～22 号常染色体上，并且基因的性质是显性的，这种遗传方式称为常染色体显性遗传（AD）。由常染色体上的显性致病基因引起的疾病称为常染色体显性遗传病。人类有很多性状符合 AD 遗传方式，如有耳垂对无耳垂为显性，双眼皮对单眼皮为显性，卷发对直发为显性等。人类常见且主要的常染色体显性遗传病见表 7-1。

如果用 A 代表决定某种显性性状的基因，用 a 代表其相应的隐性等位基因，那么根据显隐性规律，杂合子 Aa 应当表现出相应的显性性状。但由于基因的表达受各种复杂因素的影响，杂合子有可能出现不同的表现形式，因此，常染色体显性遗传又可分为完全显性、不完全显性、不规则显性、共显性、延迟显性、从性遗传和遗传早现等不同类型。

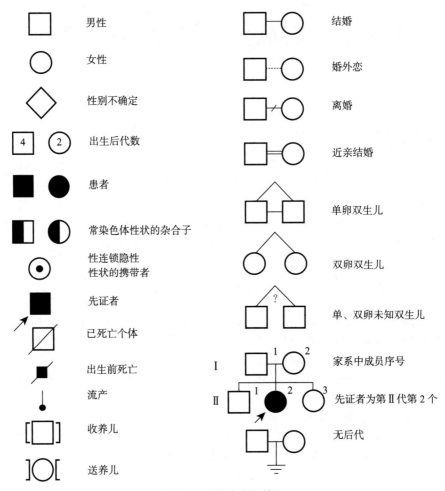

图 7-1 系谱中常用符号

一、完全显性

完全显性（complete dominance）是指杂合子 Aa 与显性纯合子 AA 的表型完全相同的遗传方式。

（一）短指（趾）症 A1 型

短指（趾）症 A1 型是完全显性遗传病的典型实例。1903 年 William Curtis Farabee 首次报道了一个人类短指（趾）症的遗传家系，该家系 5 代人中超过 30 人为患者，约占了家庭总人口的 50%。1951 年，Julia Bell 根据指（趾）畸形的情况将该病归于短指（趾）症 A1 型（brachydactyly type A1，BDA1）（OMIM #112500），这也是第一例被证实是人类常染色体显性遗传病。

短指（趾）症 A1 型患者主要症状是身材明显变矮，手掌变得更宽，所有的指（趾）骨都比正常人成比例的缩短；中间指（趾）骨缺失或与末端指（趾）骨融合，大拇指和大脚趾近端指（趾）骨变短（图 7-2）。该病致病基因的寻找屡遭失败，被称为"百年遗传之谜"。我国贺林研究团队 2001 年，确定位于 2q35 的 IHH 基因（OMIM *600726）为短指（趾）症 A1 型的致病基因，在世界上首次揭示了该基因的致病机制。IHH 基因除了调控软骨细胞的增殖和分化外，对远端肢体骨骼的发育和关节的形成也是必需的。IHH 基因突变破坏了骨骼组织中 Hedgehog 蛋白与相关蛋白之间的相互作用，最终导致中间指（趾）骨的发育异常甚至缺如，引起骨骼发育畸形。

（二）婚配类型及子代发病风险

假设决定短指（趾）症 A1 型的显性基因为 A，则正常的隐性基因为 a，那么短指（趾）症 A1

表7-1 一些主要的常染色体显性遗传病

疾 病	致病基因	基因定位	OMIM	表现形式
软骨发育不全	FGFR3	4P16.3	#100800	不完全显性
多指（趾）轴后 A1 型	PAPAI	7p14.1	#174200	不规则显性
家族性高胆固醇血症	LDLR	19p13.2	#143890	不完全显性
视网膜母细胞瘤	RB1	13q14.2	#180200	延迟显性
马方综合征	FBN1	15q21.1	#154700	不规则显性
亨廷顿病	HTT	4p16.3	#143100	延迟显性
成骨发育不全 1 型	COLIAI	17q21.33	#166200	不规则显性
多囊肾 1 型	PKD1	16p13.3	#173900	不规则显性
多发性神经纤维瘤 1 型	NF1	17q11.2	#162200	延迟显性
雄激素性秃发 1 型	AGA1	3q26	%109200	从性显性
急性间歇性卟啉症	HMBS	11q23.3	#176000	延迟显性
脊髓小脑性共济失调 1 型	ATXNI	6p22.3	#164400	延迟显性
多发性家族性结肠息肉症	APC	5q22.2	#175100	延迟显性

型患者的基因型应为 AA 或 Aa 两种，但表型完全相同，为完全显性。然而，在临床上见到的绝大多数短指（趾）症 A1 型患者的基因型都是 Aa，很少见到显性纯合子 AA 的患者。因为根据分离律，基因型 AA 个体的两个 A，必然一个来自父方，一个来自母方。这样，只有当父母都是短指（趾）症 A1 型患者时，才有可能生出 AA 基因型的子女，由于群体中致病基因的频率很低，这种婚配机会在实际生活中是很少见的。

　　常染色体完全显性遗传病家系最常见的是一个杂合子患者 Aa 和一个正常人 aa 之间的婚配。如果短指（趾）症 A1 型患者基因型为 Aa 与正常人 aa 婚配，其所生子女中，约有 1/2 是该病患者，1/2 是正常人（图 7-3）。也就是说，这对夫妇每生一个孩子，都有 1/2 的可能性生出短指（趾）症 A1 型的患儿。两个短指（趾）症 A1 型患者婚配，其子女有 3/4 的可能性是短指（趾）症 A1 型患者，1/4 正常（图 7-4）。

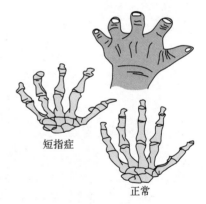

短指症

正常

图 7-2 短指症
引自陈竺，2015

（三）常染色体完全显性遗传的系谱特点

　　图 7-5 所示是一例短指（趾）症 A1 型的系谱，在这个家系中，先证者（Ⅲ₂）的父亲（Ⅱ₂）和外祖母（I₂）为短指（趾）症 A1 型患者。先证者同胞 5 个人中有 2 个人患病；I₂ 的 9 个子女中有 4 个为患者，Ⅱ₁₂ 性别不详。统计患者的后代约有 1/2（11/21）个体发病，男女有同等的发病机会。本系谱中还可看到，每一代都有患者，呈连续传递。

　　常染色体完全显性遗传的系谱特点如下。

　　1. 系谱中连续几代都可以看到患者，即存在连续传递现象。

　　2. 由于致病基因位于常染色体上，因而致病基因的遗传与性别无关，所以男女患病的机会均等。

3.患者的双亲中必有一个是患者，由于致病基因频率很低，绝大多数患者为杂合子。患者的同胞和子女中均有 1/2 的可能性发病。

4.双亲无病时，子女一般不会患病（除非发生新的基因突变）。

根据这些特征，临床上可对常染色体完全显性遗传病进行发病风险的估计。

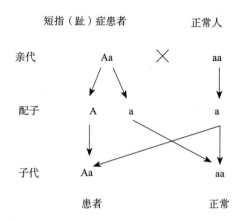

图 7-3　短指（趾）症 A1 型杂合子患者与正常人婚配图解

假设患病基因为 A，患者基因型为 AA、Aa，正常基因为 a，正常人基因型为 aa

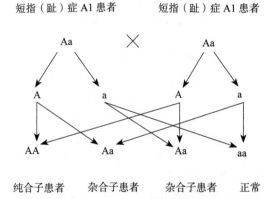

图 7-4　短指（趾）症 A1 型杂合子患者相互婚配图解

假设患病基因为 A，患者基因型为 AA、Aa，正常基因为 a，正常人基因型为 aa

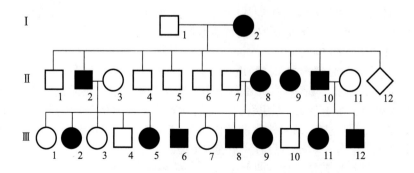

图 7-5　短指（趾）症 A1 型系谱

引自李璞，2003

二、不完全显性

不完全显性（incomplete dominance），也称半显性（semidominance）是指杂合子 Aa 的表现介于显性纯合子 AA 和隐性纯合子 aa 的表型之间。在不完全显性遗传病中，显性纯合子患者 AA 为重病，杂合子患者 Aa 为轻病，隐性纯合子 aa 个体为正常，说明正常的隐性基因对显性性状的表达起到了一定的抑制作用。软骨发育不全症、家族性高胆固醇血症、β 地中海贫血等均表现为不完全显性。

软骨发育不全症（achondroplasia，ACH）（OMIM #100800）是不完全显性遗传病。患者表现为短肢侏儒、下肢向内弯曲、大头、前额突出、脊柱弓形前凸等。病因是编码Ⅲ型成纤维细胞生长因子受体的基因异常，导致软骨内成骨障碍而引起畸形。患者多为杂合子，软骨发育不全症致病基因定位于 4p16.3。

若一个软骨发育不全症患者 Aa 与正常人 aa 婚配，每生一个孩子有 1/2 的可能性是软骨发育不全症患者，1/2 的可能性是正常人（图 7-6）。如果两个软骨发育不全症患者 Aa 婚配，后代约 1/4 的可能性为正常人，2/4 的可能性为软骨发育不全症患者，1/4 的可能性为显性纯合子患者，其病情严重，骨骼严重畸形，胸廓小而导致呼吸窘迫，多在胎儿或新生儿期死亡（图 7-7）。由于显性纯合的致死效应，成年患者均为杂合子，并可由他们向后代传递致病基因。

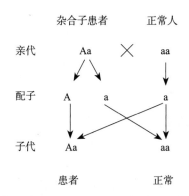

图 7-6 软骨发育不全症患者与正常人婚配图解
假设患病基因为 A，患者基因型为 AA、Aa，正常基因为 a，正常人基因型为 aa

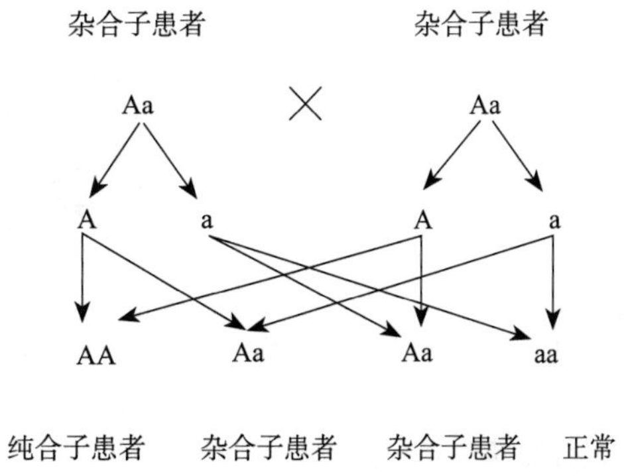

图 7-7 软骨发育不全症患者相互婚配图解
假设患病基因为 A，患者基因型为 AA、Aa，正常基因为 a，正常人基因型为 aa

三、不规则显性

不规则显性（irregular dominance）是指杂合子 Aa 在不同的条件下，有的表现显性性状，有的表现隐性性状，或虽表现显性性状，但表现程度不同，使显性性状的传递不规则。

显性基因在杂合状态下是否表现相应的性状，常用外显率来衡量。外显率（penetrance）是指一定基因型的个体在特定的环境中形成相应表型的百分率。如在 10 名杂合子 Aa 中，只有 8 人表现出与基因 A 相应的性状，另 2 人未出现相应的症状，则基因 A 的外显率为 80%。如果外显率为 100% 时称为完全外显（complete penetrance），低于 100% 时则称为不完全外显（incomplete penetrance）或外显不全。一般外显率高的可达 70%~90%，低的仅为 20%~30%。

在不规则显性遗传病中，带有致病基因的杂合子 Aa，有时表现为疾病，有时没有表现出相应的病症。但是，带有显性基因而本身不表现出显性性状的个体，可以将该显性基因传递给下一代，因此在系谱中出现隔代遗传的现象。

比如，多指（趾）轴后 A1 型（polydactyly postaxial type A1）（OMIM #174200）是不规则显性遗传病，其致病基因定位于 7p14.1。患者表现为指（趾）数多少不一，桡侧多指与尺侧多指不一，手多指与脚多指不一等，而这些差异既可出现在不同个体，也可出现在同一个体的不同部位

（图 7-8），该图是一个多指（趾）轴后 A1 型系谱，先证者Ⅲ₂的父母Ⅱ₃和Ⅱ₄表型正常，但Ⅱ₃的哥哥是患者，可以认为先证者的致病基因是从父亲Ⅱ₃传递下来的。父亲Ⅱ₃携带有致病基因，虽由于某种原因未发病，但在生育子女时仍有 1/2 的机会将致病基因传递给子女，造成后代发病。先证者Ⅲ₂二个子女中一个患病，所以是杂合子。在这个家系中推测具有该致病基因的个体数为 5人，而实际具有多指（趾）轴后 A1 型表型的人为 4 人，其外显率为 4/5 × 100%=80%。一个基因的外显率不是绝对不变的，而是随着观察者所定观察标准的不同而变化。上述的多指（趾）轴后 A1型致病基因的外显率是以肉眼观察指（趾）的异常与否为标准的；若辅以 X 线检查，就可发现某些肉眼认为不外显的"正常人"可能也存在骨的异常，若以此为标准，则多指（趾）轴后 A1 型致病基因的外显率将有提高。

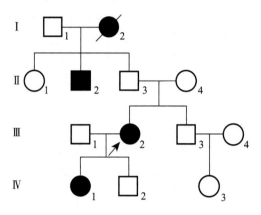

图 7-8　多指（趾）轴后 A1 型系谱

引自张丽华，2009

　　显性致病基因在杂合状态下除了外显率的差异外，还有表现度的不同，外显率和表现度是两个不同的概念。外显率是一定基因型形成一定表型的百分率，说明致病基因是否表达、有多少致病基因表达。表现度（expressivity）则是指具有相同基因型的不同个体间在性状或遗传病的表现程度上产生的差异。这两种情况在某些显性性状或遗传病可同时存在，如在多指（趾）轴后 A1 型中，除外显率有差异外，其表现度也不一致；杂合子的不同个体间多指（趾）数目不一，多出指（趾）的长短不一等。

四、共显性

　　共显性（codominance）是指一对等位基因之间，没有显性和隐性的区别，在杂合子时两种基因的作用都完全表现出来。比如，人类的 ABO 血型系统（OMIM *110300）中 AB 血型的遗传就属于共显性遗传。

　　ABO 血型系统包含 I^A、I^B 和 i 三个基因，但对每一个人来说，只能具有其中任何两个基因。I^A决定红细胞表面有 A 抗原，I^B 决定红细胞表面有 B 抗原，i 决定红细胞表面既没有 A 抗原也没有B 抗原。基因 I^A 和 I^B 对基因 i 都是显性，$I^A I^B$ 两个基因之间没有显性和隐性之分，是共显性。因此，ABO 血型系统有 6 种基因型、4 种表现型。基因型为 $I^A I^A$、$I^A i$ 的个体表现为 A 型血，基因型为 $I^B I^B$、$I^B i$ 的个体表现为 B 型血，基因型为 $I^A I^B$ 个体为 AB 型血，基因型为 ii 则为 O 型血。由于ABO 血型在人体内具有天然抗体，所以在输血时，它的各型血之间的凝集反应关系是必须考虑的重要因素。根据分离定律的原理，知道了双亲的血型就可以推断子女可能出现什么血型或不可能出现什么血型；知道了双亲一方和孩子的血型也可以判断双亲另一方可能的血型，这在法医学的亲子鉴定上有一定作用。

五、延迟显性

延迟显性（delayed dominance）是指带有显性致病基因的杂合子，在生命的早期不表现出相应性状，当发育到一定年龄时，致病基因的作用才表现出来。

亨廷顿病（Huntington disease，HD）（OMIM #143100）就是一种延迟显性遗传病。患者主要表现身体的进行性不自主舞蹈样动作和神经衰退，随着病情加重，可出现抑郁症，并伴有智力减退，最终导致痴呆，在发病后平均 15～16 年后死亡。杂合子个体在青春期之前无任何临床表现，多在 35—40 岁发病，其致病 HTT 基因（OMIM *613004）定位于 4p16.3，基因长 210kb，HTT 基因 5′ 端编码区有一个（CAG）n 三核苷酸的串联重复顺序，正常人重复拷贝数为 6～35 次，而亨廷顿病患者则重复拷贝数为 36～121 次，这种（CAG）n 重复次数增多的基因即致病基因。本病的致病基因如果是从父亲传来，则患者发病早，可在 20 岁发病且病情严重；如果是从母亲传来，则患者发病晚，多在 40 岁以后发病且病情轻；这种由于基因来自父方或母方而产生不同表型的现象就称为遗传印记（genetic imprinting）。目前可采用 PCR 方法检测个体（CAG）n 三核苷酸的重复次数，用于产前诊断和杂合子个体发病前的确认。延迟显性的疾病常见的还有遗传性痉挛性共济失调症、脊髓小脑性共济失调、震颤麻痹、家族性结肠息肉综合征、成年型多囊肾、视网膜母细胞瘤、腓骨肌萎缩症等。

六、从性显性

从性显性（sex-influenced dominance）是位于常染色体上的基因，由于受到性别的影响而显示出男女表型分布比例的差异或基因表达程度的差异。比如，雄激素性秃发 1 型（alopecia androgenetic 1）（OMIM %109200）为常染色体显性遗传，群体中男性患者明显多于女性患者。男性杂合子 Bb 患者一般 35 岁左右开始出现秃顶，表现为从头顶中心向周围扩展的进行性、弥漫性和对称性脱发；而女性杂合子 Bb 不表现秃顶症状，只有显性纯合子 BB 才出现较轻的脱发症状，但也仅为头顶部少量脱发或毛发稀疏、细软等。经研究表明，秃顶基因（AGA1）能否表达可能受体内雄性激素的影响，如果带有秃顶基因（AGA1）的女性，由于某种原因导致体内雄性激素水平升高也可出现秃顶的症状。又如遗传性血色病（hereditary hemochromatosis）（OMIM #235200），是一种 AD 遗传病，患者由于含铁血黄素在组织中大量沉积，引起皮肤色素沉着、肝硬化、糖尿病三联综合征。群体中男性发病率高于女性，可能是由于女性月经、流产、妊娠等导致铁质丢失，减轻了铁质的沉积，故不易表现出症状。

七、遗传早现

遗传早现（anticipation）指一些遗传病（通常为显性遗传病）在连续世代传递过程中，患者发病年龄逐代提前，且病情严重程度逐代加重，这种现象称为遗传早现。其分子基础为动态突变，即基因编码序列或侧翼序列的三核苷酸重复次数随世代交替的传递而呈现逐代递增的累加突变效应。

强直性肌营养不良（dystrophia myotonica 1，DM）（OMIM #160900）是一个典型的遗传早现的例子。它是一种比较常见的累及成年人的肌营养不良，发病率约为 1/8000。患者的主要临床特征为肌无力，从面部开始，然后颈、手并逐渐遍及全身，从肌无力或肌强直到肌肉收缩松弛，也可累及心肌和平滑肌，与早期白内障、免疫球蛋白异常有关，并常有轻度智力低下。

该遗传病是由定位于 19q13.3 的 DMPK 基因（OMIM *605377）遗传性缺陷所致。DMPK 基因 3′ 端非编码区存在（CTG）n 三核苷酸重复，正常人重复拷贝数变异范围为 5～37 次，患者的重复拷贝数扩展到 50～150 次，有时达到 1000 拷贝以上。患者的发病年龄、病情程度与（CTG）n 三核苷酸重复的拷贝数相关，拷贝数越多，发病年龄越早，病情越严重，而且不稳定性就越明显。罕见的先天性强直性肌营养不良婴儿的特征为肌张力严重减退和智力低下，（CTG）n 三核苷酸重复拷贝数超过 2000 次，且多由患病母亲传递，即在女性减数分裂中重复拷贝数目增加最多。

第三节　常染色体隐性遗传

　　控制某种性状或疾病的基因位于 1～22 号常染色体上，并且基因的性质是隐性的，这种遗传方式称常染色体隐性遗传（AR）。由常染色体上的隐性致病基因引起的疾病称为常染色体隐性遗传病。因为致病基因为隐性基因，所以只有隐性纯合子才会发病；杂合子其隐性致病基因的作用被其显性基因所掩盖，而不表现出相应的性状或疾病，表型与正常人相同。这种表型正常却可将致病基因遗传给后代，称为携带者（carrier）。一些常见且重要的常染色体隐性遗传病见表 7-2。

表 7-2　几种常见的常染色体隐性遗传病

疾　病	致病基因	基因定位	OMIM
苯丙酮尿症	*PAH*	12q23.2	#261600
半乳糖血症	*GACT*	9P13.3	#230400
同型胱氨酸尿症	*CBS*	21q22.3	#236200
镰状细胞贫血	*HBB*	11p15.4	#603903
囊性纤维变性	*CFTR*	7q31.2	#219700
尿黑酸尿症	*HGD*	3q13.33	#203500
糖原贮积病 1 型	*G6PC*	17q21.31	#232200
肝豆状核变性	*ATP7B*	13q14.3	#277900
β 地中海贫血	*HBB*	11p15.4	#613985
类固醇 21- 羟化酶缺乏症	*CYP21A2*	6p21.33	#201910
黑蒙性家族性白痴	*HEXA*	15q23	#272800

一、眼皮肤白化病 IA 型

　　眼皮肤白化病 IA 型（albinism oculocutaneous type IA，OCAIA）（OMIM #203100）是较为常见的常染色体隐性遗传病之一，也是一种遗传性代谢病。患者全身皮肤、毛发、眼睛缺乏黑色素，全身白化，终身不变；皮肤对光敏感，暴晒可引起皮肤角化增厚，并诱发皮肤癌；虹膜和瞳孔呈现淡红色，畏光。该病是由于患者体内酪氨酸酶基因（OMIM *606933）突变，导致酪氨酸酶缺陷，不能有效催化酪氨酸转变为黑色素从而引起白化病，编码酪氨酸酶的基因定位于 11q14-q21。

二、婚配类型及子代发病风险

　　在常染色体隐性遗传病家系中最常见的是两个外表正常的致病基因携带者婚配，每次生育的发病风险为 1/4。

　　如果用 b 表示该病的致病基因，B 为正常等位基因，两个外表正常的携带者婚配，他们各自把一个致病基因 b 传递给子女，使子女中出现父母所没有的白化病患者。携带者双亲的婚配结果如图 7-9 所示，他们子女中基因型有 BB、Bb 和 bb 三种，分离比为 1：2：1。由于基因型 BB 与 Bb 的个体表型均为正常，所以子代中有 3/4 的个体表现正常，1/4 的个体表现为患者，表型正常的个体与患者呈 3：1 的分离比。携带者双亲每生育一次，都有 1/4 的可能性生出患儿。在表型正常的子女中，每个个体都有 2/3 的可能性是携带者。

　　实际上，人群中最多的婚配类型应该是携带者 Bb 与正常人 BB 之间的婚配，子代表型全部正常，但其中将有 1/2 是携带者（图 7-10）。

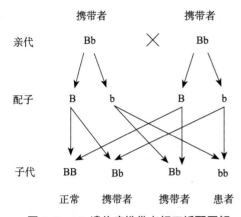

图 7-9 AR 遗传病携带者相互婚配图解
假设患病基因为 b，患者基因型为 bb，正常基因
为 B，正常人基因型为 BB，携带者基因型为 Bb

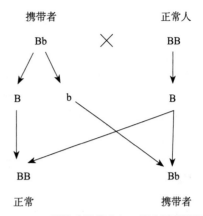

图 7-10 AR 遗传病携带者与正常人婚配图解
假设患病基因为 b，患者基因型为 bb，正常基因
为 B，正常人基因型为 BB，携带者基因型为 Bb

携带者 Bb 与患者 bb 之间婚配，子代中将有一半为患者，另一半为携带者。这种婚配方式可能发生在近亲婚配。

患者 bb 相互婚配时，子女全部是患者。由于隐性致病基因少见，这种婚配的可能性极少。

三、常染色体隐性遗传的系谱特点

图 7-11 所示为一例眼皮肤白化病 I A 型系谱，该家系中先证者 IV_1 的父母 III_2 和 III_3 表型均正常，但他们却生出了白化病患儿，这表明他们均为携带者。同理，II_4 的父母 I_1 和 I_2，也为携带者。IV_2 表型正常，其基因型可能为 BB 或 Bb，其中 Bb 的可能性为 2/3，BB 的可能性为 1/3。

常染色体隐性遗传的系谱特点如下。

1. 系谱中患者的分布往往是散发的，通常看不到连续传递的现象，有时系谱中只有先证者一个患者。

2. 由于致病基因位于常染色体上，因而致病基因的遗传与性别无关，男女发病机会均等。

3. 患者的双亲表型往往正常，但都是致病基因的携带者。患者的同胞有 1/4 的发病风险，患者表型正常的同胞中有 2/3 的可能性为携带者。

4. 近亲婚配时，后代的发病风险比随机婚配明显增高。这是由于他们有共同的祖先，可能会遗传到同一个隐性致病基因。

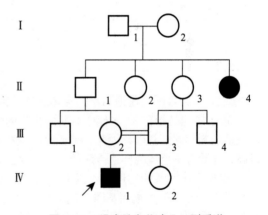

图 7-11 眼皮肤白化病 I A 型系谱

四、常染色体隐性遗传病分析时应注意的问题

（一）临床对患者同胞发病风险的统计常比预期的 1/4 高

理论上 AR 病患者同胞发病风险为 1/4，但实际调查结果往往大于 1/4，这是因为在调查 AR 病时通常不是直接调查婚姻双方的基因型，而是在已出生患儿后才确认双亲的杂合子基因型。因此那些只生出正常后代的杂合子之间的婚姻常被漏检，这种情况称为不完全确认（incomplete ascertainment）。另外，样本量过低也是造成发病比例偏高的原因。

为了避免这种情况，常采用 Weinberg 先证者法进行校正，校正公式如下。

$$C = \frac{\sum \alpha \ (r-1)}{\sum \alpha \ (s-1)}$$

其中，C 为校正值，即患者同胞的实际发病风险；α 为先证者人数；r 为同胞中的受累人数；s 为同胞人数。这一计算的基本原理是将先证者从统计中去除，仅计算先证者同胞的患病频率，先证者只起到指认两个携带者婚姻的作用。

表 7–3 是一项对苯丙酮尿症（PKU）家庭的调查结果，在 11 个家庭的 23 名同胞中有苯丙酮尿症患者 14 人，患者同胞的发病风险为 14/23=0.6087，远高于预期的 1/4（0.25）。如使用校正公式进行校正，C=3/12=0.25，完全符合 AR 遗传病的发病比例，即 1/4。

表 7–3　苯丙酮尿症 Weinberg 先证者校正表

患病家庭	s	r	α	α（r-1）	α（s-1）
1	1	1	1	0	0
2	1	1	1	0	0
3	1	1	1	0	0
4	1	1	1	0	0
5	2	1	1	0	1
6	2	1	1	0	1
7	2	2	1	1	1
8	3	1	1	0	2
9	3	1	1	0	2
10	3	2	1	1	2
11	4	2	1	1	3
总计	23	14	11	3	12

（二）近亲婚配明显提高常染色体隐性遗传病的发病风险

近亲婚配是指在 3～4 代中有共同祖先的个体间婚配。由于近亲婚配时，两个个体可能从共同祖先遗传到相同的基因，因此，他们婚配生育时，后代隐性致病基因纯合子出现的概率比随机婚配时高，导致常染色体隐性遗传病的发病风险大大提高。

根据亲缘关系的远近，可以把有亲缘关系的人分成不同的等级：一级亲属（父母与子女、子女与子女、兄妹等）之间基因相同的可能性为 1/2；二级亲属（祖孙、外祖孙、叔侄、舅甥等）之间基因相同的可能性为 1/4；而三级亲属（表兄妹、堂兄妹）之间基因相同的可能性为 1/8。

假设一种 AR 遗传病的携带者频率为 1/50，一个人若随机婚配时后代的发病风险为 $1/50 \times 1/50 \times 1/4=1/10000$；而其与表亲（三级亲属）婚配，后代的发病风险为 $1/50 \times 1/8 \times 1/4=1/1600$，比随机婚配子女的发病提高了 6.25 倍。这说明随着致病基因频率的降低，群体中发生常染色体隐性遗传病的绝对风险率也随之降低；但与随机婚配相比，近亲婚配使子女的发病风险明显提高。越是罕见的常染色体隐性遗传病，近亲婚配的危害性就越大。

第四节　X 连锁显性遗传

控制某种性状或疾病的基因位于 X 染色体上，并且性质是显性基因，这种遗传方式称 X 连锁显性遗传（XD）。由 X 染色体上的显性致病基因引起的疾病称为 X 连锁显性遗传病。常见的 X 连锁显性遗传病见表 7–4。

表 7-4 常见的 X 连锁显性遗传病

疾 病	致病基因	基因定位	OMIM
口面指综合征 1 型	OFD1	Xp22.2	#311200
鸟氨酸氨甲酰基转移酶缺乏症	OTC	Xp11.4	#311250
Alport 综合征	COL4A5	Xq22.3	#301050
雷特综合征	MECP2	Xq28	#312750
色素失调症	IKBKG	Xq28	#308300
视网膜色素变性 3（5）	RPGR	Xp11.4	#300029

男性只有一条 X 染色体，Y 染色体上缺少与之对应的等位基因，因此男性只有成对基因中的一个成员，故称半合子（hemizygote），其 X 染色体上的基因都可表现出相应性状或疾病。男性的 X 染色体来源于母亲，将来 X 染色体也只传给自己的女儿，不存在男性到男性之间的传递，这种传递方式称为交叉遗传（criss-cross inheritance）。

女性有两条 X 染色体，其中任何一条 X 染色体上的显性基因，都可以表现出相应的性状或疾病。但女性两条 X 染色体上同时带有显性致病基因的可能性很小，一般情况下，女性患者为杂合子。

由于女性有两条 X 染色体，男性只有一条，所以女性带有致病基因的可能性就为男性的 2 倍，因此 X 连锁显性遗传病的发病率女性要比男性高 2 倍。但女性杂合子患者因有一个正常的隐性等位基因，并且其作用有一定程度的表现，所以病情比男性相对较轻。

一、抗维生素 D 佝偻病

抗维生素 D 佝偻病（vitamin D-resistant ricket）（OMIM #307800）又称低磷酸盐血症性佝偻病，是一种常见的 XD 病，患者具有低血磷、高尿磷、身材矮小和佝偻病的症状和体征。其发病原因与患者的肾小管对磷的重吸收能力障碍而使磷酸盐过度丢失，导致低磷血症有关。患者多于 1 岁左右发病，最先出现症状为 O 形腿，严重的有进行性骨骼发育畸形、多发性骨折、骨痛、不能行走等。治疗这种佝偻病时，采用普通剂量的维生素 D 和晒太阳均难有疗效，必须联合使用大剂量维生素 D 和磷酸盐才能起到治疗效果，因此称为抗维生素 D 佝偻病。该病女性患者人数多于男性。女性杂合子患者病情一般较轻，常只有低磷血症而无明显的骨骼异常，而男性患者有较严重的佝偻病，下肢常出现畸形。该病的致病基因 PHEX（OMIM *300550）定位于 Xp22.11。点突变和缺失是导致疾病发生的主要原因。

二、婚配类型和子代发病风险

XD 病的显性致病基因在 X 染色体上，只要 X 染色体上存在致病基因（即女性杂合子或男性半合子）即可致病。

如果用 X^R 代表抗维生素 D 佝偻病的致病基因，X^r 代表相应的正常基因，那么基因型 $X^r X^r$ 的女性为正常个体，$X^R X^R$ 为纯合子患者，$X^R X^r$ 为杂合子患者；基因型 $X^r Y$ 为正常男性，$X^R Y$ 为男性患者。如果女性杂合子患者 $X^R X^r$ 与正常男性 $X^r Y$ 婚配，其儿子与女儿中各有 1/2 的可能性是患者，其基因型各为 $X^R Y$ 和 $X^R X^r$；各有 1/2 的可能性为正常人，其基因型各为 $X^r Y$ 和 $X^r X^r$（图 7-12）。如果正常女性 $X^r X^r$ 与男性患者 $X^R Y$ 婚配，他们的女儿全部为患者，基因型为 $X^R X^r$；儿子全部正常，基因型为 $X^r Y$（图 7-13）。

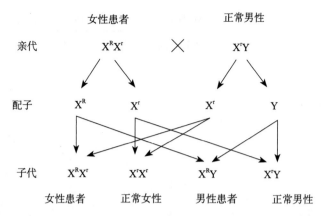

图 7-12　XD 遗传病女性患者与正常男性婚配图解

假设患病基因为 X^R，患者基因型为 X^RX^R、X^RX^r、X^RY，正常基因为 X^r，正常人基因型为 X^rX^r、X^rY

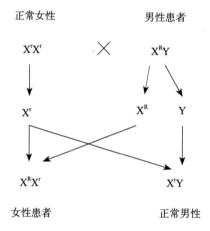

图 7-13　XD 遗传病正常女性与男性患者婚配图解

假设患病基因为 X^R，患者基因型为 X^RX^R、X^RX^r、X^RY，正常基因为 X^r，正常人基因型为 X^rX^r、X^rY

　　上述例子说明交叉遗传现象，即在 X 连锁遗传中，男性的致病基因只能从母亲传来；将来也只能传给女儿，不存在男性到男性的传递。交叉遗传是 X 连锁遗传的共同特点。

三、X 连锁显性遗传的系谱特点

　　图 7-14 所示是一例抗维生素 D 佝偻病家系的系谱图，可看到 X 连锁显性遗传的系谱特点。

　　1. 患者的双亲之一是患者，系谱中常可看到连续传递现象。

　　2. 人群中女性患者多于男性患者，女性患者病情常较轻。

　　3. 由于交叉遗传，男性患者的女儿全部为患者，儿子全部正常；女性杂合子患者的子女中各有 1/2 的可能性发病。

　　X 连锁显性遗传与常染色体显性遗传一样，也常常存在不完全显性的情况。通常纯合子女性患者和男性患者表现为重症型，而杂合子女性患者表现为轻症型，由于出现纯合子女性患者的概率较小，故临床上女性患者一般都是杂合子。

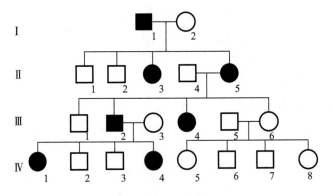

图 7-14　抗维生素 D 佝偻病系谱

第五节　X 连锁隐性遗传

控制某种性状或疾病的基因位于 X 染色体上，并且性质是隐性基因，这种遗传方式称为 X 连锁隐性遗传（XR）。由 X 染色体上的隐性致病基因引起的疾病称为 X 连锁隐性遗传病。常见的 X 连锁隐性遗传病见表 7-5。

表 7-5　常见的 X 连锁隐性遗传病

疾　病	致病基因	基因定位	OMIM
血友病 A	F8	Xq28	#306700
血友病 B	F9	Xq27.1	#306900
Duchenne 肌营养不良	DMD	Xp21.2–p21.1	#310200
Becker 肌营养不良	DMD	Xp21.2–p21.1	#300376
葡萄糖 -6- 磷酸脱氢酶缺乏症	G6PD	Xq28	#305900
眼白化病 1 型	GPR143	Xp22.2	#300500
慢性肉芽肿病	CYBB	Xp21.1–p11.4	#306400
鱼鳞病	STS	Xp22.31	#308100
睾丸女性化	AR	Xq12	#300068
无丙种球蛋白血症	BTK	Xq22.1	#300755
自毁容貌综合征	HPRT1	Xq26.2–q26.3	#300322
肾性尿崩症	AVPR2	Xq28	#304800
黏多糖贮积症 Ⅱ 型	IDS	Xq28	#309900

一、红绿色盲

红绿色盲（protanope/deuteranope red/green color blindness）（OMIM #303900，OMIM #303800）是 X 连锁隐性遗传病的典型例子。红绿色盲患者对红色或绿色的辨色能力不足或缺乏。决定红绿色盲的两个基因，即红色盲基因 OPNILM（OMIM *300822）和绿色盲基因 OPNIMW（OMIM *300821）位于 Xq28 两个紧密相邻的基因座上，由于这两个基因在 X 染色体上紧密连锁在一起传递，且均为隐性基因，所以一般将它们综合在一起来考虑，总称为红绿色盲。

红绿色盲的患病率在男女之间相差很大。在我国人群中，男性红绿色盲的发生率为 7%，女性必须在两条 X 染色体上都带有红绿色盲基因才发生红绿色盲，发生率为（0.07）²=0.49%，由此可看出男性红绿色盲的频率远高于女性。

二、婚配类型和子代发病风险

在 XR 遗传病家系中最常见的是表型正常的女性杂合子携带者与正常男性之间的婚配。假设 X^d 为红绿色盲的致病基因，X^D 为相应的正常等位基因。由于男性是一个半合子，所以只要 X 染色体上有 d，就会患病；男性有两种基因型，即 X^dY 为红绿色盲患者、X^DY 为正常男性。女性有三种基因型，即 X^DX^D 为正常个体、X^DX^d 为外表正常的致病基因携带者、X^dX^d 为红绿色盲患者。

如果女性携带者 X^DX^d 与正常男性 X^DY 婚配，子代中儿子将有 1/2 为红绿色盲患者 X^dY，1/2 为正常 X^DY；女儿全部正常，但有 1/2 为携带者（图 7-15）。

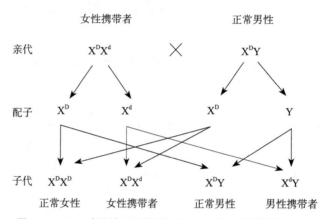

图 7-15　XR 遗传病女性携带者与正常男性婚配图解

假设患病基因为 X^d，患者基因型为 X^dX^d、X^dY，正常基因为 X^D，正常人基因型为 X^DX^D、X^DY，携带者基因型为 X^DX^d

如果正常女性 X^DX^D 与男性红绿色盲患者 X^dY 婚配，由于交叉遗传，男性的致病基因 X^d 只能随 X 染色体传给女儿，不能传给儿子。因而在子代中女性都得到父亲的一个致病基因 X^d，结果全部为携带者 X^DX^d，儿子全部正常 X^DY（图 7-16）。

如果女性携带者 X^DX^d 与男性患者 X^dY 婚配，子代中儿子将有 1/2 为红绿色盲患者 X^dY，1/2 为正常 X^DY；女儿中 1/2 为红绿色盲患者 X^dX^d，1/2 为携带者 X^DX^d。

三、X 连锁隐性遗传的系谱特点

图 7-17 所示是一例红绿色盲系谱图，可看到 X 连锁隐性遗传的系谱特点如下。

1. 系谱中看不到连续传递，常为散发，出现隔代遗传的现象。

2. 人群中男性患者远多于女性患者，系谱中往往只有男性患者。

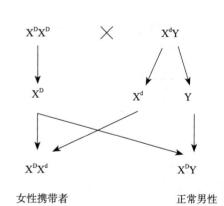

图 7-16　XR 遗传病正常女性与男性患者婚配图解

假设患病基因为 X^d，患者基因型为 X^dX^d、X^dY，正常基因为 X^D，正常人基因型为 X^DX^D、X^DY，携带者基因型为 X^DX^d

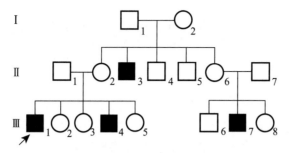

图 7-17　红绿色盲系谱

3. 双亲无病时，儿子有 1/2 的可能发病，女儿则不会发病；儿子如果发病，母亲很可能是一个携带者，女儿也有 1/2 的可能性为携带者。

4. 由于交叉遗传，男性患者的兄弟、姨表兄弟、外甥、舅父、外孙等也有可能是患者。

5. 如果女性是患者，其父亲一定也是患者，母亲一定是携带者。

第六节　Y 连锁遗传

控制某种性状或疾病的基因位于 Y 染色体上，这种遗传方式称为 Y 连锁遗传。由于 Y 染色体只存在于男性，故传递规律只能由父亲传递给儿子，再由儿子传递给孙子，这种传递方式又称为全男性遗传（holandric inheritance）。

Y 染色体是一条很小的染色体，其上携带的与人类性状或疾病相关的基因数量是所有染色体中最少的。截至 2022 年 7 月，OMIM 中收录 Y 染色体上与人类性状或疾病相关的基因条目为 51 个，主要包括睾丸决定因子基因（SRY）、Y 连锁耳聋基因（DFNYI）、Y 连锁视网膜色素变性基因（RPY）和外耳多毛症基因（HEY）等。

外耳多毛症（OMIM #425500）是一种只在男性个体间纵向传递的 Y 连锁遗传性状，在印度人中发生率较高，表现为外耳道中可长出 2～3cm 的成丛黑色硬毛，到了青春期，常可伸出于耳孔之外（图 7-18）。图 7-19 为一个外耳多毛症系谱，从系谱中可以看到，该家系中每一代的所有男性均有外耳多毛的性状，而所有女性均无此性状。

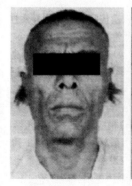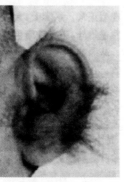

图 7-18　外耳多毛症患者

引自张丽华，2009

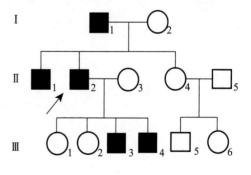

图 7-19　外耳多毛症系谱

第8章　多基因遗传与多基因遗传病

人类绝大多数的表型性状是由两对或两对以上的等位基因和环境因素共同决定的，如血压、血脂、肤色、身高、体重、智商等，这类性状的遗传方式称多基因遗传（polygenic inheritance）或多因子遗传（multifactorial inheritance）。同样，人类绝大多数常见病，如高血压、高血脂、糖尿病、冠心病、肥胖症、精神分裂症、躁狂抑郁症、肿瘤、支气管哮喘、消化性溃疡和神经退行性疾病等，也是由多对基因和环境因素交互作用引起的，称为多基因遗传病（polygenic disease）或多基因病。

近年来研究发现，多基因病的发生涉及多个基因，除微效基因外，还可能存在着主基因，不仅基因之间有多条通路相互作用，而且基因和环境之间的网络关系也十分复杂，因此多基因病又称为复杂疾病（complex disease）。

第一节　数量性状的多基因遗传

一、质量性状和数量性状

单基因遗传的性状或疾病是由一对等位基因所控制的，不同个体之间具有质的差异，没有量的不同，这类变异在群体中呈不连续分布的性状称为质量性状（qualitative character）。比如，短指（趾）症 A1 型是一种常染色体完全显性遗传病，基因型为 AA 或 Aa 的个体为患者，而基因型为 aa 的个体为正常人，明显地表现为患者和正常两种群体，这两种群体的变异分布是不连续的，不同个体间的差异呈双峰正态分布（图 8-1A）。又如苯丙酮尿症是一种常染色体隐性遗传病，显性纯合子 AA 个体为正常人，其体内的苯丙氨酸羟化酶（phenylalanine hydroxylase，PAH）活性最高为 100%，隐性纯合子 aa 个体为苯丙酮尿症患者，PAH 活性最低为 0%～5%，而携带者 Aa 个体 PAH 活性介于两者之间为 45%～50%，从酶的活性来看有 3 种变异性状，在群体中可看到变异分布有 3 个峰（图 8-1B）。质量性状的变异，主要决定于遗传因素，环境因素的作用较小。

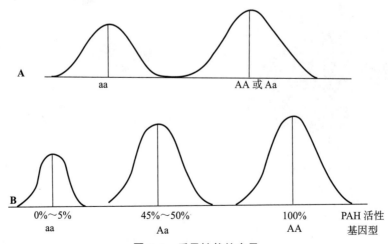

图 8-1　质量性状的变异
A. 完全显性；B. 不完全显性

多基因遗传的性状与单基因遗传的性状不同，是由多对等位基因所控制的，不同个体之间没有质的差异，只有量的不同，这类变异在群体中呈连续分布，称为数量性状（quantitative character）。比如，人的身高在一个随机取样的群体中可以看到，是由矮到高逐渐过渡的，人数越多，两人之间的差距就越小，难以辨别高矮，因此这种变异是连续的。人群中极矮和极高的个体只占少数，大部分人具有中等身高，接近群体的平均值，说明人的身高这个性状在群体中的不同个体间只有量的差异，没有质的区别。如果把身高变异分布绘成曲线，则变异呈单峰正态分布，峰值即代表群体平均身高（图8-2）。数量性状的变异，由多基因遗传因素和环境因素共同作用。

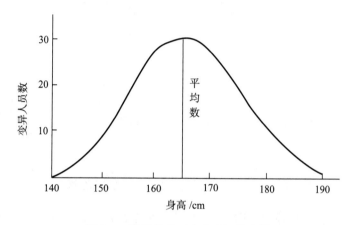

图8-2　数量性状（人身高）的变异

二、多基因遗传的概念

多基因遗传性状或多基因遗传病是由两对或两对以上的等位基因所控制，每对基因之间没有显性与隐性之分，而是共显性。每对基因对性状形成的效应是微小的，称为微效基因（minor gene），但是多对微效基因的作用可以累加起来，形成明显的表型性状，称为累加效应，这些基因又称为累加基因（additive gene）。多基因遗传性状除受微效基因作用外，还受环境因素的影响。

三、多基因遗传特点

质量性状是由单基因控制的性状，而数量性状是由多基因控制的，下面以人的身高性状为例来分析数量性状的多基因遗传特点。

人的身高是由许多数目不详的基因决定的。假设有三对基因影响人的身高 Aa、Bb、Cc，其中 A、B、C 三个基因各使人的身高在平均身高（165cm）的基础上增高 5cm，a、b、c 各使人的身高在平均身高的基础上降低 5cm，故基因型 AABBCC 个体为身高极高的个体（195cm），基因型 aabbcc 个体为身高极矮的个体（135cm）。假如，一个身高极高的个体 AABBCC 和一个身高极矮的个体 aabbcc 婚配，则子女为杂合子基因型 AaBbCc，呈中等身高（165cm）。然而由于环境因素的影响，子女的身高会在 165cm 上下变异。若两个基因型均为 AaBbCc 的个体间进行婚配，理论上可产生 27 种基因型的子女，将各基因型按高矮数目分组，可归并成 7 组，各种身高的子女所占的比例为 1∶6∶15∶20∶15∶6∶1，可见大部分个体仍为中等身高，但是变异范围更为广泛，极高和极矮的个体很少。根据不同身高的子女所占的比例绘制成曲线图，可看到子女身高变异的分布接近正态分布（图8-3）。身高的变异首先受基因型的影响，其次环境因素如营养、运动、阳光等对其也有一定的作用。

从上面的例子可归纳出多基因遗传的特点：①两个极端类型的个体杂交后，F₁ 代都是中间类型，但是也存在一定范围的变异，这是环境因素影响的结果；②两个中间类型的 F₁ 代个体杂交后，F₂

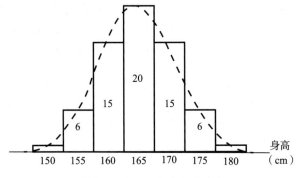

图 8-3　子二代身高变异分布

大部分也是中间类型，但是，由于多对基因的分离和自由组合及环境因素的影响，F_2 代将形成更广泛的变异，有时会出现一些极端变异的个体；③在一个随机杂交的群体中，变异范围广泛，但大多数个体接近于中间类型，极端变异的个体很少。这些变异的产生，是多基因遗传基础和环境因素共同作用的结果。

第二节　疾病的多基因遗传

人类一些常见的先天畸形或常见病，其发病率一般都超过 1%，这些病的发病有一定的遗传基础，常表现有家族倾向。但系谱分析既不符合常染色体显性遗传病，其患者同胞中的发病率低于50%，也不符合常染色体隐性遗传病，其患者同胞中的发病率低于 25%，只有 1%～10%。近亲婚配时，子女患病风险增高，但不如常染色体隐性遗传显著。大量研究工作表明，这些疾病的遗传基础不是受一对等位基因控制，而是受多对基因的影响，故称为多基因病。多基因病的遗传基础非常复杂，且又受环境因素影响，属于复杂疾病。多基因病目前已知的虽仅有 100 余种，但是，每种病的发病率却很高，例如，原发性高血压的发病率为 6%，哮喘的发病率为 4%，冠心病的发病率为2.5%。据报道，人群中有 15%～25% 的个体为多基因病所累。多基因病相关基因的鉴定与研究存在很多困难，因为从遗传学角度而言，此类疾病由多个基因与环境因素共同作用而形成，也可能是由于基因的外显不全或遗传异质性引起。另外，在多基因病的发展过程中，发育与免疫机制也可能起着某种重要作用。目前，多基因病的相关研究工作已成为医学遗传学研究的前沿，尤其是多基因常见复杂病的遗传基础研究非常引人注目，且进展迅速。

一、易患性与发病阈值

在多基因病中，由遗传基础决定一个个体患病的风险称为易感性（susceptibility），其基因称为易感基因（susceptibility gene），易感性只是强调遗传基础对发病风险的作用。带有多个致病基因但尚未发病的人群称为易感人群（susceptible population）。

而在多基因病中，由遗传基础和环境因素共同作用，决定一个个体是否易于患病，称为易患性（1iability）。易患性低，患病的可能性就小；易患性高，患病的可能性就大。易患性的变异和多基因遗传性状一样，在群体中也呈正态分布。一个群体中，易患性有高有低，但大多数个体的易患性都接近中等水平，易患性很低和很高的个体都很少。

当一个个体的易患性达到一定限度时，这个个体就将患病，这个易患性的限度就称为发病阈值（threshold）。阈值将连续分布的易患性变异分为两部分：大部分是正常群体，小部分是患病群体。阈值是易患性变异的某一点，凡易患性超过此点的个体都将患病（图 8-4）。在一定的环境条件下，阈值代表发病所必需的、最低限度的致病基因数量。

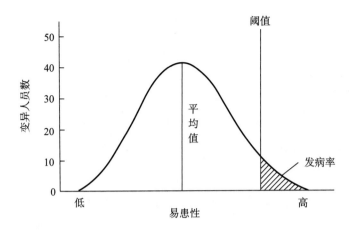

图 8-4　群体中易患性变异与阈值

一个个体的易患性高低，目前无法测量，一般只能根据婚后所生子女的发病情况做出粗略估计。但一个群体的易患性平均值（μ）的高低，则可从该群体的发病率（易患性超过阈值的部分）做出估计。

衡量的尺度可以用正态分布的标准差（σ）作为单位，正态分布曲线下的总面积为 1（100%），正态分布中以平均值（μ）为 0，正态分布总体均数（μ）和标准差（σ）与正态分布曲线下的面积的关系如下。

在 μ±σ 范围内，占曲线下总面积的 68.28%，标准差以外的面积占 31.72%，两边各占 15.86%；

在 μ±2σ 范围内，占曲线下总面积的 95.46%，标准差以外的面积占 4.54%，两边各占 2.27%；

在 μ±3σ 范围内，占曲线下总面积的 99.74%，标准差以外的面积占 0.26%，两边各占 0.13%（图 8-5）。

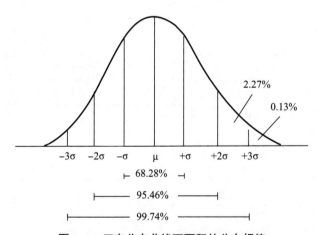

图 8-5　正态分布曲线下面积的分布规律

多基因病易患性的正态分布曲线下的面积代表人群总数（100%），其易患性超过阈值的那部分面积代表患者所占的百分数，即发病率。因此，从一个群体发病率的高低就可以推知发病阈值与易患性平均值间的距离。例如，一个群体中某多基因病发病率约为 2.3%，那么群体易患性平均值应该位于与阈值相距 2 个标准差的位置；如果发病率是 0.13%，则群体易患性平均值应该位于与阈值相距 3 个标准差的位置（图 8-6）。可见，一种多基因病群体发病率越高，群体的易患性平均值就越高，与阈值距离也就越近；反之，群体发病率越低，群体易患性平均值就越低，与阈值距离也就越远。

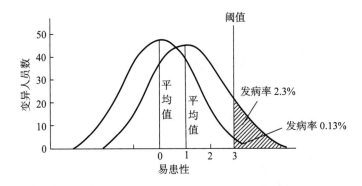

图 8-6　群体发病率、阈值与易患性的关系

二、遗传率及其估算

（一）遗传率的概念

在多基因遗传病中，易患性的高低受遗传因素和环境因素的双重影响，其中遗传因素所起作用大小的程度称为遗传率（heritability）或遗传度。遗传率一般用百分率（100%）表示。如果一种遗传病的遗传率为 80%，那么环境因素的作用就是 20%。一种遗传病如果完全是由遗传因素决定，其遗传率就是 100%，基本不属于多基因病。在多基因病中，遗传率达 70%~80%，为较高遗传率，表明其遗传因素在决定易患性变异和发病上起着重要作用，而环境因素的影响较小；遗传率达 50% 左右，为中等遗传率；遗传率为 30%~40% 或更低时，为较低遗传率。表 8-1 是人类一些常见多基因病和先天畸形的一般群体发病率和遗传率。

表 8-1　常见多基因病和先天畸形的群体发病率和遗传率

疾病与畸形	一般群体发病率（%）	患者一级亲属发病率（%）	遗传率（%）
哮喘	4.0	20	80
精神分裂症	1.0	10	80
先天性巨结肠	0.02	男先证者 2；女先证者 8	80
先天性幽门狭窄	0.3	男先证者 2；女先证者 10	75
先天性髋关节脱位	0.07	4	70
唇裂 ± 腭裂	0.17	4	76
腭裂	0.04	2	76
1 型糖尿病	0.2	2~5	75
2 型糖尿病	2~3		35
强直性脊椎炎	0.2	男先证者 7；女先证者 2	70
冠心病	2.5	7	65
原发性高血压	4~8	12~30	60
无脑畸形	0.2	2	60
脊柱裂	0.3	4	60
消化性溃疡	4.0	8	37

（二）遗传率的估算

计算多基因病遗传率的高低，在临床应用上有重要的意义，常用于计算遗传率的方法有以下两种。

1. 从群体和患者亲属的发病率计算遗传率（Falconer 公式）　由于多基因病的遗传率与患者亲属发病率、群体发病率相关，可通过调查患者一级亲属的发病率和一般人群的发病率，来计算遗传率。一级亲属发病率越高，遗传率越大。根据数量性状遗传的回归现象，患者易患性和患者亲属易患性呈正相关，遗传率的计算公式如下。

$$h^2=b/r \qquad\qquad （公式 8-1）$$

其中，h^2 为遗传率，b 为亲属对患者的回归系数，r 为亲缘系数（一级亲属 1/2，二级亲属 1/4，三级亲属 1/8）。

已知一般人群的发病率时，用下式计算回归系数 b。

$$b=X_g-X_r/a_g \qquad\qquad （公式 8-2）$$

缺乏一般人群的发病率时，可设立对照组，调查对照组亲属的发病率，用下式计算回归系数 b。

$$b=p_c（X_c-X_r）/a_c \qquad\qquad （公式 8-3）$$

公式 8-2 和公式 8-3 中，X_g 为一般群体易患性平均值与阈值之间的差，X_r 为患者亲属易患性平均值与阈值之间的差，a_g 为一般群体易患性平均值与一般群体中患者易患性平均值之间的差，q_c 为对照亲属发病率，$p_c=1-q_c$，X_c 为对照组亲属的易患性平均值与阈值之间的差，a_c 为对照亲属易患性平均值与对照亲属中患者易患性平均值之间的差。X_g、X_r、X_c 和 a_g、a_c 值均可通过查 Falconer 表得到，再用上述公式计算遗传率。

比如，先天性房间隔缺损（congenital atrial septal defect，ASD）在一般群体的发病率为 1%。有人调查 100 个患者家系发现，患者的一级亲属共有 669 人（双亲 200 人、同胞 279 人、子女 190 人），其中先天性房间隔缺损患者 22 人。求先天性房间隔缺损的遗传率。

解：一般群体发病率：$1\% \times 100\% = 0.1\%$

患者一级亲属发病率：$22/669 \times 100\% = 3.3\%$

查正态分布的 X 值与 a 值表（完整数据请参阅相关文献），得到 $X_g=3.090$，$a_g=3.367$，$X_r=1.838$，代入公式 8-2：

$$b=X_g-X_r/a_g=3.090-1.838/3.367=0.372$$

已知一级亲属的亲缘系数 r=0.5，代入公式 8-1：

$$h^2=b/r=0.372/0.5=0.744=74.4\%$$

即先天性房间隔缺损的遗传率为 74.4%，说明遗传因素在该病的发生中起到重要作用。

2. 从双生子的患病一致率计算遗传率（Holzinger 公式）　Holzinger 公式是根据遗传率越高的疾病，单卵双生的患病一致率与二卵双生的患病一致率相差越大而建立的。所谓单卵双生（monozygotic twin，MZ）是由一个受精卵形成的一对双生子，他（她）们的遗传基础相同，其个体差异主要由环境因素决定；二卵双生（dizygotic twin，DZ）是由两个受精卵形成的一对双生子，他（她）们的遗传基础不同（其差异程度与一般同胞间相同），他（她）们的个体差异是由遗传基础和环境因素共同决定。所谓患病一致率是指双生子中一个患某种疾病，另一个也患同样疾病的频率。

$$h^2= C_{MZ}-C_{DZ}/100-C_{DZ} \qquad\qquad （公式 8-4）$$

其中，C_{MZ} 为单卵双生子的患病一致率（%）；C_{DZ} 为二卵双生子的患病一致率（%）。

比如，对躁狂抑郁性精神病（manic-depressive psychosis）的调查表明，在 15 对单卵双生子中，共同患病的有 10 对；在 40 对二卵双生子中，共同患病的有 2 对。计算该病的遗传率。

解：单卵双生子的患病一致率：$10/15 \times 100\% = 67\%$

二卵双生子的患病一致率：$2/40 \times 100\% = 5\%$

代入公式 8-4。

$$h^2=C_{MZ}-C_{DZ}/100-C_{DZ}=67-5/100-5=0.65=65\%$$

结果表明，在躁狂抑郁性精神病中，遗传基础所起的作用大于环境因素。

应当注意，遗传率是估计值，是由特定的环境中特定人群的患病率估算得到的，不适宜用到其他人群和其他环境。同时，遗传率是群体统计量，用于群体，而不针对某一个体。如果某种多基因病的遗传率为 50%，不能说某个患者的发病一半由遗传基础决定，一半由环境因素决定，而应该说在这种疾病的总变异中，一半与遗传变异有关，一半与环境因素有关。遗传率的估算仅适合没有遗传异质性，而且也没有主基因效应的疾病。

三、多基因病的遗传特点

多基因病与单基因遗传病比较具有以下特点。

1. 群体发病率一般高于 0.1%。
2. 发病具有家族聚集倾向，患者同胞的发病率为 1%～10%。
3. 多基因病的发病率具有种族差异。
4. 随着患者亲属级别的降低，再发风险迅速下降。
5. 近亲婚配使子女再发风险增高，但不如常染色体隐性遗传病明显。

四、多基因病再发风险的估计

（一）患者一级亲属的再发风险

多基因病中，群体易患性和患者一级亲属的易患性呈正态分布。但是，两者超过阈值而发病的部分，在数量上有所不同。患者一级亲属的患病率比群体患病率要高得多（图 8-7）。

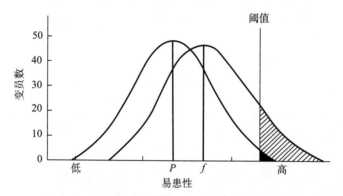

图 8-7 群体发病率与患者一级亲属发病率的比较

P. 群体发病率；f. 一级亲属发病率

多基因病的再发风险与该病的遗传率和一般群体发病率的高低有密切关系。当某种多基因病的群体发病率为 0.1%～1%，遗传率为 70%～80%，则患者一级亲属的再发风险可用 Edwards（1960）公式估算，即患者一级亲属的发病率 f 等于群体发病率 P 的平方根。

$$f=\sqrt{P}$$

其中，f 为代表患者一级亲属发病率；P 为代表群体发病率。

比如，唇裂在我国人群中的发病率为 0.17%，遗传率为 76%，患者一级亲属再发风险 χ^2 为 4%。因此，知道了群体的发病率和遗传度，就可对患者一级亲属的发病率做出估计。但是，如果一般群体发病率高于 1% 和遗传率高于 80% 时，患者一级亲属的再发风险大于 Edwards 公式的计算值；当一般群体发病率低于 0.1% 和遗传率低于 70% 时，患者一级亲属的再发风险小于 Edwards 公式的计算值。

（二）家庭中患者人数与再发风险

在多基因病中，当一个家庭中患同一种多基因病的人数越多，该家系成员具有的易感基因也越多，则再发风险就越高。如一对夫妇表型正常，但第一胎生了一个唇裂患儿后，再次生育时唇裂的风险为4%；如果他们又生了第二个唇裂患儿，第三胎生育唇裂的风险就增高到10%。因为生育患儿越多，说明这对夫妇携带有更多能导致唇裂的致病基因，虽然他们本人并未发病，但他们的易患性更接近阈值，因而造成一级亲属再发风险增高。

在单基因病中，由于双亲的基因型已定，不论已生出几个患儿，再发风险都是1/2或1/4。

（三）病情严重程度与再发风险

多基因病发病的遗传基础是基因的累加效应。病情严重的患者必然带有更多的易感基因，其父母所带有的易感基因也多，因而父母的易患性更接近阈值，再次生育时其后代再发风险也相应地增高。例如，仅有一侧唇裂的患者，其同胞的再发风险为2.46%；一侧唇裂并发腭裂的患者，其同胞的再发风险为4.21%；两侧唇裂并发腭裂的患者，其同胞的再发风险为5.74%。

在单基因病中，不论病情的轻重，一般不会影响其再发风险，其再发风险仍为1/2或1/4。

（四）发病率的性别差异与再发风险

某种多基因病发病率有性别差异时，高发病率性别的患者，其后代再发风险较低；反之，低病率性别的患者，其后代发病风险反而高。这是因为当一种多基因病的群体发病率有性别差异时，表明不同性别的易患性阈值不相同，发病率低的性别其阈值高；发病率高的性别其阈值低（图8-8）。

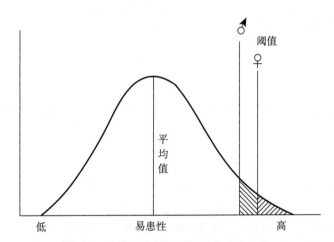

图8-8　发病率有性别差异的易患性分布

在发病率低的性别患者中，只有带有相当多的易感基因，才能超过较高的阈值而发病。如果已经发病，表明他（她）一定携带着很多的易感基因，他（她）的后代中发病风险将会相应增高，尤其是与性别相反的后代。相反，发病率高的性别患者后代中发病风险将较低，尤其是与性别相反的后代，称为卡特效应（Carter effect）。比如，先天性幽门狭窄的男性发病率为0.5%，女性发病率为0.1%，男性比女性患病率高5倍。如为男性患者，儿子发病风险为5.5%，女儿的发病风险为2.4%；如为女性患者，儿子发病风险高达19.4%，女儿的发病风险为7.3%。该结果说明女性患者比男性患者带有更多的易感基因。

多基因遗传病是一类发病率较高、病情复杂的疾病。无论是病因及致病机制的研究，还是疾病再发风险的评估，既要考虑遗传的因素，也要考虑环境因素，难以用一般的家系遗传连锁分析取得突破，需要在人群和遗传标记的选择、模式动物的建立、数学模型的建立、统计方法的改进等方面进行努力。在估计多基因遗传病的发病风险时，必须综合考虑患者的一般群体发病率、遗传率、亲属级别、亲属中患者数、患者疾病严重程度，以及发病率的性别差异等多种因素，才能得出切合实际的数据。

第 9 章　群体遗传

　　群体（population）又称种群，是一个物种的结构单位，是指生活在同一地区的、能够相互交配并能产生具有生殖能力后代的个体群，这样的群体也称为孟德尔式群体（Mendelian population）。一个群体所具有的全部遗传信息或基因称为基因库（gene pool）。基因库愈丰富的物种，愈能适应环境的变化，愈有生命力；基因库愈单一的物种，适应环境变化能力愈差，愈趋于灭绝。

　　群体遗传学（population genetics）主要是应用数学和统计学方法研究群体的基因频率和基因型频率的维持、变化及其影响因素的学科。研究人类致病基因在群体中的分布、变化规律的科学，称为医学群体遗传学或遗传流行病学。遗传病在不同种族或民族人群中的差异和变化规律，也属于群体遗传学研究的重要范畴。

第一节　哈迪 – 温伯格定律

一、基因频率与基因型频率

　　研究群体的遗传结构及其变化规律，首先要分析群体基因库中的基因频率、基因型频率及两者的关系。

　　（一）基因频率

　　基因频率（gene frequency）是指群体中某一基因在该基因座上全部基因中所占的比例。群体中任何一对基因座位上的全部基因频率之和等于 1。

　　假设有一对等位基因 A 和 a，在某一群体的该基因座位上共有 1000 个等位基因，其中 A 基因为 800，则 A 基因频率为 800/1000=80%=0.8（基因频率一般用小数表示），a 基因频率为 1-0.8=0.2。一般来说，显性基因的频率用 p 来表示，隐性基因的频率用 q 来表示，且 p+q=1。

　　（二）基因型频率

　　基因型频率（genotype frequency）是指群体中某一基因型个体占群体总个体数的比例。同一基因座的所有基因型频率之和等于 1。

　　比如，某一群体的个体总数为 1000，其中 AA 个体为 400，Aa 个体为 500，aa 个体数为 100。那么相应基因型的频率为 AA=400/1000=0.40，Aa=500/1000=0.50，aa=100/1000=0.10。

　　假设 AA 的频率为 D、Aa 的频率为 H、aa 的频率为 R，则 D+H+R=1。

　　（三）基因频率与基因型频率的关系

　　基因频率和基因型频率是两个关系密切又截然不同的概念。对于共显性和不完全显性性状，群体中的基因型频率可通过群体表型的调查直接获得，而群体中的基因频率可通过群体中的基因型频率来推算。

　　比如，人类 MN 血型系统是由一对共显性等位基因 M 和 N 控制，人群中有 MM、NN 和 MN 3 种基因型，其相应的 3 种表型为 M 血型、N 血型和 MN 血型。在某地检测了 747 人，结果为 M 血型 233 人、N 血型 129 人、MN 血型 385 人。计算 M 和 N 基因频率。

　　假设 M 基因的频率为 p，N 基因的频率为 q，则 p+q=1

　　先计算 3 种基因型频率分别为 MM=233/747=0.312，NN=129/747=0.173，MN=385/747=0.515。

　　根据基因型频率，推算基因 p 和 q 的频率为 p=MM+1/2MN=0.312 +1/2×0.515=0.57，q=NN+1/2MN=0.173 +1/2×0.515=0.43 或 q=1-P=1-0.57=0.43。

由于基因型 MM 的频率为 D=0.312，基因型 NN 的频率为 R=0.173，基因型 MN 的频率为 H=0.515，所以根据基因频率和基因型频率的关系，可得 p=D+1/2H，q=R+1/2H。

对于共显性遗传和不完全显性遗传，由于表现型可以直接反映出基因型，所以利用这两个公式，通过群体中的基因型频率可以计算出共显性遗传和不完全显性遗传的基因频率。对于完全显性的性状，杂合子（Aa）和显性纯合子（AA）表型相同，这两种基因型无法根据表型区分，故不能用上述公式计算其基因频率，需要应用哈迪-温伯格定律来计算。

二、哈迪-温伯格定律

英国数学家 Hardy 和德国医生 Weinberg 分别应用数学方法研究群体中基因频率的变化，于 1908 年得出一致的结论：在一定条件下，群体中的基因频率和基因型频率在世代传递中保持代代不变，这就是哈迪-温伯格定律（Hardy-Weinberg law）或称遗传平衡定律（law of genetic equilibrium）。群体遗传学的核心概念就是哈迪-温伯格定律。

哈迪-温伯格定律的条件包括：①群体无限大；②群体内的个体之间随机婚配；③没有新的突变发生；④没有自然选择起作用；⑤没有大规模的个体迁移。

如果一个群体达到了遗传平衡，就是一个遗传平衡群体，否则就是一个不平衡的群体。

假设某一群体中有一对等位基因 A 和 a，基因 A 频率为 p，基因 a 频率为 q，且 p+q=1。则群体的基因型频率为（p+q）的二项式展开，即（p+q）^{2}=p^2+2pq+q^2=1。

这就是遗传平衡公式，公式中的 p^2、2pq 和 q^2 分别表示平衡状态下基因型 AA、Aa 和 aa 的频率。这是哈迪-温伯格定律的内涵。若未达到这种状态的群体就是一个遗传不平衡的群体，但一个遗传不平衡的群体只需经过一代的随机婚配就可达到遗传平衡。D、H、和 R 则分别表示群体在任何状态（包括平衡状态和不平衡状态）下 AA、Aa 和 aa 的频率。在遗传平衡群体中或平衡状态下，D=p^2，H=2pq，R=q^2。

三、哈迪-温伯格定律的应用

遗传平衡定律揭示了在一个随机婚配群体中基因频率与基因型频率间的关系，从而为在不同情况下计算不同群体的基因频率和基因型频率提供了方法，据此可预见后代群体的遗传性状和基因频率。所以，应用遗传平衡定律既可估算群体致病基因和基因型频率，也可判断群体是否达到遗传平衡。

（一）遗传平衡群体的判定

根据哈迪-温伯格定律的概念，一个群体中基因频率和基因型频率如果代代不变，就是一个遗传平衡群体。所以判断一个群体是否是遗传平衡群体，只要求出群体的基因频率，计算出子代预期的基因型频率并和该群体的基因型频率进行比较，就可得出结论。如果两个基因型频率相同，就是遗传平衡群体，否则就是不平衡群体。

也可利用遗传平衡公式进行判断，可有多种方法。如求出已知群体的基因频率 p 和 q，然后根据遗传平衡公式算出平衡状态时基因型频率的理论值，如 p^2 就是平衡状态时 AA 频率的理论值，q^2 就是平衡状态时 aa 频率的理论值。最后和已知群体的 AA 频率及 aa 频率比较，相同就是遗传平衡群体，否则就是不平衡群体。

比如，在一个群体中，AA 的频率为 0.36，Aa 的频率为 0.48，aa 的频率为 0.16，判定此群体是否是遗传平衡群体。

首先，计算群体的基因频率，即 p=D+1/2H=0.36+0.48/2=0.6，q=R+1/2H=0.16+0.48/2=0.4。

然后，根据遗传平衡公式推算出 AA、Aa 和 aa 三种基因型频率平衡状态时的理论值，即 AA 的频率 p^2=0.6^2=0.36，Aa 的频率 2pq=2×0.6×0.4=0.48，aa 的频率 q^2=0.4^2=0.16。

结果基因型频率的实际值和平衡状态时的理论值完全一样，说明该群体是遗传平衡群体。在实际判断时，只要算出一种平衡时基因型频率的理论值与之对比即可。

遗传学与遗传学检验技术

如果实际值与平衡状态时的理论值不一致，不能一概而论确认为不平衡群体，则要进一步看两者差别的大小。如果差别较大，那就是不平衡群体；如果差别不太大，可能是平衡群体，但需要通过 χ^2 显著性检验才能做出判定。

比如，有人随机检测了 4080 名汉族大学生的苯硫脲（PTC）尝味能力，结果 TT 尝味者 1180 人，Tt 尝味者 2053 人，tt 味盲 847 人，考虑尝味基因 T 和味盲基因 t，此群体是否是遗传平衡群体？

首先，计算基因型频率，即 TT 的频率 D=1180/4080=0.289，Tt 的频率 H=2053/4080=0.503，tt 的频率 R=847/4080=0.208。

然后，计算基因频率，即基因 T 的频率 p=D+1/2H=0.289+0.503/2=0.54，基因 t 的频率 q=R+1/2H=0.208+0.503/2=0.46。

根据遗传平衡公式算出平衡状态时基因型频率，然后乘以总人数即为各基因型个体的理论值，与实际值比较，求出 χ^2 值。

$$\chi^2=\sum \frac{(O-E)^2}{E}$$

O 和 E 分别为基因型频率的实际值和理论值。

得出 χ^2=0.724，以自由度（n）为 1 查 χ^2 得出 P=0.25～0.50（＞0.05），说明各 1/20 000 种基因型个体数量实际值与平衡状态理论值没有显著性差异，此群体是遗传平衡群体。

（二）估算群体致病基因和基因型频率

现存群体一般都为遗传平衡群体，故可用遗传平衡定律估算基因频率。

1. 估算 AR 遗传病致病基因频率　对于 AR 遗传病来说，群体发病率就是隐性纯合子（aa）的基因型频率，就等于 q^2，所以通过调查 AR 遗传病的群体发病率，就可计算出基因频率和各种基因型频率。

比如，在我国人群中，白化病（AR 遗传病）的群体发病率为 1/20 000，求致病基因和正常基因的频率以及各种基因型的频率。

假设白化病的致病基因为 a，其正常基因为 A，根据哈迪 - 温伯格定律可知，基因型 aa 的频率 q^2=1/20 000，致病基因 a 的频率 q=$\sqrt{1/20\,000}$=0.007，正常基因 A 的频率 p=1-q=1-0.007=0.993，基因型 AA 的频率 p^2=0.993^2=0.986，基因型 Aa（携带者）的频率 2pq=2×0.993×0.007≈0.014≈1/70。

在这里可看出，尽管白化病群体发病率很低，只有 1/20 000，但人群中携带者的频率却高达 1/70。在 AR 遗传病中，携带者频率近似等于群体致病基因频率的 2 倍。

2. 估算 AD 遗传病致病基因频率　对 AD 遗传病来说，AA 和 Aa 个体是患者，其频率分别为 p^2 和 2pq，所以群体发病率就是 p^2+2pq，这样就很容易得出 aa 的频率 q^2，进而算出基因频率。

但在实际计算时，由于显性致病基因的频率很低，纯合子 AA 患者罕见，可忽略不计，患者的基因型大都为杂合子 Aa。所以，通过调查得到的 AD 遗传病群体发病率实际上就是基因型 Aa 的频率，这样群体发病率就等于 2pq 也等于 H。因为 p 值很小，q 近 1，所以 H≈2pq≈2p，p=1/2H。

比如，丹麦某地区软骨发育不全性侏儒发病率为 1/10 000，求基因频率。

假设患者的致病基因为 A，其正常基因为 a，根据哈迪 - 温伯格定律可知，致病基因 A 的频率 p=1/2H=1/2×1/10 000=0.00005，正常基因 a 的频率 q=1-p=0.99995。

所以，对于 AD 遗传病来说，致病基因的频率等于群体发病率的 1/2。

3. 估算 X 连锁遗传病致病基因频率　遗传平衡定律同样适用于 X 连锁基因频率计算，因为男性是半合子，男性的发病率等于群体致病基因频率。所以，通过调查男性的某种遗传病的发病率，就可直接得出群体基因频率。女性有两条 X 染色体，女性的发病率（X^bX^b）是群体致病基因频率的平方。

比如，我国某地区红绿色盲（XR 遗传病）在男性中的发病率为 7%，那么红绿色盲基因（X^b）的频率 q=7%=0.07，正常等位基因（X^B）的频率 p=1-q=0.93，女性红绿色盲（X^bX^b）的频率 q^2=$(0.07)^2$=0.0049，女性携带者（X^BX^b）的频率 2pq=2×0.93×0.07=0.13。

XR 遗传病男性患者远高于女性患者的发病率。

相反，对于 XD 遗传病，女性有两条 X 染色体，任意一条带有显性致病基因均可患病，故女性发病率为 p^2+2pq。男性发病率等于相应的显性致病基因频率（p）；男女患病比例为 p/（p^2+2pq）=1/（p+2q）=1/p+2（1-p）=1/2-p。

当 p 很小时，1/2-p≈1/2，即女性 XD 遗传病的发病率大约是男性发病率的 2 倍。

4. 估算复等位基因频率　人类 ABO 血型系统主要受 9q34 上的一组复等位基因 I^A、I^B 和 i 控制，设它们的频率分别为 p、q、r。根据遗传平衡定律，就可通过（p+q+r）^{2} 展开式得到 6 种不同基因型的频率（表 9-1）。

表 9-1　ABO 血型系统的基因型与血型

基因型	I^AI^A、I^Ai	I^AI^B	I^BI^B、I^Bi	ii
血型	A	AB	B	O
基因型频率	p^2+2pr	2pq	q^2+2qr	r^2

假设有一个 1000 人的群体，其中 A 型血和 O 型血的人数分别为 80 和 10，估算 AB 血型和 B 血型的人数。

已知 1000×（p^2+2pr）=80，1000×r^2=10，解方程得 r =0.1，p =0.2。

因 p+q+r=1，所以 I^B 基因频率 q=0.7，AB 血型和 B 血型人数分别为 n_{AB}=1000×2pq=1000×2×0.2×0.7=280，n_B=1000×（q^2+2qr）=1000×（0.7^2+2×0.7×0.1）=630。

如果直接统计得到 ABO 血型系统各基因型的数量，也可根据平衡比例判断群体是否处于遗传平衡状态。

第二节　影响基因频率的因素

前面讨论的是群体在理想条件下（群体无限大、随机交配、无突变、无选择、无大规模迁移）遗传平衡。但是这种理想群体在自然界并不存在，一些因素可以影响基因分布或改变基因频率，从而破坏哈迪–温伯格平衡，这些因素包括突变、选择、遗传漂变、隔离、迁移和非随机婚配。

一、突变

突变是群体发生变异的根源，每一个基因都有突变的可能。虽然每一个基因的突变率很低，一般用每代每 100 万个基因中发生突变的次数来表示，即 $n×10^{-6}$/（基因·代），但基因突变或突变率的改变都会使群体中基因频率和基因型频率发生改变，都会使群体原有的遗传平衡被打破。

基因突变可以是双向的，基因 A 可以突变成 a，a 还可以回复突变为 A。如一对等位基因 Aa，设 A 的基因频率为 p，a 的基因频率为 q，由 A 突变为 a（正突变）的突变率为 u；由 a 突变为 A（回复突变）的突变率为 v。每一代有多少基因 A（或基因 a）突变为基因 a（或基因 A），这既和基因频率有关系，也和突变率有关系。所以每一代有 pu 的基因 A 突变为基因 a，也有 qv 的基因 a 突变为基因 A。如果 pu＞qv，基因 A 的频率将会降低，而基因 a 的频率将会升高；如果 pu＜qv，则基因 A 的频率将会升高，而基因 a 的频率将会降低；如果 pu=qv，基因 A 和基因 a 的频率将达到动态平衡，保持不变。

绝大部分的基因突变是有害的，只有少数的突变可能是中性的，个别突变甚至对个体有利，且可能在群体中传播开来。由于突变提供了可遗传的变异材料，为自然界选择发挥作用提供了广阔的空间。

二、选择

选择（selection）即自然选择（natural selection），是由于基因型差别而导致生存能力和生育能力的差别，是影响群体遗传平衡的另一个重要因素。绝大多数基因都受到自然选择的作用。选择的作用在于不断地改变群体中的基因频率和基因型频率，以适应它们赖以生存的环境。

（一）适合度

适合度（fitness，f）是指个体在一定环境条件下，能生存并把他的基因传给下一代的能力，可用相同环境下不同个体间的相对生育率（relative fertility）来表示。当适合度为 0 时，表示遗传性致死，即无生育能力；当适合度为 1 时，为生育能力正常。可见，适合度高的个体，对环境适应能力强，主要表现为生育率高，可以留下更多的后代，群体中该个体的基因型和有关基因的频率就会增加；适合度低的个体，对环境适应能力也弱，生育率低。

例如丹麦在对软骨发育不全患者的调查中发现，108 名软骨发育不全的侏儒患者共生育了 27 个孩子，这些患者的 457 个正常同胞，共生育了 582 个孩子。如把正常人的生育率看作 1，侏儒患者的相对生育率为 f= 患者生育率 / 患者正常同胞生育率 =（27/108）/（582/457）=0.196，表明在软骨发育不全患者中的适合度降低了。

某种基因型的适合度不是固定不变的，会随着环境条件的变化而发生改变。如镰状细胞贫血（sickle cell anemia）（OMIM #603903）是人类发现的第一种血红蛋白病，为 AR 遗传。正常纯合子（HbA/HbA）不患镰状细胞贫血，可是对于疟疾的抵抗力较弱；镰状细胞纯合子（HbS/HbS）对疟疾有较强的抵抗力，可是患镰状细胞贫血，常在幼年死亡；杂合子 HbA/ HbS 在疟疾流行地区具有自然选择优势，既不是镰状细胞贫血患者，又对疟疾有较强的抵抗力，而在非疟疾区不会有这种现象发生。有统计资料证明，非洲疟疾流行地区杂合女性的生育率高于正常女性，其总体适合度也高于正常人（HbA/HbA），这就弥补了由隐性纯合子患者死亡而丧失了的 HbS 基因，从而使群体保持平衡多态。

（二）选择系数

选择系数（selection coefficient，S）是指在选择作用下适合度降低的程度，反映了某一基因型在群体中的淘汰率，S=1–f。例如，软骨发育不全患者的生育率 f= 0.196，则 S=1–0.196=0.804。这说明侏儒患者的基因有 80.4% 的可能性不能传给后代而被选择作用所淘汰。

（三）选择的作用

选择使致病基因以一定的频率被淘汰，使群体中致病基因频率逐代降低。

1.选择对常染色体显性致病基因的作用　在 AD 遗传病中，选择对显性致病基因的作用比较明显。在人群中，基因型为 AA、Aa 的个体表现为患者，都将面临选择的作用，基因型 aa 的个体不受选择的作用。如果没有新的突变产生，显性致病基因比较容易从群体中消失。显性遗传病患者多为杂合子（H），基因频率为 2pq，由于正常等位基因频率 q 接近于 1，故杂合子的频率约等于 H=2p（又代表显性遗传病的发病率），p=1/2H。当选择系数为 S 时，每一代中因选择而减少的基因 A 将为 Sp，在一个遗传平衡群体中，被淘汰的 A 基因会不断地由 a 基因的回复突变为 A 来补偿。如果该显性遗传病是致死的，选择系数 S=1，则被淘汰的有害等位基因将以突变来补偿。在这种情况下，新发的突变率为发病率的 50%。对 AD 遗传病来说，病情越严重，选择的作用也越显著。

2.选择对常染色体隐性致病基因的作用　在 AR 遗传病中，选择对隐性致病基因的作用很缓慢。在人群中，基因型为 AA、Aa 的个体表型正常，选择对于隐性致病基因携带者 Aa 不起作用，只有基因型为 aa 的患者才面临选择作用。隐性致病基因大都可以杂合状态在群体中维持很多世代。隐性性状在群体中出现的频率越低，存在于杂合子中的机会也就越高。因此，选择对罕见的有害隐性性状效应较小。

3.选择对 X 连锁隐性致病基因的作用　在 XR 遗传病中，女性有两条 X 染色体，女性携带者 $X^A X^a$ 表型正常，不受选择的作用影响。由于致病基因的频率很低，女性患者 $X^a X^a$ 数量过少，常可忽略不计，故选择对女性几不起作用。男性是半合子，只有一条 X 染色体，几乎所有的患者都是男性，选择主要对男性患者起作用。因此，从整个群体来看，男性致病基因频率只占全部致病基因数量的 1/3。

4.选择对 X 连锁显性致病基因的作用 在 XD 遗传病中，由于致病基因的频率很低，女性受到选择的几乎都是杂合子 X^AX^a 患者，基因型为 X^AY 的男性个体必然面临选择的作用。

选择是一个复杂的过程，一个基因型对另一个基因型的选择优势，既取决于基因和环境因素间的相互作用，也取决于不同座位基因间的相互作用。

三、遗传漂变

在大群体中，如果没有突变发生，则根据哈迪－温伯格定律，遗传结构可维持平衡。但在小群体或隔离人群中，由于个体间婚配机会有限，会使某些等位基因在一个群体中消失，也会使某些等位基因在一个群体中固定，从而改变群体的遗传结构；这种在小群体或隔离人群中基因频率的随机波动称为遗传漂变（genetic drift）。遗传漂变是影响小群体遗传结构的重要因素，群体越小，漂变的速率越快。群体越大，遗传漂变越缓慢，乃至达到遗传平衡状态。比如，全色盲为 AR 遗传，在一般群体中发病率仅有 1/33 000，但在太平洋的东卡罗林群岛的 Pingelap 人中却有 4%～10% 的全色盲患者。经遗传学家调查证实，导致岛上全色盲发病率增高的原因是遗传漂变。因为 1780—1790 年，一次台风袭击了该岛，造成人口大量死亡，只留下 9 个男人和数目不详的女人，推测可能其中 1 人或几人是全色盲基因携带者，由于小群体中婚配的限制，而使后代出现了全色盲的高发病率。

四、隔离

由于自然条件或宗教、地理原因、民族风俗习惯等因素所形成的隔离（isolation）使该群体可能会从一个大群体中分离出来一个小群体，在这个小群体中与其他人群无基因交流，由于某种偶然因素有某些隐性突变基因携带者，在逐代传递中该基因的频率在小的隔离人群中特别高；也可能出于偶然，某等位基因不可传递而消失，仅有另一等位基因，这种机制称为奠基者效应（founder effect）。

五、迁移

迁移（migration）是指具有某一基因频率群体的某一部分个体，因某种原因迁移与其基因频率不同的另一群体中，并定居婚配，从而改变了原有群体的基因频率，形成基因流（gene flow）使群体间的基因差异逐渐消失。大规模的迁移会形成巨大的迁移压力，从而引起群体遗传结构的改变。

例如，人类对苯硫脲（PTC）的尝味能力是一种常染色体隐性遗传性状。在欧洲和西亚白色人种中，PTC 味盲者（tt）频率为 36%，味盲基因频率（t）为 0.60。我国汉族人群中，PTC 味盲者（tt）频率为 9%，味盲基因频率（t）为 0.30。而我国宁夏甘肃一带回族聚居的人群中，味盲者（tt）频率为 20%，味盲基因频率（t）为 0.45。这可能是唐朝时，欧洲和西亚人，尤其是西亚波斯人，沿丝绸之路到长安进行贸易，之后又在宁夏附近定居，与汉族通婚，逐渐形成的一个群体。

六、非随机婚配

理想的哈迪－温伯格平衡群体婚配应该是随机的。但由于人类活动范围受到限制，婚配往往受到隔离地区、少数民族、习俗宗教等因素影响，导致群体中各个体之间的婚配常难以达到随机性，而且常因群体较小或其他某些原因，使有亲缘关系的人相互婚配机会增多，这种近亲婚配可增高 AR 遗传病的发病率。两个婚配个体间的亲缘关系愈近，后代基因纯合发生的概率就愈高。近亲婚配也是改变群体遗传结构的主要因素，在评估近亲婚配的危害时，近婚系数具有重要意义。

（一）近婚系数

近婚系数（inbreeding coefficient，F）是指近亲婚配使子女从共同祖先获得一对相同等位基因成为纯合子的概率。由于婚配双方是近亲，可能把来自共同祖先的同一基因同时传给他们的子女，这样同一基因纯合概率就会增加。如果纯合的是 AR 致病基因，那么子女就要患病。

1. 常染色体基因的近婚系数 分析表兄妹结婚的近婚系数（图 9-1）。祖父的基因型为 A_1A_2，祖母的基因型为 A_3A_4，根据近婚系数的定义，需要计算表兄妹结婚的孩子 S 的基因型为 A_1A_1、A_2A_2、A_3A_3 和 A_4A_4 四种之一的概率。从（图 9-1）可以看出，A_1 传递到 S 有两条途径：①从 P_1 到 B_1 到 C_1 到 S；②P_1 到 B_2 到 C_2 到 S。这其中每一步传递的概率都是 1/2，则每一条途径使 S 获得 A_1 基因型的概率为 $(1/2)^3$，S 获得 A_1A_1 基因型的频率为 $(1/2)^3 \times (1/2)^3 = (1/2)^6$。同理，S 获得 A_2A_2、A_3A_3 或 A_4A_4 基因型的概率也为 $(1/2)^6$。这样，S 的近婚系数为 $4 \times (1/2)^6 = 1/16$。

同理可知，常染色体基因一级亲属的近婚系数为 1/4，二级亲属的近婚系数为 1/8，三级亲属的近婚系数为 1/16。

2. X 连锁基因的近婚系数 对于 X 连锁基因，男性传给女儿的概率为 1，传给儿子的概率为 0。因为男性只有 1 条 X 染色体，基因不存在纯合性问题。根据近婚系数的定义，父母近亲结婚时，对儿子无影响，X 连锁基因的近婚系数为 0。同时，从传递特点来看，男性的 X 连锁基因一定传给他的女儿，所以传递概率为 1；因此，在计算有关 X 连锁基因的近婚系数时，只计算女儿的 F 值。分别是姨表兄妹、舅表兄妹、姑表兄妹和堂表兄妹婚配的 X 连锁基因的传递图解。

姨表兄妹婚配中（图 9-2），基因 X_1 由 P_1 经 B_1、C_1 传至 S 的传递路线中，只计算 1 步（B_1 传至 C_1）；基因 X_1 经 B_2、C_2 传至 S 需计算 2 步（B_2 传至 C_2 再传至 S），两条路线共需 3 步，故 S 为 X_1X_1 的概率为 $(1/2)^3$。基因 X_2 从 P_2 经 B_1、C_1 传至 S 需计算 2 步，基因 X_2 从 P_2 经 B_2、C_2 传至 S 却需计算 3 步，所以 S 为 X_2X_2 的概率为 $(1/2)^5$；同理 S 为 X_3X_3 的概率也是 $(1/2)^5$。因此，姨表兄妹婚配的近交系数为 $(1/2)^3 + 2 \times (1/2)^5 = 3/16$。

舅表兄妹婚配（图 9-3），基因 X_1 从 P_1 传至 B_2 时中断，不能形成 X_1X_1。基因 X_2 从 P_2 经 B_1、C_1 向 S 传递，需计算传递 2 步；基因 X_2 从 P_2 经 B_2、C_2 向 S 传递，也需计算传递 2 步；所以 S 为 X_2X_2 的概率为 $(1/2)^4$；同理 S 为 X_3X_3 的概率也是 $(1/2)^4$，故舅表兄妹婚配的近交系数为 $2 \times (1/2)^4 = 1/8$。

姑表兄妹婚配（图 9-4），基因 X_1 从 P_1 传至 B_2 时中断，基因 X_2 和 X_3 从 P_2 经 B_1 传至 C_1 时中断，故近交系数为 0。

堂兄妹婚配（图 9-5），基因 X_1 从 P_1 传至 B_1 时中断，基因 X_2、X_3 从 P_2 经 B_1 传至 C_1 时中断，故近交系数也为 0。

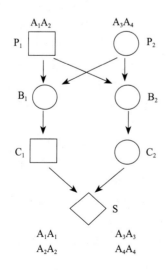

图 9-1 表兄妹婚配基因传递图解

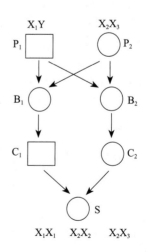

图 9-2 姨表兄妹婚配 X 连锁基因传递图解

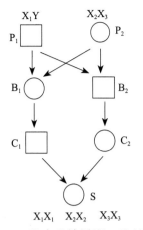

图 9-3 舅表兄妹婚配 X 连锁基因传递图解

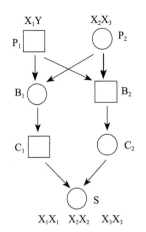

图 9-4 姑表兄妹婚配 X 连锁基因传递图解

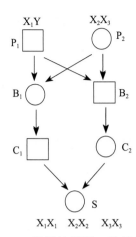

图 9-5 堂兄妹婚配 X 连锁基因传递图解

因此，仅就 X 连锁基因来看，姨表兄妹婚配的近婚系数大于舅表兄妹婚配；姑表兄妹和堂兄妹婚配的近婚系数均为 0。

（二）近亲婚配的危害

近亲婚配的危害，主要表现在隐性遗传病纯合子患者的频率增高。自然群体由于近亲婚配导致隐性纯合的概率，与随机婚配导致隐性纯合概率的比值增大。近婚系数愈大，群体中致病基因频率愈低，则近亲婚配导致隐性纯合的相对风险愈高。所以，愈是罕见的隐性遗传病，病孩出自近亲婚配的概率愈大。另外，近亲婚配使群体中的纯合子增加，也会导致群体适合度的降低，使多基因病的发病率增高。

我国西南地区 7 个少数民族近亲婚配调查资料表明，近亲婚配与随机婚配相比所生子女各种疾病出现率均有增高，如先天畸形增高 2 倍；流产和早产增高 0.55 倍；9 岁前夭折的增高 0.47 倍。这些数据都说明了，近亲婚配对后代的影响，不仅表现在隐性遗传病发病率的增高，而且先天畸形、早产和流产及幼儿早期夭亡的风险也大为提高。

第 10 章 线粒体遗传

　　线粒体（mitochondrion）是真核细胞的能量代谢中心，可通过氧化磷酸化作用，进行能量转换，为细胞提供各种生命活动所需要的能量。人体细胞合成的 ATP 95% 都是由线粒体完成，因此线粒体被称为细胞内的 "能量工厂"。1963 年，Nass 首次在鸡卵母细胞中发现线粒体中存在 DNA，Schatz 于同年分离到完整的线粒体 DNA（mitochondrial DNA，mtDNA），后来研究发现在真核细胞的线粒体中广泛存在 mtDNA，并具有相应的遗传学效应。mtDNA 突变可引起人类许多疾病。

第一节　线粒体的结构与基因组

　　几乎每个人体细胞中都含有线粒体，其分布和数量因组织和细胞类型而异。通常每个细胞有数百个线粒体，神经、肌肉和肝细胞每一个都超过 1000 个线粒体，人类的卵母细胞约有 10 万个线粒体。

　　在电镜下观察到线粒体是由两层单位膜套叠而成的封闭的囊状结构。主要由外膜、内膜、膜间隙和基质组成（图 10-1）。内膜向基质折叠形成嵴，内膜和嵴上附有基粒，现已确定每一个基粒就是一个 ATP 酶复合体，是将呼吸链电子传递过程中释放的能量用于使 ADP 磷酸化形成 ATP，为细胞生命活动提供能量。内膜和嵴包围的空间称为基质，mtDNA 位于基质内。mtDNA 是独立于核基因组之外的遗传物质，人类核基因组包括 24 条染色体，而线粒体基因组常被称为人类的第 25 号染色体或 M 染色体。

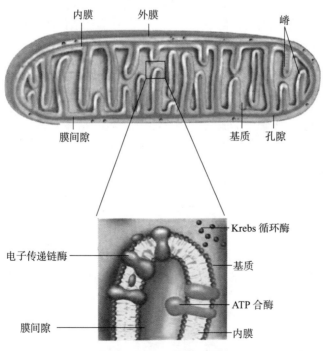

图 10-1　线粒体的组织和结构

引自 L.H. 哈特韦尔，2020

一、线粒体基因组的结构特征

人线粒体 DNA 构成线粒体基因组，1981 年英国剑桥大学 S. Anderson 等完成了人类 mtDNA 全部核苷酸序列测定，与核 DNA（nuclear DNA，nDNA）相比，mtDNA 有特殊的结构特征。

人 mtDNA 全长 16 568bp，不与组蛋白结合，为裸露的双链闭合环状 DNA 分子（图 10-2）。根据其转录产物在 CsCl 中密度的不同分为重链（H 链，heavy chain）和轻链（L 链，light chain），外环为重链，富含鸟嘌呤（G）；内环为轻链，富含胞嘧啶（C）。重链 G∶C 为 2.377，轻链 G∶C 为 0.4207。

mtDNA 分为编码区和非编码区，编码区包括 37 个基因，分别编码 13 种多肽链、22 种 tRNA 和 2 种 rRNA。其中，H 链编码 12 种多肽链、12SrRNA、16SrRNA 和 14 种 tRNA，而 L 链仅编码 1 种多肽链和 8 种 tRNA。线粒体基因组各基因之间排列极为紧密，无内含子，非编码区很少，基因间隔区只有 87bp，占 mtDNA 总长度的 0.5%。部分基因有重叠现象，即前一个基因的最后一段碱基与下一个基因的第一段碱基相衔接，利用率极高。因而，mtDNA 任何区域的突变都可能导致线粒体氧化磷酸化功能的病理性改变，mtDNA 突变率很高，为核 DNA 的 10 倍以上。

mtDNA 有两段非编码区，一段是控制区（control-region，CR），又称 D 环区（displacement loop region，D-loop），另一段是 L 链复制起始区（O$_L$）。D 环区位于双链 3′ 端，由 1122bp 组成，与 mtDNA 的复制及转录有关，它包含 H 链复制起始点（O$_H$）、H 链和 L 链转录的启动子（P$_H$、P$_L$）及 4 个高度保守的序列（分别在 213~235bp、299~315bp、346~363bp 和终止区 16 147~16 172bp）。mtDNA 两个复制起点（O$_H$、O$_L$）分别启动复制 H 链和 L 链。L 链的复制是在 H 链复制完成约 2/3 时才开始复制。复制的时间不同于细胞核 DNA 复制，不仅仅在 S 期，而是贯穿于整个细胞周期。转录是由位于 D-loop 区域的两个启动子 P$_H$ 和 P$_L$ 分别同时起动，H 链和 L 链的转录方向相反。

与 nDNA 不同，mtDNA 分子上无核苷酸结合蛋白，缺少组蛋白的保护，基因与基因之间少有间隔，而且线粒体内无 DNA 损伤的修复系统，这些成为 mtDNA 易于突变且突变容易得到保存的分子基础。mtDNA 的另一特点是每一个细胞中含有数百个线粒体，每个线粒体内含有 2~10 个拷贝的 mtDNA 分子，由此每个细胞可具有数千个 mtDNA 分子，因此 mtDNA 具有高度的异质性（表 10-1）。

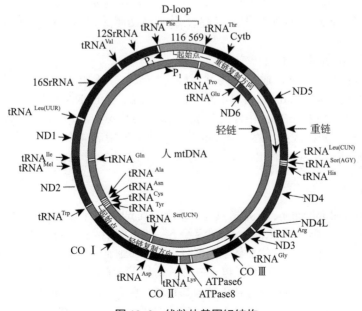

图 10-2　线粒体基因组结构

表 10-1　核基因组和线粒体基因组的比较

	核基因组	线粒体基因组
大小	约 3.28×10^9 bp	16 568 bp
DNA 分子的类型	线性 DNA 分子	环形 DNA 分子
蛋白质编码基因数	21 000 个左右	13 个
RNA 基因数目	不确定	24 个
相关蛋白	不同类型的组蛋白和非组蛋白	没有组蛋白
内含子	大多数基因具有内含子	无内含子
编码 DNA	约 3%	约 93%
密码子	61 个氨基酸密码子 +3 个终止密码子	60 个氨基酸密码子 +4 个终止密码子
复制	DNA 聚合酶	DNA 聚合酶
转录	每个基因转录	全基因组转录
重组	同源重组	无重组现象
遗传方式	孟德尔遗传	母系遗传

二、线粒体基因组的遗传特征

（一）半自主性

线粒体具有自己的 DNA 和遗传体系，能够独立地复制、转录和翻译，因而表现出一定的自主性。但是 mtDNA 的基因数量少，在线粒体所含 1000 多种蛋白质中，呼吸链氧化磷酸化系统酶复合物的 80 多种蛋白质亚基中，mtDNA 仅编码 13 种，绝大部分需要依赖于 nDNA 编码。此外，维持线粒体结构和功能的大分子复合物也需要 nDNA 编码，这些蛋白质在胞质中合成后，经特定的方式和途径转运至线粒体。另外，mtDNA 的转录还受 nDNA 调控，线粒体氧化磷酸化系统的组装和维持需要 nDNA 和 mtDNA 的协同作用。因此，线粒体功能受 nDNA 和 mtDNA 两套遗传系统共同控制，具有半自主性。

（二）遗传密码和通用密码不同

线粒体的遗传密码和 nDNA 通用密码并不完全一致。在人类 mtDNA 密码中，有 4 个密码子和 nDNA 通用密码不同：mtDNA 中 UGA 编码色氨酸，在 nDNA 中是终止密码子；mtDNA 中 AUA 编码起始甲硫氨酸，nDNA 中编码异亮氨酸；mtDNA 中 AGA、AGG 是终止密码子，在 nDNA 中编码都是精氨酸；因此，在人类 mtDNA 遗传密码中有 4 个终止密码子（UAA、UAG、AGA 和 AGG）。另外，线粒体的 tRNA 兼并性较强，仅用 22 个 tRNA 就可识别多达 48 个密码子。

（三）母系遗传

母系遗传（maternal inheritance）是指只有母亲能将其 mtDNA 传递给她的子女，再通过女儿传递给下一代，而她的儿子则不能将 mtDNA 传递给下一代（图 10-3）。母系遗传不同于经典的孟德尔遗传。这是因为人类受精卵中的线粒体绝大部分来自于卵细胞，即来自母系，卵细胞含有十多万个 mtDNA 分子，而精子只有约几百个，相对于卵子而言，精子对线粒体基因的影响很小。另一原因是用于推动精子运动的大量线粒体存在于精子基底部，在受精时精子尾部会丢失，从而导致精子中的 mtDNA 不能进入卵细胞，在精卵结合时，精子提供的几乎只是细胞核，受精卵中的 mtDNA

几乎全部来自卵子。由于 mtDNA 是母系遗传，mtDNA 的突变也以母系遗传的方式传递。因此，如果在某个家族中发现一些成员具有相同的临床症状，并且是从受累的女性传递下来，就应考虑 mtDNA 异常的可能性，通过分析 mtDNA 的序列进一步确诊。

（四）复制分离与"遗传瓶颈"

mtDNA 在减数分裂和有丝分裂期间都要经过复制分离（replicative segregation）。细胞分裂时，复制后的野生型 mtDNA 和突变型 mtDNA 发生分离，随机的分配到子细胞中，使子细胞中有不同比例的突变型 mtDNA。异质性细胞中突变型 mtDNA 的比例在不同世代交替间变化显著。女性卵母细胞中虽约含有 10 万个线粒体，但在卵母细胞成熟时绝大多数线粒体会消失，只有 10～100 个可以随机进入成熟的卵细胞传给子代。这种在卵细胞成熟过程中线粒体数目锐减的过程称为遗传瓶颈（genetic bottleneck）。遗传瓶颈使得只有少数线粒体真正传给后代，这也是造成亲代与子代之间差异的原因（图 10-4）。此后，经过早期胚胎细胞分裂，线粒体通过自我复制，使数目达到每个细胞含有十万个或更多。如果通过遗传瓶颈保留下来的一个或多个线粒体携带一种突变基因，那么这个突变基因就可能在发育完成之后的个体中占有一定的比例。这个比例的高低决定新个体是否发生线粒体遗传病。

（五）异质性与阈值效应

人类每个细胞中含有数千个乃至十万个 mtDNA 分子。同质性（homoplasmy）是指一个细胞或组织中所有的线粒体具有相同的基因组，或者都是野生型序列，或者都是突变型序列。异质性（heteroplasmy）则表示一个细胞或组织中携带两种或两种以上的线粒体基因组。如一个细胞既含有

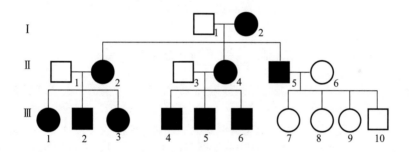

图 10-3　母系遗传典型系谱

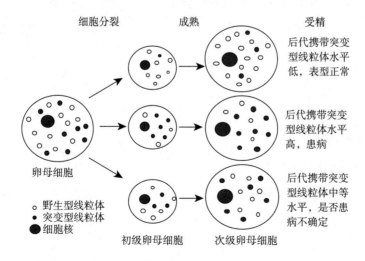

图 10-4　线粒体遗传瓶颈与复制分离

引自杨保胜，2023

野生型，又含有突变型线粒体基因组。在异质性细胞或组织中，突变型 mtDNA 与野生型 mtDNA 的比例，以及该组织对能量的依赖程度决定了是否出现疾病表型。如果携带突变型线粒体数量很少，则产能不会受到明显的影响。相反，当含有大量突变型线粒体基因组的组织细胞中，产生的能量可能不足以维持细胞的正常功能，就会造成组织中能量供应水平降低，进而影响组织的功能，并出现异常的性状，即线粒体病。也就是说，线粒体病存在表型表达的阈值。突变 mtDNA 的比例需达到一定程度才足以引起某种组织器官功能异常，这称为阈值效应（threshold effect）。这种线粒体基因突变产生有害影响的阈值明显地依赖于受累细胞或组织对能量的需求。因此，那些高需能的组织，如脑、骨骼肌、心脏和肝脏，更容易受到线粒体 DNA 突变的影响。阈值易受突变类型、组织、年龄变化的影响，所以，同一线粒体突变在不同个体导致的症状和症状的严重程度变化较大。

（六）突变率高

mtDNA 的结构特征和所在位置使其突变率高，mtDNA 突变率比 nDNA 高 10～20 倍，其原因有以下几点：① mtDNA 是裸露分子，不与组蛋白结合，缺乏组蛋白的保护；② mtDNA 存在于线粒体基质内或附着在线粒体内膜，直接暴露于呼吸链代谢产生的超氧自由基和电子传递产生的羟自由基中，极易受到氧化损伤；③ mtDNA 复制频率较 nDNA 高，且复制时不对称，亲代 H 链被替换下来后，长时间处于单链状态，直至子代 L 链合成，而单链 DNA 可自发脱氨基，导致点突变；④线粒体内缺乏有效的 DNA 损伤修复能力；⑤ mtDNA 中基因排列非常紧凑，无内含子序列，有些基因之间没有间隔，有时有基因重叠，任何 mtDNA 的突变都可能影响到其基因组内一个重要功能区域。mtDNA 的高突变率不但会产生一些致病突变体，还产生更多的序列多态性，导致个体间的高度差异，适用于研究群体遗传学和法医学等。

第二节　线粒体基因突变

自 1988 年发现第一个 mtDNA 突变导致线粒体肌病的病例以来，目前在线粒体基因组中已发现 400 多个点突变，200 多种缺失和重排，约 60% 的点突变影响 tRNA，35% 影响多肽链的亚单位，5% 影响 rRNA（表 10-2）。mtDNA 基因突变可影响氧化磷酸化功能，使 ATP 合成减少，一旦线粒体不能为细胞提供足够的能量时，则可引起细胞退变甚至坏死，导致一些组织和器官功能的减退，出现相应的临床症状。

表 10-2　常见的线粒体遗传病及 mtDNA 突变的类型

疾病名称	突变 / 异常
Leber 遗传性视神经病变	G11778A、T14484C、G3460A
线粒体肌病	G15059A
神经病 – 共济失调 – 色素性视网膜炎综合征	T8993G、T8993C
亚急性坏死性脑脊髓病	T8993G、T8993C
肌阵挛癫痫伴破碎红纤维综合征	A8344G
线粒体脑肌病伴高乳酸血症和卒中样发作	A3243G、A3251G、T3271C
线粒体糖尿病	T14709C
母系遗传的线粒体心肌病	C3303T
糖尿病耳聋综合征	A3243G、C12258A

（续表）

疾病名称	突变／异常
氨基苷类抗生素引起的耳聋	A1555G
Kearns-Sayre 综合征	del 8469～13447+/−

确定一个 mtDNA 是否为致病性突变，有以下几个标准：①突变发生在进化上高度保守的位点或具有重要功能的区域；②该突变能引起呼吸链缺损；③正常人群中未发现该 mtDNA 突变型，在来自不同家系但有类似表型的患者中发现相同的突变；④当突变是异质性时，异质性程度与疾病严重程度呈正相关。mtDNA 突变的类型主要包括点突变、大片段重组和 mtDNA 数量减少。

一、点突变

点突变发生的位置不同，所产生的效应也不同。mtDNA 点突变可以出现在编码蛋白质、tRNA 或 rRNA 的基因。目前发现的与疾病相关的点突变，2/3 发生在与线粒体内蛋白质翻译有关的 tRNA 或 rRNA 基因，使 tRNA 和 rRNA 的结构异常，影响 mtDNA 编码的全部多肽链的翻译过程，导致呼吸链中多种酶合成障碍。这类突变主要与线粒体肌病相关，如肌阵挛癫痫伴破碎红纤维综合征（MERRF 综合征）、线粒体脑肌病伴高乳酸血症和脑卒中样发作（MELAS 综合征）、母系遗传的线粒体心肌病。点突变发生在 mRNA 相关的基因上，可导致多肽链合成过程中的错义突变，进而影响氧化磷酸化相关酶的结构及活性，使细胞氧化磷酸化功能下降。这类突变主要与脑脊髓性及神经性疾病有关，如 Leber 遗传性视神经病变（LHON）和神经肌病等。

二、大片段重组

mtDNA 的大片段重组包括缺失和重复，以缺失较为常见。大片段的缺失往往涉及多个基因，可导致线粒体氧化磷酸化功能下降，产生的 ATP 减少，从而影响组织器官的功能。最常见的缺失是 8483～13459 位碱基之间 5.0kb 的片段，该缺失约占全部缺失患者的 1/3，故称"常见缺失"（common deletion），缺失的片段包含 A8、A6、COX Ⅲ、ND3、ND4L、ND4、ND5 及部分 tRNA 基因的丢失，造成氧化磷酸化中某些多肽不能生成，ATP 生成减少，多见于 Kearns-Sayre 综合征（KSS）、缺血性心脏病等；另一个较为常见的缺失是 8637～16073 位碱基之间 7.4kb 的片段，该缺失丢失了 A6、COX Ⅱ、ND3、ND4L、ND4、ND5、ND6、cytb、部分 tRNA 和 D 环区的序列，多见于与衰老有关的退行性疾病；其他常见的缺失是第 4389～14812 位 10.4kb 的片段，包含 mtDNA 大部分基因，由于大部分基因缺失，能量代谢受到严重破坏。引起 mtDNA 缺失的原因可能是 mtDNA 的异常重组或在复制过程中的异常滑动所致。

三、mtDNA 数量减少

这种突变较少，仅见于一些致死性婴儿呼吸障碍、乳酸中毒或肌肉、肝、肾衰竭的病例。mtDNA 数量的减少可为常染色体显性或隐性遗传，提示这种突变是由核基因组和线粒体基因组共同作用的结果。

第三节　线粒体病的遗传特点及分类

一、母系遗传

线粒体 DNA 突变引起线粒体病，呈现为母系遗传，这是由人类受精的特点决定的。精卵结合形成的受精卵中 mtDNA 几乎全部来自卵母细胞，因此只有母亲的线粒体病可遗传给子女，而父亲的线粒体病不会遗传给后代。但由于受精卵成熟过程中只有一小部分线粒体成熟并通过细胞分裂传给子细胞，加之细胞分裂过程中的复制分离和遗传漂变现象，所以并非女性患者的后代全部发病，而且发病年龄也不一致；甚至一些女性患者本身表型正常，但可将本病传给下一代。

线粒体病母系遗传与常染色体病的 X 连锁遗传不同，前者只能由母亲传递给儿子和女儿，且只有女儿再传递给下一代，男性患者是不会传递给下一代的；而后者中男女患者都可以将疾病传递给下一代，且存在交叉遗传现象。

二、阈值效应

mtDNA 突变表型由野生型 mtDNA 与突变型 mtDNA 的相对比例以及该组织对能量的依赖程度决定的。通常突变的 mtDNA 达到一定数量时，才引起某种组织或器官的功能异常，这种能引起特定组织器官功能障碍的突变 mtDNA 的最小数量称为阈值。如 LHON 为母系遗传病，其家族中同质性较常见，异质性 LHON 家族中突变 mtDNA 的阈值水平 $\geqslant$ 70%。

阈值是一个相对概念，易受突变类型、组织、细胞核遗传背景、老化程度变化的影响。例如，缺失 5kb 变异的 mtDNA 比率达 60%，就急剧地丧失产生能量的能力，而线粒体脑肌病伴高乳酸血症及卒中样发作综合征（MELAS）患者 tRNA 点突变的 mtDNA 达到 90% 以上时能量代谢才急剧下降。

不同的组织器官对能量的依赖程度不同，对能量依赖程度较高的组织比其他组织更易受到氧化磷酸化损伤的影响，较低的突变型 mtDNA 水平就会引起临床症状。中枢神经系统对 ATP 依赖程度最高，对氧化磷酸化系统缺陷敏感，易受阈值效应的影响而受累。其他依次为骨骼肌、心脏、胰腺、肾脏、肝脏。如肝脏中突变 mtDNA 达 80% 时，尚不表现出病理症状，而肌组织或脑组织中突变 mtDNA 达到同样比例时就表现为疾病。

同一组织在不同功能状态对氧化磷酸化系统损伤的敏感性也不同。如线粒体脑肌病患者在癫痫突然发作时，对 ATP 的需求骤然增高，脑细胞中因突变型 mtDNA 增加无法满足这一需要，导致细胞死亡，表现为梗塞或梗死。

线粒体肌病的临床多样性也与发育阶段有关。例如，肌组织中 mtDNA 的部分耗损或耗竭在新生儿中不引起症状，但受损的氧化磷酸化系统不能满足机体生长对能量代谢日益增长的需求，就会表现为肌病。散发性 KSS 和进行性眼外肌瘫痪（PEO）患者均携带大量同源的缺失型 mtDNA，但却有不同的临床表现：KSS 为多系统紊乱，PEO 主要局限于骨骼肌，可能是由于 mtDNA 缺失发生在囊胚期之前或之中，在胚层分化时，如果缺失 mtDNA 相对均一地进入所有胚层，将导致 KSS；仅分布在肌肉内将导致 PEO。

突变 mtDNA 随年龄增加在细胞中逐渐积累，因而线粒体病常表现为与年龄相关的渐进性加重。在一个肌阵挛癫痫伴破碎红纤维综合征（MERRF）家系中，有 85% 突变 mtDNA 的个体在 20 岁时症状很轻微，但在 60 岁时临床症状却相当严重。

三、核质协同性

线粒体疾病受线粒体基因组和核基因组两套遗传系统共同控制，表现为核质协同作用的特点。首先，线粒体有相对独立的遗传系统和特点，mtDNA 突变可导致线粒体病发生；其次，线粒体遗传系统受 nDNA 制约，如 tRNA 合成酶、mtDNA 聚合酶等由 nDNA 控制合成，nDNA 突变也可导致线粒体病；再次，mtDNA 突变的症状表现与其核基因组背景有关；最后，有些线粒体病如 KSS，既有 nDNA 突变，也有 mtDNA 突变。因此，线粒体疾病有些表现为母系遗传，有些表现为孟德尔式遗传，有些为散发性遗传。

四、线粒体疾病的分类

线粒体病种类较多，涉及多个学科。因此，根据不同学科的角度，可将线粒体病分成不同的类型。从发病机制的不同，线粒体病可分为三大类，即 mtDNA 基因突变型、nDNA 缺陷型、mtDNA 和 nDNA 联合缺陷型。

从临床角度可根据病变累及的器官或系统对线粒体病进行分类：①病变以中枢神经系统为主，则称为线粒体脑病；②病变以骨骼肌为主，称为线粒体肌病；③病变同时涉及中枢神经系统和骨骼肌，则称为线粒体脑肌病。

从生化角度可根据线粒体所涉及的代谢功能，将线粒体病分为五种类型，即底物转运缺陷、底物利用缺陷、三羧酸循环缺陷、电子传递缺陷和氧化磷酸化耦联缺陷。

第 11 章　染色体畸变与染色体病

　　染色体畸变（chromosome aberration）是指染色体发生数目和结构上的改变，可分为数目畸变和结构畸变两大类。染色体畸变可发生在人体任何细胞，个体发育的任何阶段和细胞周期的任何时期。染色体是基因的载体，无论数目畸变，还是结构畸变，其实质都是染色体或染色体节段上的基因群增减或位置转移，使遗传物质发生了改变，因而妨碍了人体相关器官的分化发育，造成机体形态和功能的异常。严重者在胚胎早期夭折并引起自发流产，少数即使能存活到出生，也往往表现有生长和智力发育迟缓、性发育异常及先天性多发畸形。

　　由染色体数目畸变或结构畸变引起的疾病称为染色体病（chromosome disease）。染色体病按染色体种类和表型分为三种，即常染色体病、性染色体病和染色体异常的携带者。染色体病是临床遗传学的主要研究内容之一，对人类危害很大，目前尚无治疗良策。

第一节　染色体畸变的原因

　　染色体畸变可以自发地产生，也可以由外界因素诱发产生，还可以由亲代遗传而来。染色体自发产生的畸变称为自发畸变（spontaneous aberration），由环境因素诱发引起的畸变称为诱发畸变（induced aberration）。目前已知多种因素（如物理因素、化学因素、生物因素和母亲年龄）都可导致染色体畸变。

一、化学因素

　　许多化学物质，如一些化学药品、农药、工业毒物、食品添加剂等都可引起染色体畸变。研究证实，一些抗肿瘤药物（如环磷酰胺、氮芥、甲氨蝶呤、白消安、阿糖胞苷等）均可导致染色体畸变或产生畸形胚胎；抗痉挛药物（如苯妥英钠等）可引起人淋巴细胞多倍体细胞数增高；某些有机农药（如乐果、敌百虫）及农药中的除草剂、杀虫的砷制剂等都会增加染色体畸变率。在化工厂长期接触苯、甲苯、砷、铝、二硫化碳、氯乙烯单体、氯丁二烯等工业毒物或被工业毒物污染的大气、水源等的工人，其自身染色体断裂或生育染色体畸变患儿的概率远高于一般人群；过量使用某些食品防腐剂或色素添加剂［如硝基呋喃基糖酰胺（AF-2）、环己基糖精等］也可引起染色体发生畸变。

二、物理因素

　　大量的电离辐射可以随机地引起各种 DNA 损伤，这些损伤可引发染色体结构畸变。人类所处的辐射环境包括天然辐射和人工辐射。存在于自然空间的各种各样的电离辐射称为天然辐射，但因为其剂量极微，对人体的影响不大。人工辐射主要包括有放射线物质爆炸后散落的放射性尘埃、医用放射线（如 X 线、γ 射线、紫外线等）、职业性照射、事故灾害照射及日常生活辐射等。辐射可损伤体细胞，也可损伤生殖细胞，引起细胞内染色体发生异常。畸变率随射线剂量的增高而增高。如一次照射大剂量的射线，可在短期内引起造血障碍而死亡。长期接受射线治疗或从事放射作业的人员，由于微小剂量的射线不断积累，也会引起体细胞或生殖细胞染色体畸变。不同的射线因电离能力和穿透能力的差异以及照射方式不同，对机体造成的损伤程度也不同，α 射线的电离能力较强，穿透能力较弱，只有当它进入体内时才容易诱发畸变；γ 射线与 α 射线相反，电离能力较弱，穿透能力较强，体外照射就有可能造成染色体畸变。

三、生物因素

生物因素致畸包括两个方面。一方面是由生物体产生的生物类毒素所致，霉菌毒素如黄曲霉素、杂色曲霉素、棒曲霉素等既有一定的致癌作用，又可以引起细胞内染色体畸变。另一方面是某些生物体如病毒本身可引起染色体畸变，尤其是致癌病毒也会引起染色体畸变，如风疹病毒、肝炎病毒、麻疹病毒、EB病毒、乳头瘤病毒、肉瘤病毒等。

四、母亲年龄

母亲生育年龄对染色体畸变的影响是环境因子在体内累积作用的表现形式，这与卵子老化及合子早期所处的宫内环境有关。生殖细胞在母体内停留的时间越长，受到各种因素影响的机会就越多，在以后的减数分裂过程中，越容易产生染色体不分离的生殖细胞而导致染色体畸变。唐氏综合征是一种染色体畸变引起的染色体病，高龄孕妇生育唐氏综合征患儿的风险增高。

第二节　染色体畸变的机制

一、染色体畸变的描述

为了能够统一规范地描述各种染色体畸变，1977年在斯德哥尔摩、1981年在巴黎召开了国际人类细胞遗传学会议，制订了人类细胞遗传学命名的国际体制（International System For Human Cytogenetics Nomenclature，ISCN）。该体制采用一系列的数字、符号和术语对染色体及染色体畸变等进行了统一描述。常用的符号和术语见表11-1。

表11-1　常用的染色体和染色体畸变命名符号和术语

符号术语	意　义	符号术语	意　义
A～G	染色体组的名称	1～22	染色体序号
→	从 ... 到 ...	+或-	在染色体和组号前表示染色体或组内染色体增加或减少；在染色体臂或结构后，表示臂或结构的增加或减少
/	嵌合体	:	断裂
?	染色体分类或情况不明	: :	断裂与重接
ace	无着丝粒断片	cen	着丝粒
chi	异源嵌合体	chr	染色体
ct	染色单体	del	缺失
der	衍生染色体	dic	双着丝粒
dir	正位	dis	远侧
dmin	双微体	dup	重复
e	交换	end	（核）内复制
f	断片	fem	女性
fra	脆性部位	g	裂隙
h	副缢痕	i	等臂染色体

（续表）

符号术语	意　义	符号术语	意　义
ins	插入	inv	倒位
mal	男性	mar	标记染色体
mat	母源的	min	微小体
mn	众数	mos	嵌合体
p	短臂	pat	父源的
Ph	费城染色体	pro	近侧
psu	假	q	长臂
qr	四射体	r	环状染色体
rcp	相互易位	rea	重排
rac	重组染色体	rob	罗伯逊易位
s	随体	t	易位
ter	末端	tr	三射体
tri	三着丝粒	var	可变区

（一）染色体数目畸变的描述

1. 整倍性改变　先写染色体总数，再写性染色体组成，两者之间用逗号隔开。比如，69，XXX 表示染色体总数是 69 条，性染色体组成是三条 X 染色体，为三倍体。

2. 非整倍性改变　先写染色体总数，再写性染色体组成，用逗号隔开，然后写上"+"或"−"号，再写多余或丢失的常染色体号。比如，47，XY，+18 表示染色体总数是 47 条，性染色体组成是 XY，多了一条 18 号染色体。46，XX，+18，−21 表示染色体总数是 46 条，性染色体组成是 XX，多了一条 18 号染色体，少了一条 21 号染色体。

（二）染色体结构畸变的描述

写完染色体总数和性染色体组成后，先写上结构畸变的符号，再将染色体重排方式写在括号内，如果涉及两条染色体，则它们名称之间用"；"隔开。染色体经显带染色处理后，各断裂点的位置用其所在的带的名称表示。染色体结构畸变的描述方法有简式和详式两种。

1. 简式　用简式描述染色体结构畸变，依次写明：染色体总数，性染色体组成，结构畸变类型符号（结构畸变染色体序号）（臂区带）。比如，46，XY，del（1）（q41）表示染色体总数是 46 条，性染色体组成是 XY，第 1 号染色体在长臂 4 区 1 带的位置断裂，断点以远的片段丢失。46，XY，t（2；5）（q21；q31）表示染色体总数是 46 条，性染色体组成是 XY，第 2 和第 5 号染色体之间相互易位，两染色体的断裂点分别是 2q21 和 5q31。两无着丝粒的断片易位后接合。

2. 详式　用详式描述染色体结构畸变，依次写明染色体总数、性染色体组成、结构畸变类型符号（结构畸变染色体序号）（衍生染色体带的组成）。详式与简式区别在最后一个括弧中除了描述染色体的断裂点，还描述重排染色体带的组成。

简式：46，XY，t（2；5）（q21；q31）

详式：46，XY，t（2；5）（2pter → 2q21：：5q31 → 5qter；5pter → 5q31：：2q21 → 2qter）

这里两条衍生的染色体的构成分别是：①一条由 2 号染色体短臂末端到 q21 这一段连接上 5 号

染色体从 q31 到长臂末端这一片段组成；②另一条由 5 号染色体短臂末端到 q31 的片段连接上 2 号染色体从 q21 到长臂末端这一片段组成。

（三）嵌合体的描述

个体中不同细胞系的核型按染色体的数目依次写出，用"/"分隔不同的核型。比如，45，X/46，XY 表示具有两个细胞系的嵌合体，其中一个为缺少一条性染色体的 X 单体型。

二、染色体数目畸变及其产生机制

正常人类体细胞是二倍体（diploid），含有两个染色体组，以 $2n$ 表示，即 $2n=46$ 条染色体，包括 22 对常染色体和 1 对性染色体；精子或卵子是单倍体（haploid），含有一个染色体组，以 n 表示，即 $n=23$ 条染色体，分别含有 22 条常染色体和 1 条性染色体。以正常人二倍体数目为标准，体细胞的染色体数目整组或整条的增加或减少，称为染色体数目畸变（chromosome numerical aberration），包括整倍性改变和非整倍性改变两种形式。

（一）染色体整倍性改变

染色体整倍性改变是指染色体数目以 n（$n=23$）为基数成倍地增加或减少。正常人体细胞（$2n$）如果减少 1 个染色体组即为单倍体（n），目前人类只有的精子和卵子是单倍体，临床上尚未发现由单倍体细胞发育成胚胎的报道。

1. 整倍性改变的类型

(1) 三倍体（triploid）：在 $2n$ 的基础上，增加一个染色体组（n），则染色体数为 $3n$，即三倍体，染色体总数为 69 条。

(2) 四倍体（tetraploid）：在 $2n$ 的基础上，增加 2 个染色体组，则染色体数为 $4n$，即四倍体，染色体总数为 92 条。

三倍体以上，又称为多倍体（polyploid）。

2. 整倍性改变的形成机制　染色体整倍性改变的机制主要有双雄受精、双雌受精、核内复制和核内有丝分裂。

(1) 双雄受精（diandry）：两个正常的精子同时与一个正常的卵子受精，形成三倍体的受精卵，即形成 69，XXX、69，XXY、69，XYY 三种类型的受精卵（图 11-1）。

(2) 双雌受精（digyny）：一个二倍体的异常卵子与一个正常的精子受精，形成三倍体的受精卵，即形成 69，XXX、69，XXY。卵子在发生过程中，由于某种原因，次级卵母细胞在进行减数分裂 Ⅱ 时未能形成第二极体，因此应分给第二极体的染色体仍留在母细胞中，使该卵细胞内保留了两组染色体，形成了二倍体异常卵子。当它与一个正常精子结合后，就形成了含有 3 个染色体组的三倍体（图 11-2）。

(3) 核内复制（endoreduplication）：在一个细胞周期中，染色体连续复制了 2 次，而细胞只分裂一次，形成 2 个四倍体的子细胞。核内复制多发生在肿瘤细胞。

(4) 核内有丝分裂（endomitosis）：在一个细胞周期中，染色体正常复制了 1 次，但在细胞分裂中期，核膜未破裂，也无纺锤体形成，因此不能出现后期染色单体的分离和胞质的分裂，造成染色体数目的加倍，形成四倍体。

双雄受精和双雌受精是三倍体形成的机制；核内复制和核内有丝分裂则主要是四倍体形成的机制。

（二）染色体非整倍性改变

染色体非整倍性改变是指染色体数目的变化是以 $2n$ 为基数增加或减少了一条或数条。这是临床上最常见的染色体畸变类型，在所有的妊娠中至少占 5%。非整倍性改变包括超二倍体和亚二倍体。体细胞染色体数目在 $2n$ 的基础上多了一条或多条，称为超二倍体（hyperdiploid）；体细胞中染色体数目在 $2n$ 的基础上少了一条或多条，称为亚二倍体（hypodiploid）。

1. 非整倍性改变的类型

(1) 单体型（monosomy）：某对染色体减少了一条（2n-1），细胞内染色体总数为45。临床上常见的有45，X、45，XX（XY），-21、45，XX（XY），-22。除了G组染色体单体型和X染色体单体型外，人类尚未发现其他单体型。

(2) 三体型（trisomy）：某对染色体增加了一条（2n+1），细胞内染色体总数为47。这是目前发现的人类染色体数目畸变种类最多的一类。

(3) 多体型（polysomy）：某对染色体增加了两条或两条以上的称为多体型。主要见于性染色体异常，如四体型的48，XXXX、48，XXXY、48，XXYY和五体型的49，XXXXX、49，XXXYY等。性染色体增加的越多，临床症状越严重。

(4) 嵌合体：含有两种或两种以上不同核型细胞系的个体即称为嵌合体。若不同的细胞系来源于同一受精卵则称为同源嵌合体（mosaic）；来源于不同受精卵的，称为异源嵌合体（chimera）。如46，XX/47，XXY、45，X/46，XX等。

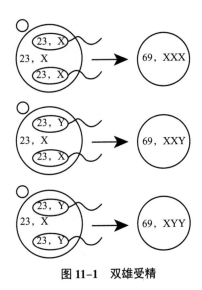

图 11-1 双雄受精

有时细胞中某些染色体的数目发生了异常，有的减少，有的增加，而减少和增加的染色体数目相等，结果染色体总数不变，还是2n=46条染色体，但不是正常的二倍体核型，故称为假二倍体（pseudodiploid）。

2. 非整倍体改变的形成机制

(1) 染色体不分离（non-disjunction）：在细胞分裂中、后期时，如果某一对同源染色体或姐妹染色单体彼此没有分离，而是同时进入同一个子细胞，结果所形成的两个子细胞中，一个将因染色体数目增多而形成超二倍体，另一个则因染色体数目减少而成为亚二倍体，这个过程称为染色体不分离。染色体不分离是造成非整倍体形成的最常见的原因，可发生在配子形成时的减数分裂过程中，也可发生在细胞的有丝分裂过程中。

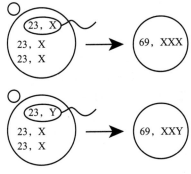

图 11-2 双雌受精

①减数分裂不分离：若不分离发生在配子形成过程中的减数分裂Ⅰ，使得某一对同源染色体不分离，同时进入一个子细胞，则所形成的配子中，一半有24条染色体（n+1），另一半将有22条染色体（n-1）。与正常配子受精后，将形成单体型（2n-1）和三体型（2n+1）。若不分离发生减数分裂Ⅱ姐妹染色单体不分离，所形成的配子的染色体数将有以下几种情况，如1/2为n、1/4为（n-1）、1/4为（n+1）。它们与正常配子受精后，得到二倍体、单体型和三体型（图11-3）。

②有丝分裂不分离：在受精卵形成后的卵裂早期，若有丝分裂过程中发生染色单体的不分离也可以导致非整倍体产生，最终形成的个体可能含有两种或两种以上不同核型的细胞，即为嵌合体。若第一次卵裂时某条染色体的两条姐妹染色单体不分离，结果造成其中一个子细胞有47条染色体，即三体型，另一个子细胞只有45条染色体，形成单体型。这两种染色体数目异常的细胞各自继续分裂，最终形成的个体为47/45的嵌合体；如果第一次卵裂正常，而在第二次卵裂时，其中一个子细胞某条染色体发生姐妹染色单体不分离，则形成46/45/47的嵌合体（图11-4）。显然，这种染色体的不分离发生的越晚，正常二倍体细胞系所占的比例就越大，临床症状也就越轻。

(2) 染色体丢失（chromosome loss）：是指在细胞分裂后期，由于某种原因，某一条染色体未与纺锤丝相连或行动迟缓不能移向任何一极参与子细胞核的形成，使子细胞核少了一条染色体。未能进入细胞核内的染色体遗留在细胞质中，逐渐消失。丢失若发生在配子形成过程中，则可形成n和n-1两种类型的配子，后者与正常配子结合，则可形成单体型合子（2n-1）。若丢失发生在受精卵早

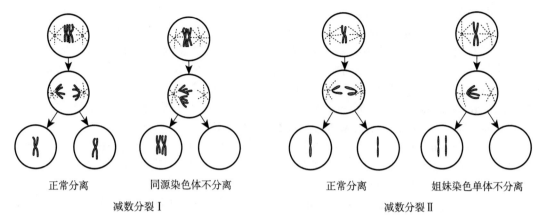

正常分离　　同源染色体不分离　　　　　正常分离　　姐妹染色单体不分离

减数分裂 Ⅰ　　　　　　　　　　　　减数分裂 Ⅱ

图 11-3　减数分裂过程中染色体不分离

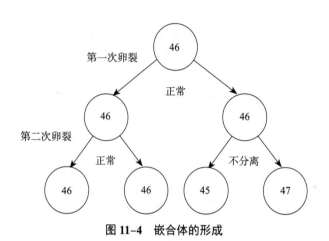

图 11-4　嵌合体的形成

期卵裂阶段，则可形成单体型（2n-1）和二倍体（2n）两个细胞系所组成的嵌合体（图 11-5）。

三、染色体结构畸变及其产生机制

（一）染色体结构畸变产生的机制

染色体结构是相对稳定的，但在物理因素、化学因素、生物因素和遗传因素等的刺激下，有时会发生断裂（breakage）。染色体断裂后如果断片之间原位重接，染色体恢复正常，不引起遗传效应，称为愈合或重合（reunion）。如果染色体断裂后未在原位重接，断片移动位置与其他片段相接或者丢失，则可引起染色体结构畸变。染色体结构畸变（chromosomal structure aberration）是指染色体断裂后，断片丢失或重排。因此，染色体断裂而非原位再接合是染色体结构畸变产生的机制。染色体片段的接合只能发生在染色体断裂产生的断端之间。断端和染色体的正常末端即端粒之间不能接合；染色体的端粒之间也不能接合。

（二）染色体结构畸变的类型

临床上常见的染色体结构畸变有缺失、重复、易位、倒位、环状染色体和等臂染色体等。

1. 缺失（deletion，del） 是指染色体部分片段的丢失，使位于这个片段上的基因也随之发生丢失。按照染色体断裂点的数量和位置可分为末端缺失和中间缺失。

(1) 末端缺失（terminal deletion）：指染色体的臂发生一次断裂后断端以远的片段丢失。可以是短臂末端丢失，也可以是长臂末端丢失。如图 11-6 所示，第 1 号染色体的长臂的 2 区 1 带发生断裂，其断点远侧段（q21 → qter）丢失，余下的染色体是由短臂末端至长臂的 2 区 1 带所构成。这种结构畸变的简式描述为 46,XX（XY），del（1）（q21）；详式描述为 46,XX（XY），del（1）（pter → q21：）。

（2）中间缺失（interstitial deletion）：指一条染色体的同一臂上发生了两次断裂，两个断点之间的片段丢失，其余的两个断片重接。如图 11-7 所示，1 号染色体长臂上的 q21 和 q31 发生断裂和重接，这两断点之间的片段丢失。这种结构畸变的简式描述为 46,XX（XY），del（1）（q21q31）；详式描述为 46,XX（XY），del（1）（pter → q21：：q31 → qter）。

2. 重复（duplication，dup） 同一条染色体的某个片段增加了一份或两份以上，称为重复。发生的主要原因是同源染色体之间或姐妹染色单体之间的不等交换。

3. 倒位（inversion，inv） 某一染色体同时发生两次断裂，两个断裂点之间的片段旋转 180°后重新连接，使其染色体上基因排列顺序被颠倒称为倒位。目前所记载的倒位几乎涉及所有染色体。染色体的倒位可分为臂内倒位和臂间倒位。

（1）臂内倒位（paracentric inversion）：是指一条染色体的某一臂上同时发生两次断裂，所形成的中间片段旋转 180°后重接。如图 11-8 所示，1 号染色体 p22 和 p34 同时发生了断裂，两断裂点之间的片段倒转后重接，形成了一条臂内倒位染色体，这种结构畸变的简式描述为 46,XX（XY），inv（1）（p22p34）；详式描述为 46,XX（XY），inv（1）（pter → p34：：p22 → p34：：p22 → qter）。

（2）臂间倒位（pericentric inversion）：是指一条染色体的长、短臂各发生一次断裂，中间断片颠倒后重接，则形成一条臂间倒位染色体。如图 11-9 所示，4 号染色体的 p15 和 q21 同时发生断裂，两断裂点之间的片段倒转后重接，形成了一条臂间倒位染色体，这种结构畸变的简式描述为 46,XX（XY），inv（4）（p15q21）；详式描述为 46,XX（XY），inv（4）（pter → p15：：q21 → p15：：q21 → qter）。

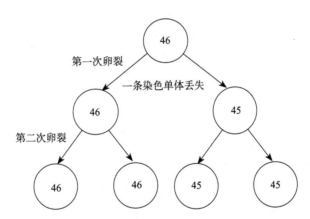

图 11-5　第一次卵裂时染色单体丢失与嵌合体的形成

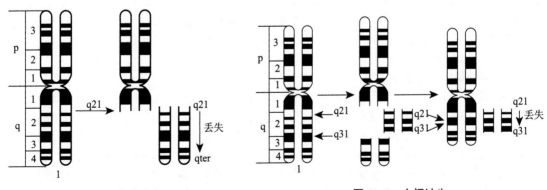

图 11-6　末端缺失　　　　　　　　　　**图 11-7　中间缺失**

4. 易位（translocation，t）　一条染色体的断片移接到另一条非同源染色体上叫易位。易位经常发生在两条非同源染色体之间。根据所涉及的染色体和易位片段及连接形式的不同，又可分为单方易位、相互易位和罗伯逊易位等多种类型。

(1) 单方易位：指一条染色体断片按原方向或倒位插入另一条染色体上，这种易位较少见。

(2) 相互易位（reciprocal translocation）：是两条染色体同时发生断裂，断片相互交换后重接，形成两条新的衍生染色体（derivation chromosome）。当相互易位仅涉及位置的改变而不造成染色体片段的增减时，则称为平衡易位。如图 11-10 所示 2 号染色体长臂 2 区 1 带和 5 号染色体长臂 3 区 1 带同时发生了断裂，两断片交换位置后重接，形成两条衍生染色体。这种结构畸变的简式描述为 46，XX（XY），t（2；5）（q21；q31）；详式描述为 46，XX（XY），t（2；5）（2pter→2q21∶∶5q31→5qter，5pter→5q31∶∶2q21→2qter）。

(3) 罗伯逊易位（Robertsonian translocation，rob）：又称着丝粒融合（centric fusion）这是发生于近端着丝粒染色体的一种易位形式。当两个近端着丝粒染色体在着丝粒部位或着丝粒附近部位发生断裂后，两者的长臂在着丝粒处接合在一起，形成一条衍生染色体。两个短臂则构成一个小染色体，小染色体往往在第二次分裂时丢失，这可能是由于其缺乏着丝粒或者是由于其完全由异染色质构成所致。由于丢失的小染色体几乎全是异染色质，而由两条长臂构成的染色体上则几乎包含了两条染色体的全部基因。因此，罗伯逊易位携带者虽然只有 45 条染色体，但表型一般正常，在形成配子的时候会出现异常，造成胚胎死亡而流产或出生先天畸形患儿。如图 11-11 所示 14 号染色体长臂的 1 区 1 带（14q11）和 21 号染色体的短臂的 1 区 1 带（21p11）同时在着丝粒处发生了断裂，两条染色体带有长臂的断片相互连接，即在着丝粒部位融合，形成的衍生染色体包含了 21 号染色体的 21p11→qter 节段和 14 号染色体 14q11→qter 节段；其余的部分全丢失。简式描述为 45，XX（XY），-14，-21，+rob（14；21）（q11；p11）；详式描述为 45，XX（XY），-14，-21，+rob（14；21）（14qter→14q11∶∶21p11→21qter）。

5. 环状染色体（ring chromosome，r）　一条染色体长、短臂同时发生断裂，断点以远的片段丢失，具有着丝粒片段的两个断端相接成环状，形成环状染色体。如图 11-12 所示，2 号染色体 p21 和 q31 处分别发生断裂，含有着丝粒的中间片段连接形成环状染色体，断点远端的片段丢失。简式描述为 46，XX（XY），r（2）（p21q31）；详式描述为 46，XX（XY），r（2）（p21→q31）。

6. 等臂染色体（isochromosome，i）　一条染色体的两个臂在形态和遗传结构上相同，并由着丝粒连接在一起。等臂染色体可源于两个同源染色体在着丝粒处发生横裂，横裂后长臂及短臂各形成一条等臂染色体，一条由两个长臂构成，另一条由两个短臂构成。人类染色体中最常见的等臂染色体是 Xq 等臂染色体。如图 11-13 所示，X 染色体着丝粒横裂，形成两条等臂染色体，用简式分

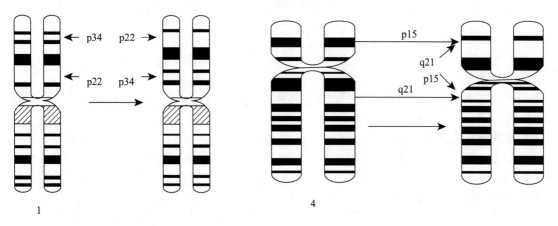

图 11-8　臂内倒位　　　　　　　　　　　图 11-9　臂间倒位

115

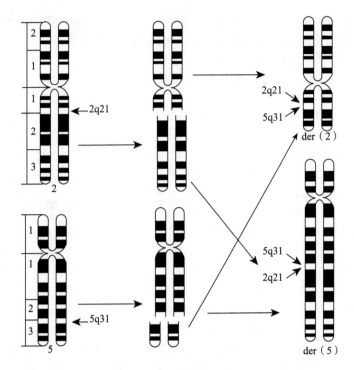

图 11-10　相互易位

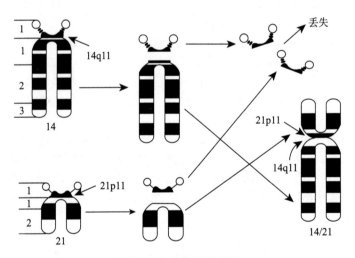

图 11-11　罗伯逊易位

别描述为 46，X，i（Xq）和 46，X，i（Xp）；用详式描述为 46，X，i（Xq）（qter→cen→qter）和 46，X，i（Xp）（pter→cen→pter）。

7. 双着丝粒染色体（dicentric chromosome，dic）　两条染色体同时发生一次断裂后，无着丝粒的片段丢失，两个具有着丝粒片段的断端相连接，形成了一条双着丝粒染色体。双着丝粒染色体一般记为一条染色体，是一种不稳定结构，容易发生断裂。如图 11-14 所示，5 号染色体的长臂 3 区 1 带和 9 号染色体的长臂 2 区 1 带分别发生了断裂后，两个具有着丝粒的染色体片段断端相连接，形成了一条双着丝粒染色体。简式核型为 45，XX（XY），dic（5；9）（q31；q21）；详式核型为 45，XX（XY），dic（5；9）（5pter→5q31∷9q21→9pter）。

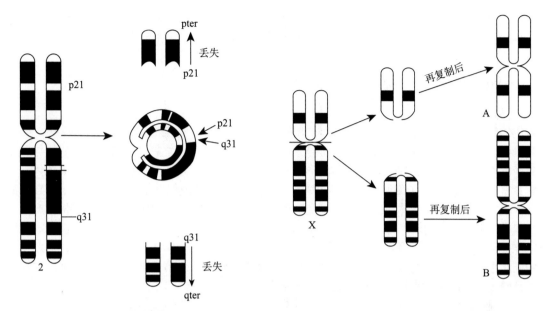

图 11-12　环状染色体

图 11-13　等臂染色体

A. 短臂等臂染色体；B. 长臂等臂染色体

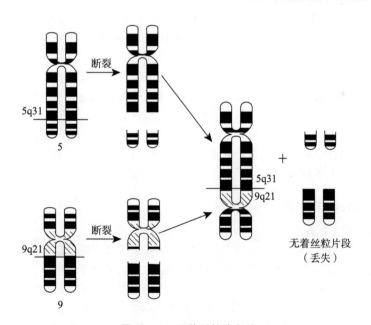

图 11-14　双着丝粒染色体

第三节　染色体畸变的效应

　　染色体是遗传信息的载体，当染色体发生数目畸变和结构畸变时，就会引起染色体或染色体片段上基因群的增加、减少或位置的转移，严重扰乱了基因效应之间的平衡，使遗传物质发生了改变，继而影响正常细胞的结构和功能，在临床上则表现为各种综合征。

　　染色体畸变在不同的分裂方式中有不同的特点。根据畸变是否可稳定地传递给子代，染色体畸变包括稳定型和非稳定型两大类。稳定型是指畸变的染色体在细胞有丝分裂中能稳定地传递给子代细胞，如畸变只涉及一条染色体，或所形成的畸变染色体只有一个有活性的着丝粒。非稳定型是指畸变染色体不能通过有丝分裂稳定地传给子代细胞,如具有两个或两个以上着丝粒的重排染色体或无着丝粒断片。减数分裂中,因有同源染色体的配对、交换、分离等过程,所以产生不同的畸变类型,其遗传效应也有所不同。

一、染色体数目畸变的细胞生物学效应

(一)整倍体

染色体数目的变化是以 *n* 为基数,整组的增加即形成整倍体,如三倍体(3*n*)和四倍体(4*n*)。在人类全身性的三倍体(3*n*)是致死的,是导致胚胎流产的主要原因之一。一般认为,三倍体胎儿易于流产的原因是在有丝分裂过程中细胞内形成三极纺锤体,因而造成细胞分裂后期的染色体分布和分配紊乱,严重破坏了子细胞中的基因平衡,由此干扰了胚胎或胎儿的正常发育,导致自发流产。有调查资料表明,三倍体在因染色体畸变所致的自发流产儿中约占17%。大部分三倍体产生的原因是双雄受精。除引起流产外,三倍体也是部分葡萄胎产生的重要原因。人类中只有极少数三倍体个体能存活到出生,存活者多为 2*n*/3*n* 的嵌合体。四倍体(4*n*)个体在人类极为罕见,多发生在流产的胚胎中,且往往多为 4*n*/2*n* 的嵌合体。但四倍体细胞和其他多倍体细胞常见于肝脏、支气管上皮、骨髓、子宫内膜、膀胱上皮及肿瘤等组织细胞。

(二)非整倍体

染色体数目的变化是以 2*n* 为基数增加或减少了一条或几条,如单体型、三体型和多体型,一般是在细胞分裂中染色体不分离而形成。

单体型由于缺失了一条染色体,严重破坏了基因的平衡,通常是致死的。在染色体异常的流产儿中以 X 单体型最多,占18%。与在活婴中只占 1/5000~1/2500 的 X 单体的发生率相比,约有99% 的 X 单体胚胎自然流产,但仍有少数可以存活,如核型为 45,X 的病例。

三体型几乎涉及每一号染色体,各三体型加在一起占染色体异常总数的52%,但是由于染色体的增加,造成基因组的严重失衡而破坏或干扰胚胎的正常发育,故绝大多数常染色体三体型只见于早期流产的胚胎,只有少数可以存活。活产儿中临床上最常见的是 21 三体型,其次是 18 三体型和13 三体型。性染色体三体型主要有 XXX、XXY 和 XYY 三种类型,他们多数可以活到出生。同一种染色体的三体型和单体型相比,无论是常染色体还是性染色体,个体的生存能力要强一些;性染色体的三体型对机体的危害程度明显轻于常染色体的三体型。

二、染色体结构畸变的细胞生物学效应

(一)缺失的细胞生物学效应

缺失片段的大小及其上分布的基因的数量和功能不同,具有不同的遗传效应。染色体发生大片段的缺失即使在杂合状态下也是致死的,X 染色体的缺失中的半合子一般也会死亡,具缺失的致死效应。只有一部分存活下来,但也是异常个体。如 5p 部分单体综合征(猫叫综合征)就是由于 5 号染色体短臂缺失,导致了独特的表型效应。患者核型为 46,XX(XY),del(5)(p15)。细胞遗传学检测结果表明,活产儿中常染色体缺失的发生率约为 1/7000。如果缺失的区段中含某个显性基因,其同源染色体上与这一缺失区段相对应位置上的一个隐性基因就得以表现,这种现象称为缺失的假显性。

(二)重复的细胞生物学效应

重复的生物学效应比缺失缓和,但如果重复片段较大也会影响个体的生存力,甚至导致死亡。重复会导致减数分裂时同源染色体发生不等交换(unequal crossover),结果产生一条有部分片段缺失的染色体和一条部分片段重复的染色体,影响基因间的平衡。如血红蛋白病中的结构变形(异常血红蛋白)是由于珠蛋白基因的碱基发生变化的结果。研究显示其发生机制之一是产生融合突变,即由于编码两条不同肽链的基因在减数分裂时发生了错误联会和不等交换,结果形成了两种不同的基因各自融合了对方基因中的部分序列,而缺失了自身的一部分序列。重复可导致基因的剂量效应

和位置效应。即某基因出现的次数越多，表现型效应越显著。基因的表现型效应也因其在染色体不同位置而有一定的改变。

（三）倒位的细胞生物学效应

倒位没有引起遗传物质的增减，但改变了基因在染色体上的排列顺序。如果发生倒位没有破坏某个重要的基因或影响基因的表达，通常没有表型效应，属于平衡重排（balanced rearrangement）。平衡重排的携带者虽自身没有明显的表型效应，却有可能产生不平衡的配子，而导致生育异常或生出染色体病患儿。倒位杂合子都有降低生育性的趋势。无论在臂间倒位或臂内倒位的杂合子后代中都见不到遗传重组，虽然实质上重组已经发生。所以从这个意义上讲，倒位的遗传学效应是可以抑制或大大地降低基因的重组。

（四）易位的细胞生物学效应

单方易位的携带者其子代可能正常，可能为携带者，也可能为插入片段的重复或缺失，生育异常子代的平均风险较高，可达50%。

相互易位同倒位一样，没有染色体片段的增减，通常没有表型效应，称为平衡易位（balanced translocation）。平衡易位携带者和倒位携带者，虽带有染色体结构畸变但表型正常。这类个体细胞中的染色体畸变没有导致细胞内遗传物质的增减，只造成染色体片段的重排，故不出现疾病症状。但这些携带者的生殖细胞在减数分裂是可产生不平衡的配子，因此，他们在婚后常有较高的流产、死胎率和新生儿死亡率，并可生育各种畸形儿。

罗伯逊易位的携带者虽表型正常，但有可能产生不平衡的配子，引起流产或生出三体型患儿。

环状染色体多见于辐射引起的染色体损伤。

最常见的等臂染色体是Xq等臂染色体，见于某些Turner综合征患者。在实体瘤和血液系统的恶性肿瘤中也常见到等臂染色体。

第四节　染色体异常携带者

染色体异常携带者是指染色体结构发生了重排如染色体倒位、易位等，但遗传物质无明显的增减，且表型正常的个体，主要包括倒位携带者和易位携带者。至今已发现的染色体异常携带者有1600多种，根据群体调查，我国的携带者发生率为0.47%，几乎涉及人类所有染色体的所有区带。这些携带者虽表型正常，但生殖细胞在减数分裂过程中可形成三大类配子，即染色体结构正常的配子、与携带者有相同的染色体结构异常配子，以及染色体遗传物质数量异常配子。染色体遗传物质数量异常配子与正常配子结合引起不孕、流产、死胎或生育畸形儿等。有些类型的携带者生育染色体异常患儿的可能性高达100%。因此，检出染色体异常携带者、进行遗传咨询、产前诊断，可有效降低染色体病患儿的出生率。

一、倒位携带者

由于倒位没有遗传物质的增减，具有倒位染色体的个体一般表型正常，这种个体称为倒位携带者（inversion carrier）。倒位携带者有可能产生异常的配子。倒位携带者的配子形成过程中，在减数分裂前期Ⅰ同源染色体联会时，若倒位片段很小，该片段可不发生配对，其余片段正常配对，经过减数分裂可形成两种配子，一种正常，另一种含有倒位的染色体，后者与正常配子结合所形成的子代亦为倒位携带者。若倒位片段很长，在联会时因为同源染色体同源节段相互配对，将形成倒位环（inversion loop），环内两条非姐妹染色单体间发生互换，理论上将形成4种配子，其中两种为异常的配子，导致异常妊娠的风险增高。

（一）臂间倒位携带者

臂间倒位和臂内倒位对于生育的影响不完全一致。臂间倒位携带者理论上可形成4种配子，一种染色体完全正常，一种含有倒位染色体，其余两种均含有部分重复和部分缺失的交换型染色体

（图 11-15）。一般来说，倒位片段越短，则重复和缺失的部分越长，配子和合子正常发育的可能性就越小，临床上表现的婚后不育、月经期延长、早期流产及死胎的比例越高，能够生出畸形儿的可能性却越低。

（二）臂内倒位携带者

臂内倒位的携带者所形成的 4 种配子，除两种亦分别含有正常染色体和倒位染色体外，其余两种配子分别含有部分重复和缺失的无着丝粒片段和双着丝粒交换型染色体（图 11-16）。无着丝粒片段将被丢失而造成单体型胚胎，常在妊娠的前 3 个月内发生流产。双着丝粒染色体不稳定，在合子早期分裂中易形成染色体桥，进而导致细胞死亡。由于流产发生的过早，临床上往往仅可观察到月经期延长、多年不孕。

二、易位携带者

（一）相互易位携带者

1. 非同源染色体相互易位 绝大部分相互易位发生在非同源染色体之间。如果夫妇中的一方为某一非同源染色体之间的相互易位携带者，如 46，XX（XY），t（2；5）（q21；q31）携带者，其表型正常，但在形成生殖细胞的过程中，同源染色体配对，在减数分裂 I 的中期将形成相互易位的四射体（图 11-17），经过分离与交换，结果形成 18 种类型的配子，其中仅有 1/18 配子是正常的，1/18 配子是平衡易位的，其余 16/18 配子都是异常的，分别与正常配子受精后所形成的合子中，仅一种正常，一种为平衡易位携带者，其余 16 种将形成单体或部分单体、三体或部分三体胚胎而导

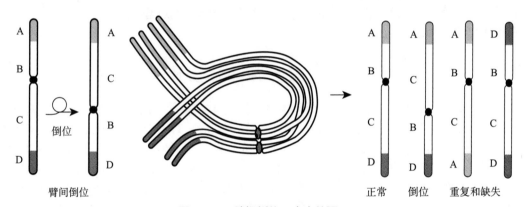

图 11-15　臂间倒位及产生的配子

引自 Robert L.Nussbaum 等，2016

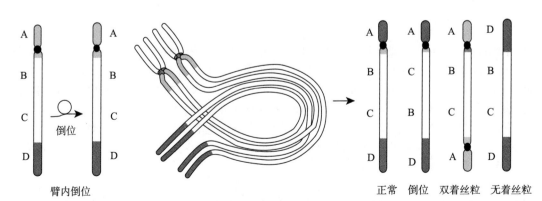

图 11-16　臂内倒位及产生的配子

引自 Robert L.Nussbaum 等，2016

致流产、死胎或畸形儿。

2.同源染色体相互易位 根据分离定律，同源染色体间的相互易位不可能形成正常配子，也不能分娩正常的后代。但在配子形成的减数分裂过程中，却可形成易位圈，经过在易位圈中的奇数互换，可形成4种类型的配子，其中一种为正常配子，可形成正常的后代，其余3种均具有部分重复和缺失的染色体。因此，在遗传咨询中不能简单地根据分离比率劝止妊娠，而应建议在宫内诊断的监护下选择生育正常胎儿。

（二）罗伯逊易位携带者

1.同源罗伯逊易位 如果夫妇中一方为同源罗伯逊易位携带者，如 t（13q；13q）、t（14q；14q）、t（15q；15q）、t（21q；21q）、t（22q；22q），其配子发生中只能产生两种异常类型的配子，与正常配子相结合，则形成三体型和单体型的合子，不能生出正常子代。

2.非同源罗伯逊易位 若夫妇一方为非同源罗伯逊易位携带者，则能产生6种不同的配子，受精后形成的6种合子，只有1种染色体完全正常，1种为平衡易位的携带者，其余4种染色体均严重异常而可能导致不育、流产、死胎或生育染色体病患儿等。

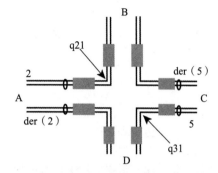

图 11-17 相互易位染色体在减数分裂的中期形成四射体图解

引自左伋，2018

第 12 章　常用遗传学检测技术

第一节　细胞遗传学检测技术

细胞遗传学是遗传学与细胞学相结合的一个遗传学分支，主要研究细胞内遗传物质的组成、结构和功能，以及遗传信息的传递和遗传变异。通过对细胞内遗传物质的研究，我们可以更好地理解遗传信息的传递和遗传变异的机制。细胞遗传学早期发现了孟德尔遗传因子、染色体行为的平行现象和交叉模型学说等；之后摩尔根及其学生通过对果蝇的研究建立了染色体学说，并绘制了第一张染色体定位图。细胞遗传学是遗传学中最早发展起来的学科，也是最基本的学科。其他遗传学分支学科都是从它衍生发展出来的，细胞遗传学技术也是进行遗传学研究的基本技术，涉及染色体非显带技术、染色体显带技术、荧光原位杂交技术等。同时，细胞遗传学在临床中的应用也为疾病的诊断、预防和治疗提供了新的思路和方法。

一、染色体非显带技术

染色体核型是指生物体细胞所有可测定的染色体表型特征的总称。包括染色体的总数，染色体组的数目，每条染色体的形态、长度、着丝粒的位置，随体或次缢痕等。染色体核型是物种特有的染色体信息之一，具有很高的稳定性和再现性。核型分析除能进行染色体分组外，还能对染色体的各种特征做出定量和定性的描述，是研究染色体的基本手段之一。利用这一方法可以鉴别染色体结构变异、染色体数目变异，同时也是研究物种的起源、遗传与进化，细胞遗传学，现代分类学的重要手段。染色体非显带技术是一种常用的细胞遗传学实验方法，通过染色体的特异性染色和显微镜观察，可进行细胞的核型分析，进而研究染色体的结构、数量和异常情况，为疾病研究和临床诊断、预防和治疗提供依据。

（一）染色体非显带技术的背景和意义

染色体非显带技术源于 20 世纪初，随着生物学和遗传学的发展，逐渐成为遗传学研究的重要工具。染色体非显带技术的主要原理是通过染色体的特异性染色和显微镜观察，将染色体的数量、形态和着丝粒的位置等结构进行分析和描述。这项技术的主要应用领域包括遗传疾病的诊断、染色体异常的检测、进化研究等。

染色体非显带技术的意义在于，染色体异常是许多遗传疾病的主要原因之一，通过观察染色体的形态和结构，可以了解染色体的数量、大小、形状等信息，为遗传疾病的诊断和预防提供了依据。

（二）染色体非显带技术的原理和步骤

染色体非显带技术的原理是将制备好的染色体标本用吉姆萨染料染色后，使染色体着色均匀，从而便于在显微镜下观察着丝粒的位置、染色体的长短及随体的有无等特征，将人的全套染色体分组编号，并按顺序成对地将染色体剪贴，制成染色体核型图，然后对核型图进行分析，确定染色体核型。再利用核型分析可以检查染色体数目是否正常，并可发现较大的染色体结构畸变及判定性别等。

染色体非显带技术的一般实验步骤如下。

1. 细胞准备　从待测的组织或细胞中收集样本，如血液、羊水、骨髓或胚胎组织。

2. 染色体制备 为观察典型的染色体形态，必须获得细胞有丝分裂中期分裂象。秋水仙素有抑制纺锤丝蛋白质合成的作用，使细胞分裂停止在中期。因此，可将秋水仙素溶液加入分离、提取、培养的待测细胞中，抑制细胞纺锤丝的形成，积累大量的中期细胞供研究观察。同时用低渗液处理，使细胞体积膨大、染色体松散，然后经细胞滴片、固定、吉姆萨染色、洗涤后镜检。

3. 显微镜观察 将染色体制备好的样本放置在显微镜下观察。通过调整显微镜的放大倍数和对焦，可以清晰地观察到染色体的数量和结构。

4. 结果记录和分析 将观察到的染色体通过草图或照相记录下来，进行分析和解读。可以与正常的染色体进行比较，以确定是否存在染色体数目异常和大片段的结构异常。

（三）非显带分析和结果解读

总的来说，染色体非显带技术是一种简单而有效的方法，可以从宏观上分析患者可见的染色体异常情况，用于研究染色体的数量和结构，对于早期遗传学研究和临床诊断具有重要意义。但是由于非显带染色体的核型分析不能显示各条染色体的微细特征，结果解读可能存在一定的主观性和不确定性。只能大致配对分组，可以发现整倍体和部分非整倍体性核型，如 21 三体综合征、Ph 染色体等。对同一组内相邻号数的染色体容易混淆，只能根据染色体的形态识别 1 号、2 号、3 号、16 号、17 号和 18 号，有时还可以识别 Y 染色体，但不能鉴别其他大多数染色体更不能鉴定一些较小的结构上的畸变。对结构上发生畸变的染色体更是无法识别，易发生误诊或漏诊。1970 年，Caspersson 等首次报道用喹吖因可将人类各号染色体染出宽窄和位置不同带纹，在随后的研究中，各种染色体的显带技术逐渐替代了染色体的非显带技术。

二、染色体显带技术

染色体显带技术是将染色体标本经过一定程序处理，并用特定染料染色，使染色体沿其长轴显现明暗或深浅相间的横行带纹，将染色体的形态、数量、结构和带型进行分析和描述的技术，包括 Q 显带、G 显带、R 显带、T 显带、C 显带、N 显带和高分辨显带。

（一）Q 显带技术

先用荧光染料喹吖因氮芥（quinacrine mustard）染色制染色体标本，在荧光显微镜下观察这些染色体呈现暗亮不同的条纹，认为主要是由于染色体中 DNA 内的 AT 丰富区对喹吖因荧光有增强作用，故显出亮带；反之，其 DNA 内 CG 丰富区对喹吖因荧光有减弱作用，故而出现暗带。其方法简便，在质量一般的染色体标本上就能显示出清晰的带型。

（二）G 显带技术

染色体标本用胰蛋白酶处理后再用吉姆萨染料染色，普通显微镜观察，广泛应用。G 显带机制尚无定论，目前比较倾向于带型的形成主要取决于 DNA、组蛋白及染料三者的相互作用。与 DNA 结合疏松的组蛋白易被胰蛋白酶分解，染色后这些区段成为浅带，而那些组蛋白和 DNA 结合牢固的区段可被染成深带。

Q 显带和 G 显带显示的带纹数目和宽窄相同，即 Q 显带的亮带等于 G 显带的深带，Q 显带的暗带等于 G 显带的浅带，表明带纹是客观存在的。在有丝分裂的中期，人类的每一染色体组即 23 条染色体可显示 320 条带纹。G 显带优点是所需设备简单，显示的带纹可长期保存但影响显带效果的因素较多。

（三）R 显带技术

磷酸盐与高温处理后吉姆萨染色，显示出深浅带，但与 G 带的带纹相反。R 显带的机制目前并不完全了解，在高温处理下 G 带的中 AT 丰富区变性而显出特别亲染，但在 R 带中正恰相反，AT 丰富区却并不显出亲染作用，故而显出浅染带区，电镜的观察进一步表明了这些带和间带区域的差异主要在于电子密度的不同。由于末端深染，易于观察染色体末端的结构畸变。

（四）C 显带技术

C 显带技术是一种特殊的染色技术，主要用于显示细胞核内染色体基因的某个区域。这些区域包括所有染色体的中着丝粒区域和其他包含结构异染色质的区域。碱处理后吉姆萨染色，常用于与着丝粒相邻的 1 号、9 号、16 号染色体的 1q、9q、16q 三个区域的检测。

（五）T 显带技术

末端分带法，主要显示染色体的末端结构。加热处理后吉姆萨染色，使染色体末端深染，相当于 R 带的分支，用于显示端粒带（telomere banding）。

（六）N 显带技术

使用硝酸银染色，可使染色体的随体及核仁组织者区（NOR）特异性银染，受染物不是次缢痕本身。

（七）高分辨率显带技术

细胞的有丝分裂分为前、中、后、末四个时期，各期又可分区分为早、中、晚三个阶段。故在细胞有丝分裂中期前，染色体还包括有晚前期、前半期、早中期等染色体时期。染色体在上述细胞分裂过程中逐渐变短，早期染色体较晚期染色体长，染色体愈长则可能显示出的带纹愈丰富。随着染色体逐步收缩变短，相邻的带逐步融汇，带型也逐渐简化，分辨率也较低。因此，利用传统的显带技术人类中期染色体显示的带纹数较少，一套单倍体染色体带纹总数仅有 320 条带。而获得分散程度良好的较长的早期染色体是高分辨显带技术的关键之一。随着相关技术的改进，可以从晚前期、早中期细胞得到更长、带纹更多的染色体，一套单倍体染色体即可显示 550～850 条或更多的带纹，即在原有的带纹上分出更多的带，这种染色体称为高分辨显带染色体（high resolution banding chromosome，HRBC）。

"人类细胞遗传学高分辨命名的国际体制"（ISCN1981）的模式图（图 12-1），标示了更多条带的高分辨带型。高分辨显带的命名方法是在原带之后加"."并在"."之后写新的带号，称为亚带，如原来的 1p31 带被分为三个亚带，命名为 1p31.1、1p31.2、1p31.3，即表示 1 号染色体短臂 3 区 1 带第 1 亚带、第 2 亚带、第 3 亚带。1p31.3 再分时，称为次亚带，则直接在后面加序号，写为 1p31.31、1p31.32、1p31.33。

人类各种显带染色体技术能显示出染色体的特有带型，因而能清楚地识别 1～22 号常染色体和 X、Y 染色体各染色体的特有带型，还能对每条染色体发生的结构畸变进行识别检出。显带技术是

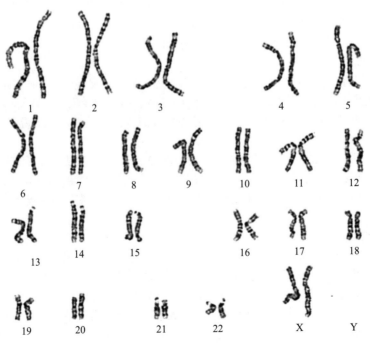

图 12-1 "人类细胞遗传学高分辨命名的国际体制"（ISCN1981）的模式图

一种常见的实验技术，用于分析样品中的化学成分。在显带技术中，样品经过处理后，会在显带上形成可见的色带或斑点。根据显带上色带的位置、形状和颜色，可以推断样品中的化学成分。

解读显带分析的结果时，需要考虑色带位置、色带形状、色带颜色等信息，用于研究染色体的结构和功能，以及染色体异常与遗传疾病之间的关系。比如，通过观察染色体的形态和数量，可以检测到染色体缺失、重复、倒位等，从而帮助诊断和研究染色体相关的遗传疾病。通过观察肿瘤细胞的染色体显带，可以发现染色体的断裂、重排、缺失等异常情况，从而帮助诊断和研究肿瘤的发生机制和治疗方法。已知慢性粒细胞白血病患者有典型的 Ph 染色体易位，可以通过染色体的显带核型分析检测。总之，染色体显带技术在遗传学研究和应用中具有重要的地位和意义，为我们深入了解生物体的遗传特征和变异提供了重要工具和方法。

三、荧光原位杂交技术

荧光原位杂交技术（fluorescence in situ hybridization，FISH）是在 20 世纪 80 年代末，在放射性原位杂交技术的基础上发展起来的一种将细胞遗传学、分子生物学和免疫学相结合的技术。以荧光标记取代同位素标记而形成的一种新的原位杂交方法，用于目的基因在特定染色体位置的可视化分析。

（一）荧光原位杂交技术的原理

用已知荧光标记的探针，按照碱基互补原则，与待检材料中未知序列的单链核酸经变性→退火→复性，形成可被检测的核酸，由于 DNA 分子在染色体上是沿着染色体纵轴呈线性排列，因而可以将探针直接与染色体进行杂交，从而将特定的基因在染色体上定位。

（二）荧光原位杂交技术的步骤

1. 样品制备　准备血液、骨髓细胞、羊水细胞、绒毛细胞及组织切片等待测样本。将待检测的细胞或组织样品进行固定和预处理，以保持细胞或组织的形态结构和核酸的完整性。

2. 探针标记　选择适当的探针，可以是 DNA 探针或 RNA 探针，用于与目标分子特异性杂交。探针需要标记荧光染料，常用的有荧光素、荧光素同工异构体和荧光素衍生物等。

3. 细胞处理　使用酶、物理和化学的方法，使组织细胞结构蓬松，固定的蛋白交联部分打开，细胞膜打孔，细胞骨架解离，含有荧光标记的 DNA 探针能够顺利进入细胞核内与目的基因进行结合。

4. 杂交反应　将标记的探针与待检测的样品进行杂交反应，使探针与目标序列发生特异性结合。杂交条件需要根据探针和样品的特性进行优化。

5. 洗涤和封片　通过洗涤步骤去除非特异性结合的探针，以提高检测的特异性和灵敏度，洗涤条件需要严格控制，以确保只有特异性结合的探针保留在样品中。为防止盖片与载片之间的溶液挥发，可使用不同的封片液将盖片周围封闭。

6. 显微镜观察　先在可见光源下找到具有细胞分裂象的视野，然后打开荧光激发光源以获得探针的荧光信号，观察信号的数量、强度和位置，提供染色体变化的重要信息。

7. 数据分析　使用荧光显微镜获取样品的图像，通过不同的荧光通道来观察不同的探针标记。对获取的图像进行处理，包括背景降噪、图像增强等，提高图像的质量和清晰度。使用图像处理软件对荧光信号进行定量分析。可以测量荧光强度、信号面积和分布等参数，以获得目标分子的定量信息。根据定量分析的结果，比较不同样品之间的差异来研究目标分子的功能和调控机制。

（三）荧光原位杂交技术的应用

荧光原位杂交技术是一种强大的工具，可以用于基因组结构、功能、疾病的发生发展机制等多方面的研究，具体包括以下几个方面。

1. 基因组定位　荧光原位杂交技术可以帮助研究人员确定染色体上特定基因的位置和数量。

2. 染色体异常检测　通过荧光原位杂交技术可以看到染色体易位、缺失、重排和扩增等，对于遗传疾病的诊断和研究具有重要意义。可以更精确和更精细地对基因进行定位分析，但同时也失去了核型分析的宏观性。FISH 对基因或融合基因的扩增能较好地检测。

3. 肿瘤学研究 帮助研究人员研究肿瘤细胞的遗传变异和基因表达模式，如融合基因的检测从而揭示肿瘤的发生机制和治疗靶点。

4. 诊断试剂开发 该技术可以用于病原微生物鉴定（定性与定量）。

（四）荧光原位杂交技术的优缺点

荧光原位杂交技术具有以下优势。

1. 特异性高 荧光原位杂交技术可以通过选择合适的探针序列实现对目标序列的高特异性检测。

2. 灵敏度强 该技术可以检测低拷贝数的目标序列，对于稀有细胞和低表达基因的检测具有优势。

3. 高效 在同一标本上，可同时检测几种不同探针。

4. 适用范围广 可用于分裂期和间期细胞染色体数量或结构变化的研究。

5. 形态结构保留 荧光原位杂交技术可以在细胞或组织水平上对目标序列进行定位，保留了样品的形态结构和空间分布信息。

荧光原位杂交技术的缺点如下。

1. 信号干扰 荧光标记的探针可能会与非特异性结构或其他核酸序列发生杂交，导致信号干扰和误判。

2. 对检测者的要求较高 荧光原位杂交技术需要熟练的实验操作和显微镜观察技巧，对于初学者来说具有一定的技术门槛。

3. 样品处理要求 荧光原位杂交技术对每张切片需个体化控制消化时间。

但荧光原位杂交技术仍是一种重要的遗传学检测技术，可以在细胞或组织水平上定位和检测特定的核酸序列。在遗传学、细胞生物学、肿瘤学等领域具有广泛的应用。

四、比较基因组杂交技术

比较基因组杂交（omparative genomic hbrdization，CGH）技术，是在荧光原位杂交技术（FISH）基础上发展起来的一种分子细胞遗传学检测技术。该技术无须染色体的培养，只需通过一次杂交，即可对样本细胞整个基因组的全套染色体及拷贝数量的异常进行全面的检测，同时可以对异常位点进行初步的染色体定位。因此，该技术一经报道，很快就广泛应用于各种基因不平衡性的检测。

（一）基本原理

是将受检者的基因和正常参考基因进行比较，分别用绿色和红色的荧光染料标记待测组和正常对照的全基因组 DNA。然后将两者等量混合后，通过已知的探针，与正常人淋巴细胞的有丝分裂中期染色体进行原位抑制杂交，杂交时先使用过量的 Cot-1 DNA 进行预杂交，用于抑制封闭分散重复序列（interspersed repetitive sequence，IRS），待检 DNA 探针和对照 DNA 探针竞争性地与染色体上的靶序列杂交，最后通过染色体上绿色、红色两种荧光信号的相对强度比率显示这种竞争性杂交的结果。通过对检测结果的分析，可以了解患者染色体 DNA 拷贝数的变化，并能准确定义每个 DNA 片段在染色体上的位置。

（二）实验步骤

1. 制备染色体标本 制备人正常细胞有丝分裂中期的染色体玻片标本（见前述）。

2. 样本提取 使用外周血、组织及培养的细胞提取基因组 DNA 样本。

3. 荧光标记 不同颜色的荧光探针标记待测和正常对照 DNA，如用异硫氰酸荧光素标记待测 DNA，用四甲基异硫氰酸罗丹明标记正常对照 DNA。

4. 杂交前预处理及杂交 将待测组和对照组的 DNA 样本进行变性杂交，用共聚焦显微镜进行观察，并对芯片上每个点的发光强度进行比较。

5. 结果分析 利用数据分析系统，进行校正和计算后，通过软件计算出待测样本中基因拷贝数的变化。使用 FASTA、BLAST、ClustalW 等序列对比工具，在基因座水平上进行分析比较。

（三）比较基因组杂交技术的应用

主要用于各种肿瘤组织中染色体变异的研究，以及肿瘤基因的缺失、原癌基因扩增、肿瘤相关基因的位置、染色体病的产前诊断、遗传性疾病的监测工作中。相较于之前介绍的染色体检测技术，高分辨显带技术最多可将染色体区分成 550 余条明暗相间的带型，以此来判定染色体异常的位置，FISH 技术的应用大幅提高了染色体检测的灵敏度和分辨率，但一次只能检测一个或几个候选位点。比较基因组杂交技术一次可检测所有染色体位点的异常，发现显带技术及 FISH 技术未能检测到的遗传病染色体异常。

第二节 分子遗传学检测技术

一、PCR 技术

自 1985 年，美国科学家 Kary Mullis 建立聚合酶链反应（polymerase chain reaction，PCR）已有 100 多年，随着 PCR 技术的改进其应用从定性到定量、从扩增几千碱基的片段到几万碱基、从普通 PCR 技术到荧光定量 PCR，其发展极大地推动了分子生物学、遗传学、医学等领域的研究，成为现代生命科学的最重要的研究工具之一。

（一）PCR 技术的原理

以待扩增的 DNA 分子为模板，DNA 聚合酶的作用下，以一对与模板 3′ 端互补的寡核苷酸片段为引物，四种脱氧核糖核苷三磷酸（dNTP）为底物通过变性、退火和延伸三个步骤在体外复制 DNA，反复重复这一过程，从而扩增大量目的 DNA 片段。变性使 DNA 双链解开，形成两条单链模板；退火通过引物与目标 DNA 序列的互补配对，使引物定位于目标序列的两侧；延伸则是通过 DNA 聚合酶的作用，在引物的引导下合成新的 DNA 链。这样，每一轮 PCR 循环都会产生两条新的 DNA 链，从而实现 DNA 片段的指数级扩增。

（二）PCR 技术的步骤

PCR 技术需要严格控制实验条件和操作步骤，以确保 PCR 反应的准确性和可重复性。

1. 样品处理 从生物样品中提取目标 DNA 片段，避免 DNA 的降解和污染。

2. 引物的设计 使用引物设计软件 Primer premier 6，根据需要扩增的 DNA 末端序列设计一对上、下游引物为短的寡核苷酸链，长度 20～30bp，与目的基因 3′ 末端序列结合。注意引物自身或引物之间不应存在互补序列，防止产生二聚体和发夹结构，两条引物的 Tm 值应该尽量相近。

3. 反应体系的准备 可以使用商业化的 DNA 提取试剂盒或自制的提取方法，PCR 反应液的配制和引物的设计与合成，PCR 反应液包括模板 DNA、引物、dNTP、含 Mg^{2+} 的缓冲液、Taq DNA 聚合酶和纯水。

4. PCR 扩增 PCR 反应的设置和优化是确保 PCR 反应的成功和效果的关键。

一般在 95℃温度时使 DNA 变性，即打开双链成为单链 DNA。温度降至 55℃时一对引物分别与目的基因单链两端结合，温度上升到 72℃，Taq DNA 酶识别引物末端将 dNTP 以目的 DNA 为模板合成两条互补链。一个循环后目的 DNA 被扩增了 1 倍，30 个循环后，扩增了几千万倍。

在 PCR 反应的设置中，需要确定 PCR 反映的各项参数，变性、退火和延伸时的温度和时间等。如，退火温度需要根据引物设定、延伸时间根据扩增片段的长度设定，总循环次数需要根据所需扩增出的 DNA 总量设定，表 12-1 为常用 PCR 反应的参数。

表 12-1　PCR 反应参数的设置示例

步　骤	温　度	时　间	循环次数
预变性	95℃	3min	1 次
变性	95℃	30s	30～35 次
退火	55℃	30s	
延伸	72℃	1kb/ min	
充分延伸	72℃	10min	
保存	4℃	永久	1 次

在 PCR 反应中，还可以通过调整反应液、引物浓度等来提高 PCR 反应的效率和特异性。

5. PCR 结果分析　这是判断 PCR 反应是否成功，以及扩增产物的大小和纯度的关键，琼脂糖凝胶电泳是最常用的 PCR 产物分析方法。它可以通过检测 PCR 产物的大小和带电荷来确定 PCR 反应的结果。

6. PCR 应用　PCR 技术在生命科学研究和临床诊断中有着广泛的应用，包括病原体检测、产前诊断、遗传病的诊断、基因克隆、基因突变及法医学检测等。

二、分子杂交技术

分子杂交技术是基于碱基互补配对原理，在适当条件下，将两个不同来源的互补 DNA 或 RNA 序列进行杂交，实现对目的序列检测的技术，是一种重要的分子生物学实验技术。在核酸分子杂交实验中，需要将一段已知的核酸序列标记为探针（probe），与靶核酸序列发生碱基互补杂交，并由标记探针检测出特异性的核酸分子。

分子杂交实验根据反应介质不同可以分为固相杂交和液相杂交。其中固相杂交又分为原位杂交和印迹杂交。本章第一节介绍的荧光原位杂交也可以归属为该章节。印迹杂交中的 DNA 印迹杂交技术在遗传学检测中应用较多且由于各型杂交实验的基本原理和步骤是类似的，因此本章主要介绍 DNA 印迹杂交技术。该技术是 1975 年由英国爱丁堡大学的 Southern 创建的，在遗传病诊断、PCR 产物分析及 DNA 图谱分析等方面有重要价值。

（一）基本原理

DNA 印迹杂交是指利用琼脂糖凝胶电泳技术先分离经限制性内切酶消化的 DNA 片段，经碱处理将胶上的 DNA 变性为单链并使用印记技术在原位将单链的 DNA 片段转移至尼龙胼膜或其他固相支持物上，经烘烤固定，再与对应结构的标记探针进行分子杂交，最后用放射自显影，检测能与探针序列互补的特定 DNA 分子。在利用琼脂糖凝胶电泳的方法时，将限制性内切酶消化的 DNA 片段分离，由于核酸分子的检测方法的高度特异性及灵敏性，综合核酸内切限制酶和凝胶电泳分析的结果，便能够绘制出 DNA 分子的限制图谱，若要进一步构建出 DNA 分子的遗传图，还必须掌握 DNA 分子中基因编码区的位置和大小此时使用 Southerm 印迹杂交技术就获得有关这类数据资料。

（二）实验步骤

1. 待测样品的制备　用组织勾浆法或化学试剂，破碎细胞或动物组织，经 RNA 酶、蛋白酶、酚 / 氯仿去除掉 RNA 和蛋白质。然后用限制酶消化 DNA，将长的 DNA 链切割成大小不一的片段用于后续杂交分析。

2. 分离待测 DNA 样品　使用琼脂糖凝胶电泳分离待测 DNA 样品。标准的琼脂概凝胶电泳在恒定电压下可分辨 70～8000bp 的 DNA 片段，将 DNA 样品放在 0.8%～1% 的琼脂糖凝胶中对 DNA

片段进行分离。在碱性缓冲液中琼脂糖凝胶加样孔中的样品在负极，在电流作用下向正极泳动。分子量和构象不同的 DNA 片段受到阻力不同，电泳速度就不同。分子量越小的 DNA 片段跑得越快反之越慢。但不同大小的 DNA 片段需要用不同浓度的胶来分辨，浓度较高的胶用来分离小片段的 DNA 而浓度较低的胶分离大片段的 DNA。经过电泳后，DNA 可按分子大小在凝胶中形成许多条带。大小相同的分子处于同一条带位置。同时在样品邻近的泳道中加入已知分子质量的 DNA 样品［即标准分子质量 DNA（DNA marker）］进行电泳即可得知待测 DNA 分子质量大小。

3. 电泳凝胶预处理 DNA 样品在制备和电泳过程中始终保持双链结构，为了后续有效地转膜，必须对电泳凝胶进行预处理。将电泳凝胶浸泡在 0.25mol/L 的 HCl 溶液进行短暂的脱嘌呤处理，然后移至碱性溶液中浸泡，使 DNA 变性并断裂形成较短的单链 DNA 片段，再使用中性 pH 缓冲液中和凝胶中的缓冲液。这样，DNA 片段经碱变性后会保持单链状态而易于与同探针分子发生杂交作用。

4. 转膜 通过一定技术将单链 DNA 片段从凝胶中转移到固相支持物膜上，此过程要保持各 DNA 片断的相对位置不变，便于后续杂交的分子稳定进行。虽然此时凝胶中的 DNA 片段已经变性成单链并已断裂，但转移后各个 DNA 片段在膜上的相对位置与在凝胶中的相对位置仍然相同，故称为印迹。印记的方法包括毛细管虹吸法、真空转移法和电转法。

5. 探针标记 用于 DNA 印迹杂交的探针可以是寡核苷酸片段也可以是纯化的 DNA 片段。探针可以用放射性物质标记或用地高辛标记，放射性标记效果好且灵敏度度高，地高辛标记安全性好且没有半衰期。探针标记的方法有随机引物法、末端标记法和切口平移法等。

6. 预杂交 固定于膜上的 DNA 片段与探针进行杂交之前，必须使用预杂交液先进行预杂交。因为可以结合 DNA 片段的膜同样可以结合探针 DNA。预杂交液就是不含探针的杂交液，使用预杂交的目的就是在进行杂交前，用无关的其他核酸分子处理膜，封闭膜对后续探针 DNA 的非特异性吸附。

7. DNA 印迹杂交 滤膜转印后在预杂交液中温育 4～6h，在缓冲盐溶液中即可加入标记的经加热变性成为单链 DNA 分子的探针与 DNA 进行杂交反应，需过夜。

8. 洗膜 取出尼龙 NC 膜，在 2×SSC 溶液中漂洗 5min，洗完的膜再浸入 2×SSC 溶液中 2min 取出膜，用滤纸吸干膜表面的水分，并用保鲜膜包裹。注意保鲜膜与尼龙膜之间不能有气泡。

9. 放射性自显影检测 将滤膜正面向上，放入暗盒中在暗室内，将 2 张 X 线底片放入曝光暗盒，并用透明胶带固定，合上暗盒。置 –70℃低温冰箱中使滤膜对 X 线底片曝光（根据信号强弱决定曝光时间，一般为 1～3 天）。从冰箱中取出暗盒，置室温 1～2h，使其温度上升至室温后冲洗 X 线底片（洗片时就洗一张，若感光偏弱，则再多加两天曝光时间，然后洗第二张片子）。

（三）DNA 印迹杂交的应用

1. 在镰状细胞贫血等遗传病的检测中，利用限制性内切酶片段长度多态性经 DNA 印迹杂交的方法可进行基因诊断。

2. 先扩增基因点突变的 DNA 片段，用限制性内切酶酶切扩增片段，再与待测片段互补的标记探针结合，经琼脂糖凝胶电泳技术、印记技术和分子杂交技术对突变 DNA 片段的大小和多少进行判断。

三、多重连接探针扩增技术

多重连接依赖性探针扩增技术（mutiplex lgation-dependent probe amplification，MLPA）是一种用于检测基因拷贝数变异的分子生物学技术，结合了探针技术和聚合酶链反应，可以同时检测多个基因的拷贝数变化。具有高通量和高灵敏度。它在遗传病诊断、癌症研究和基因组学研究中得到广泛应用。

（一）基本原理

MLPA 技术的基本原理包括探针和靶 DNA 序列进行杂交，然后通过连接、PCR 扩增，产物通过毛细管电泳分离和数据收集，分析软件对收集的数据进行分析最后得出结论。

（二）实验步骤

1. 样本准备　从待检测的样本中提取 DNA，检测质量和浓度。用限制性酶酶切 DNA 成特定的片段，使得连接探针可以结合到目标基因的特定区域。

2. 设计探针　根据需要检测的目标基因的特定区域，设计一对连接探针，用荧光标记。每对连接探针由两个部分组成：一个是特异性引物序列，用于选择性地结合目标基因的特定区域；另一个是通用引物序列，用于后续的 PCR 扩增。将所有引物混合在一起，形成引物混合物检测多个目标基因。

3. DNA 杂交与连接　将 DNA 样本与含引物的探针混合物一起孵育，使引物与目标序列杂交。只有当 2 条探针都与靶序列完全杂交，即靶序列与探针特异性序列完全互补时，DNA 连接酶才能将 2 条探针连接成 1 条完整的 DNA 单链。反之，如果靶序列与探针特异性序列不完全互补，即使只有 1 个碱基的差别，都会导致杂交不完全，使连接反应无法进行。

4. 消除非特异连接产物　通过热变性和酶处理，消除非特异性连接产物。

5. PCR 扩增　让通用引物与目标基因特定区域连接的 DNA 片段连接，当连接反应完成后，让通用引物扩增连接好的探针，每对探针的扩增产物的长度都是唯一的，通过 PCR 扩增以增加其数量。

6. 结果分析　通过聚丙烯酰胺凝胶电泳等方法，对扩增产物进行分析和检测，根据扩增产物的大小，可以确定目标基因的拷贝数。

7. 数据解读　根据扩增产物的大小和强度，由专用软件分析判断目标基因的拷贝数变异情况。只有当靶序列与探针特异性序列完全互补时连接反应顺利完成，才能进行随后的 PCR 扩增并收集到相应探针的扩增峰。如果检测的靶序列发生点突变或缺失、扩增突变，那么相应探针的扩增峰便会出现缺失、降低或增加，因此根据扩增峰发生的改变就可判断靶序列是否有拷贝数的异常、缺失、重排或点突变存在。

（三）多重连接探针扩增技术的应用

MLPA 技术的应用非常广泛，特别是在遗传病诊断、肿瘤学研究和人类基因组研究中，有重要应用。

1. 遗传病诊断　MLPA 可以用于检测与遗传病相关的基因的拷贝数变异。如染色体的非整倍性改变唐氏综合征、13 三体综合征、18 三体综合征等遗传病，以及某些基因的拷贝数变异也可通过 MLPA 技术，快速、准确地检测，从而帮助医生进行遗传病的诊断和预后评估。

2. 肿瘤学研究　MLPA 可以用于检测肿瘤细胞中的基因拷贝数变异。肿瘤细胞中常常存在着基因的拷贝数增加或减少，这些变异与肿瘤的发生和发展密切相关。通过 MLPA 技术，可以同时检测多个与肿瘤相关的基因的拷贝数变异，从而帮助研究人员了解肿瘤的分子机制和预测肿瘤的预后。

3. 人类基因组研究　人类基因组中存在着大量的基因拷贝数变异，这些变异与个体的表型差异和疾病易感性有关。通过 MLPA 技术，可以高通量地检测人类基因组中的拷贝数变异，从而帮助研究人员了解人类基因组的结构和功能。

四、生物芯片技术

生物芯片技术的发展历程可以追溯到 20 世纪 80 年代，是在微电子光刻技术和生物学技术交叉基础上发展起来的一种检测技术。它将芯片上的探针分子与生物分子相作用，实现对基因信息的快速、高通量的检测和分析，并在生命科学和医学领域得到了广泛应用。在生物芯片技术中，基因芯片（gene chip）技术建立最早，在 1.28cm × 1.28cm 的芯片上可以有 50 万个位点，可以同时检测和分析大量的基因表达水平，也最为成熟。蛋白质芯片（protein chip）可以高通量地检测和分析蛋白质的表达水平、互作关系等，有助于研究蛋白质的功能和调控机制。

（一）基因芯片

基因芯片又称 DNA 芯片是把大量已知序列探针集成在同一支持物上，与被标记的样品中靶核苷酸分子杂交，通过检测杂交信号的强度和分布，对生物样品中基因序列和功能进行分析。

1. 基本原理　也是基于碱基互补配对原则，通过两条核酸单链之间的杂交特异性，从成分复杂的核酸群体中捕获目的核酸分子。

2. 基本步骤

(1) 芯片制备：选择硅片、玻璃片、尼龙膜、硝酸纤维素膜等载体，设计所需探针将探针活化后固定于载体上。制备方法主要有两种，即原位合成法和点样法。原位合成法精确性高、重复性好，制备过程中的质量控制比较容易，在基片原位合成序列不同的寡核苷酸探针，形成 DNA 芯片，制作成本较高。点样法则是先制备寡核苷酸或 cDNA 探针库，然后通过特殊的微喷头，把不同的探针溶液按照一定的顺序逐点点在基片表面，探针可以是寡聚核苷酸探针，也可是较长的基因片段，探针的长度选择灵活性大，可根据需要自行制备，且成本较低。

(2) 样品制备：包括核酸的提取、扩增和标记。可从血液、肿瘤组织中提取全基因组 DNA 分子（用于基因结构突变检测）或 mRNA 分子（用于基因表达改变检测），接着扩增核酸。在核酸扩增时，引入荧光标记的 dNTP，使扩增后新产生的核酸都带有了荧光标记便于后续的检测。标记可使用同位素或者荧光素但考虑到实验的安全性目前一般使用荧光素标记。核酸的扩增还可提高检测的灵敏度。

(3) 杂交反应：将待测的核酸样品与芯片上的核酸探针进行杂交反应。反应条件受很多因素的影响，如芯片中 DNA 片段的类型和大小。如果要检测表达情况，杂交时需要高盐浓度、低温和长时间。如果要检测是否有突变，基因涉及单个碱基的错配，故需要在短时间内、低盐、高温条件下检测。

(4) 信号检测及结果分析：杂交信号的检测是 DNA 芯片技术中的重要组成部分。以往的研究中已经形成了许多种探测分子杂交的方法，如电化传感器、荧光显微镜、化学发光等，但并非每种方法都适用 DNA 芯片。电荷耦合照相（charged-coupled device camera，CCD）摄像机和激光共聚焦扫描显微镜对高密度探针阵列上的每个位点强度进行定量分析是较常用到的方法。以确定杂交是完全的还是不完全，因而方法的灵敏度也是非常重要的。结果分析由相应软件来完成，包括生物芯片扫描仪进行信号的收集和传输、成像、数据提取和分析软件。

3. 基因芯片的应用

(1) 基因突变检测：如遗传性耳聋的基因芯片检测，与耳聋相关致病基因有 300 余种，根据常见致聋突变基因制备基因芯片可筛查新生儿是否表达致聋基因，做到早发现早治疗。在肿瘤研究中，基因芯片可以检测突变位点辅助肿瘤的早期诊断。

(2) 基因表达检测与分析：基因芯片具有高度特异性和敏感性，它可以监测细胞中所有基因的表达情况，发现一些新的基因。如肿瘤筛选耐药基因表达的检测可以指导临床治疗。

（二）蛋白质芯片

蛋白质芯片技术是一种高通量的蛋白功能分析技术，可用于蛋白质表达谱分析，研究蛋白质 – 蛋白质、DNA– 蛋白质、RNA– 蛋白质的相互作用，筛选药物作用的蛋白靶点等。将高密度的生物分子固定于表面，可以同时检测多种目标，广泛分析蛋白质组的信息。虽然基因芯片技术是基因组研究的主要技术，但仅对于基因组的研究并不可以满足全面分析蛋白质组的需要。由于蛋白质的结构、性质具有多样性，且细胞内的表达也十分复杂，纯粹地从蛋白质的表达水平推断一个蛋白质的功能状态也是不可能的。为了适应基因组和蛋白质组学的发展，蛋白质芯片技术被广泛应用于整个蛋白质组的分析，具有规模化、高通量、自动化等优点。

1. 基本原理　蛋白质芯片的原理是对固相载体进行特殊的化学处理，再将已知的各种蛋白分子（如酶、抗原、抗体、受体、配体、细胞因子等）高密度的点加在固相载体上，从而形成了较高密度的微阵列，利用蛋白质分子与其他分子的作用原理，根据这些生物分子的特性，让待检样品与该微阵列进行反应，然后根据标记的不同，对蛋白质信号检测，并使用相关软件对其进行分析，可获得蛋白与蛋白的调控关系、蛋白质体内表达水平、生物学功能及药物作用靶点筛选等信息，是一种高通量的蛋白质功能分析技术。

2. 检测步骤

(1) 固体芯片的构建：常用的材质有玻片、硅、云母及各种膜片等；理想的载体表面是渗透滤膜（如硝酸纤维素膜）或包被了不同试剂（如多聚赖氨酸）的载玻片。在大约 1cm×1cm 的面积上大约排列着 16 个矩阵，每个矩阵中含 48 个蛋白质样点。

(2) 探针的制备：使用特定的抗原、抗体、酶、免疫复合物、受体、基因表达产物（一个 cDNA 文库所产生的几乎所有蛋白质，可同时检测数千个样品）等制备探针。

(3) 生物分子反应：根据测定目的不同可选用不同探针结合，或与其中含有的生物制剂相互作用一段时间，然后洗去未结合的或多余的物质，将样品固定一下等待检测。通过将收集的靶向蛋白固定在芯片表面来检测蛋白质的功能并测评蛋白质相互反应及生物学活性。

(4) 信号检测分析：用显色或显影的方法判断杂交结果，可根据蛋白质分子是否被标记而分为两类。一类是有分子标记的间接检测法，将待测蛋白用荧光素、同位素和酶标记，结合到芯片的蛋白质就会发出特定的信号，检测时用特殊的芯片扫描仪扫描和相应的计算机软件进行数据分析。其中因为荧光标记的敏感、快速、无毒、对分子结构的非破坏性和相对经济等特点而使其成为芯片类型中最为广泛应用的检测技术。另一类是直接检测法，它是利用质谱、表面等离子体共振技术等与蛋白质数据库配合，直接分析芯片上靶蛋白的分子量和相对含量，如表面增强激光解吸离子化技术（surfacc enhanced laser desorption ionization，SELDI）、表面等离子体共振（surface plasmon resonance，SPR）等。

3. 蛋白质芯片的应用

(1) 检测蛋白分子间的相互作用：蛋白质芯片可开展蛋白质组学研究，揭示蛋白质作用的新机制，开发未知蛋白质资源。利用已知蛋白质分子的性质，实现对蛋白质与蛋白质相互作用的研究。

(2) 高通量筛选各种不同的抗体成分：制备抗体芯片用于临床检测，第一张抗体芯片可以同时检测血清样本中的 24 种重要的细胞因子。

(3) 对疾病发病分子机制的研究：一次实验能够定量分析 1000 种蛋白的表达水平，涉及信号传导、肿瘤、细胞周期调控、细胞结构、细胞凋亡和神经生物学等领域的相关蛋白，用于疾病机制研究和诊断。

(4) 协助寻找疾病诊断和治疗的靶分子：利用抗体芯片检测微生物的感染或筛查及监控肿瘤（C12 蛋白质芯片）。

五、核酸序列测定技术

核酸序列测定技术即核酸测序技术，是生物学领域中一项重要的技术。它可以揭示生物体的基因组结构和功能，对于基因组学、遗传学、生物进化等研究具有重要意义。随着高通量测序技术的发展，核酸序列测定技术已经成为现代生物学研究的重要工具之一。

早期的核酸序列测定技术可以追溯到 20 世纪 50 年代。当时，科学家们开始意识到通过研究 DNA 和 RNA 的序列，可以揭示生命的基本机制。然而，由于技术限制，早期的核酸序列测定技术非常困难和耗时。直到 20 世纪 70 年代，Frederick Sanger 开发了一种被称为 Sanger 测序法的技术，这是一种革命性的进步。

（一）Sanger 测序法

1977 年，生物化学家 Frederick Sanger 及同事发明了 Sanger 测序法。因此，Frederick Sanger 在 3 年后获得了诺贝尔化学奖。Sanger 测序法属于传统测序技术，特点是准确性高，但测序速度较慢，适用于小规模测序项目。

1. 基本原理　Sanger 测序法，又叫双脱氧链终止法，基于 DNA 合成的原理，在体外 DNA 复制的过程中，使用了一种特殊的 DNA 聚合酶，该聚合酶将双脱氧核糖核苷酸，随机插入到 DNA 中，引起 DNA 链的合成被终止在特定的位置，从而确定碱基的顺序的一种方法。

2. 实验步骤

(1) 制备 DNA 模板：提取 DNA 或 RNA，通过 PCR 扩增、限制性内切酶切割或化学合成等方法来实现。

(2) 反应体系：与 PCR 反应组分类似，不同之处在于，需加入少量的 ddNTP。ddNTP 缺乏 2 位和 3 位的羟基，当其作为原料进入新合成的 DNA 链后，无法与其他 dNTP 中的磷酸基团反应，无法形成磷酸二酯键，使新生链的合成终止。而 dNTP 掺入新生链，使链能够继续延伸。将 DNA 模板与引物和 DNA 聚合酶一起反应，进行 DNA 链的合成。在反应过程中，每次加入一种荧光标记的碱基，当碱基与模板 DNA 或 RNA 中的碱基配对时，DNA 聚合酶会将其加入到新合成的 DNA 链中。

(3) 荧光信号检测：用 4 种不同颜色荧光标记的 ddNTP，加入同一个反应中，当链聚合和终止反应完成就可以获得末端有不同荧光标记的 DNA 链片段，由于 4 种 ddNTP 是随机掺入的，根据不同的 ddNTP 在 DNA 模板上的位置，对应的可产生长度不同的合成被终止的 DNA 链。

(4) 电泳分离 DNA 片段：通过电泳技术分析这些不同 DNA 链的核苷酸长度，即可读出 DNA 链上每个位置的核苷酸类型，根据 DNA 链分子的大小，合成的 DNA 片段在毛细管电泳中依次通过激光器，当激光照射 DNA 链后，DNA 链末端的 ddNTP 发出荧光，从而判断末端 ddNTP 的碱基类型。

(5) 结果分析：图 12-2 中每个峰就是每个碱基的荧光信号，峰的高低代表了荧光信号的强弱，可以用不同的颜色代表不同的 ddNTP，测序峰图下方的数字代表序列读取的 DNA 位置，也称读长。基于 Sanger 测序法的测序仪，每个泳道一次可以读取约 1000bp 的 DNA 序列。使用计算机软件将颜色转变为碱基序列，确定 DNA 或 RNA 分子中碱基的排列顺序，从而得到核酸序列。

3. 应用　DNA 序列包含生命活动所有的信息，基因检测是从分子水平解读重要生命活动的信息。基因测序是基因检测中最重要的技术之一，随着基因测序技术方法的快速发展，在遗传病等疾病中的基因突变检测、病原体鉴定、疾病分型、肿瘤用药、药物代谢、产前诊断等领域发挥重要作用。如遗传性疾病基因突变检测时，通过遗传咨询由医生确定检测项目，疑似基因突变致病的可以

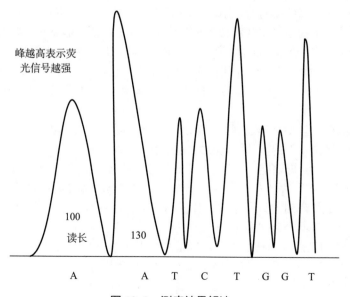

图 12-2　测序结果解读

先采集样本使用基因测序技术确定目的基因的序列信息，分析检测结果后出具检测报告以判定患者是否存在靶基因的突变并指导临床用药。

（二）第二代测序技术

尽管 Sanger 测序法在 DNA 测序中已经取得了很大的进步，但由于需要大量的 DNA 样本，且对于长序列的测定效率较低一定程度上限制了该法的应用。为了克服这些问题，科学家们进行了一系列的改进，产生了新一代的测序技术即第二代测序技术。这是指一类对 DNA 进行快速、高通量测序分析的技术方法，目前在 1 周内就可以完成一例个人基因组重测序的全部过程，且费用低于 10 000 元人民币，极大提高了测序的速度和效率，并且降低了成本。第二代测序技术中最具代表性的技术包括 454 测序（焦磷酸合成测序）、illumina 测序（边合成边测序）和 SOLiD 测序（连接 DNA 测序）。目前 illumina 测序仪是使用量最大的，下面以 illumina 测序为例进行介绍。

1. illumina 测序的原理　illumina 测序是一种高通量的并行测序方法，使用了可逆终止荧光 dNTP，其 3′ 端连接了一个叠氮基团，该叠氮基可以阻断后续的 dNTP 与它相连而终止 DNA 合成，同时该叠氮基还可以通过化学方法去除恢复 DNA 链的合成。此外，在可逆终止荧光 dNTP 的碱基上通过连接臂添加了荧光基团。在 illumina 测序法测序时，使用带有可以切除的叠氮基团和荧光基团的 dNTP 进行 DNA 合成的测序，每次 DNA 聚合反应只会合成一个碱基，且可以通过碱基所带有的荧光基团区分核苷酸的碱基类型，就可在进行 DNA 聚合反应的同时读取每一轮聚合反应中新添加的核苷酸碱基类型。

2. illumina 测序的步骤

(1) DNA 文库制备：利用转座酶的切割活性将双链 DNA 随机切割成小片段，并在两端连接测序接头。利用 PCR 技术在接头处修饰添加测序引物结合位点 1 和 2（提供 DNA 合成的起点）、P5、P7（与流动池中的寡核苷酸杂交和结合）、Index1 和 Index2（标记和区分不同样本来源的测序数据）。

(2) DNA 片段的固定：将修饰了的待测 DNA 文库放入流动池 Flowcell，其中布满寡核苷酸链序列 P5′ 和 P7，P5′ 与 P5 反向互补，以待测 DNA 片段为模板，以 Flowcell 上的 P5′ 为引物合成与待测 DNA 片段互补的反向 DNA 链，将模板链切除洗去，经退火后新合成的反向待测 DNA 链中的 P7′ 可以与 Flowcell 上的 P7 杂交进行链的合成。合成双链被解链分别与 Flowcell 上的接头杂交延伸解链杂交重复 35 个循环进行桥式 PCR，完成后将双链解链并选择性的将 P5′ 与 DNA 链的连接切断，留下 Flowcell 上与 P7 连接的 DNA 即正向 DNA 链。由于引物是固定在 Flowcell 上的，经过 35 个 PCR 循环后，每一个待测 DNA 序列就会在 Flowcell 的特定位置上形成一个 DNA 簇。

(3) 测序流程：连接、检测和切除为一个循环过程，以 DNA 簇为模板进行 DNA 聚合反应，dNTP 连接到新合成的 DNA 链上，同时 DNA 链末端无法继续连接 dNTP，所有未使用的游离 dNTP 和 DNA 聚合酶会被洗掉，加入激发荧光所需的缓冲液，用激光激发荧光信号并由检测系统检测。

(4) 测序结果解读：检测系统收集每个 DNA 簇发出的荧光信号，在每次反应循环中会拍照 4 次分别检测所有 DNA 簇位点上的四种核苷酸的荧光信号，即可同时读出所有 DNA 簇上的碱基类型，当荧光信号记录完成后再加入化学试剂淬灭荧光信号并用巯基试剂去除 3′ 端的叠氮基团进行下一轮的测序反应，如此重复，DNA 链的所有碱基序列就会被读出。因为 DNA 片段是被随机打断的还需软件分析和 DNA 数据库对比，利用这些片段间的重合序列将所有的 DNA 片段序列重新组合在一起构成完整的基因或基因组序列信息。

3. illumina 测序的应用　该技术方法可以适用于基因组测序、mRNA 分析、ChIP 测序、多基因诊断等大规模 DNA 测序分析，但其单次读长仅为 150 个碱基。

（三）第三代测序技术

第三代测序技术基于单分子读取技术，之前介绍的一代和二代测序技术无法实现超长序列的检测，只能进行多分子、短序列的检测。PacBio 公司研发的 SMRT（Single Molecule Realtime Sequencing）技术是具有代表性的第三代测序技术。下面将以 SMRT 技术为例进行介绍。

1. 第三代测序技术的原理　SMRT 技术仍是基于边合成边测序原理开发的检测技术，将 DNA 聚合酶固定在测序小孔的玻璃板上，当 DNA 聚合酶和模板及引物结合后，加入带有 4 种荧光基团标记的 dNTP，当与聚合酶正要合成的碱基一致的 dNTP 被聚合酶结合后，酶会较长时间的将该 dNTP 固定在玻璃孔底不让其飘走，从孔底打入的激发光激发被结合的 dNTP 上的荧光基团在碱基配对阶段发出荧光，仪器根据拍摄到的荧光颜色可判断进入的碱基类型。一个循环的聚合反应发生完毕后，焦磷酸基团就会从原来的 dNTP 上掉下来，荧光基团连接于焦磷酸，因此荧光基团一起掉下来在溶液中飘走了，再进行若干轮循环。在一张 SMRT 芯片上有几万个小孔可以同时进行测序，这样一次就可得到几亿个碱基的序列。

2. 第三代测序技术的步骤

(1) DNA 文库制备：在 DNA 片段的两端连接发卡状的接头，形成哑铃型的文库。DNA 整个分子形成一个圆环，在测序过程中可周而复始的进行测序（图 12-3）。

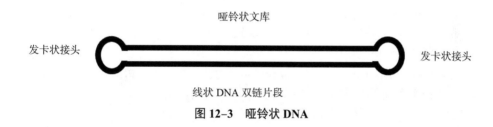

哑铃状文库

发卡状接头　　　　　　　　　　　　　　　　　　　　发卡状接头

线状 DNA 双链片段

图 12-3　哑铃状 DNA

(2) 荧光标记 dNTP：与 illumina 测序技术一样，也使用了四种颜色的荧光标记 dNTP，但也有不同之处。SMRT 技术的荧光基团直接标记在 dNTP 的 3′ 端磷酸基团上，当一个聚合反应的循环完成后，随着 dNTP 上的焦磷酸脱落连在其上的荧光基团也随之脱落在溶液中飘走不会影响后续的测序反应。

(3) 检测系统：入射光是几百纳米波长的可见光，小孔直径 70nm，光只能在小孔中传输很短的距离，只有合适的标记 dNTP 被酶捕获时，该 dNTP 才能在玻璃底板上停留较长的时间被激发光照射到后发出荧光。其他游离的 dNTP 只能非常短暂的进入小孔很难被检测。

(4) 结果分析：SMTR 技术的测序速度非常快，每秒可检测约 10 个 dNTP 但其测序的错误率也较高，错误率达 12.5%，错误类型主要是插入，会多读一个碱基。但由于其错误率是随机地再读一次，不会在同样的地方发生同样的错误，所以对同一序列多检测几遍后，这种错误可以被校正。

3. 第三代测序技术的应用　用于真核生物的基因组测序，了解其基因组结构、基因组大小、基因组组成等信息；用于检测单核苷酸多态性（SNP），如检测同源染色体的单核苷酸多态性具体位于哪一条染色体上，使用一、二代测序技术就无法区分；可对单个细胞的表达谱进行检测等。

（四）第四代测序技术

第四代测序技术是基于电信号而不是光信号的单分子检测的技术，其代表为 Oxford Nanopore Technologies 技术，即纳米孔测序技术。利用不同碱基影响生物纳米孔中电流变化的差异，对通过生物纳米孔的核酸进行测序分析的核酸测序技术。

1. 纳米孔测序技术的原理　纳米孔蛋白分子的中央有一个小孔，将该蛋白分子镶嵌在由合成聚合物产生的膜中，该膜具有很高的电阻，通过对浸在电化学溶液中的膜上施加电势，就可以通过纳米孔产生离子电流，进入纳米孔的单分子就会产生特异性的电流干扰，当单链 DNA 分子通过该纳米孔时，四种不同碱基引起的特征性电流信号各不相同，根据单链 DNA 通过纳米孔的电流信息额变化即可实时检测和分析 DNA 的碱基序列信息。

2. 实验步骤

(1) 样品制备：直接提取制备 DNA 或 RNA 样品，无须扩增、标记，不需要核苷酸、DNA 聚合酶或连接酶等，成本极低。

(2) 反应体系：一次性的检测芯片，包括纳米孔芯片系统、微流体系统、电子探针系统。先使双链 DNA 解链，纳米孔的孔内共价结合有分子接头，利用马达蛋白牵引单链 DNA 分子穿过，碱基本身属于生物大分子具有不同的电荷，穿过纳米孔时引起电阻膜上电流变化，每种碱基所影响的电流变化幅度是不同的，由仪器捕获电流的变化。

(3) 结果分析：使用试验数据分析系统分析电流信号的变化进行碱基判读。该过程比较复杂，目前纳米孔纵向最狭窄距离为 DNA 单链上 5 个碱基的长度，因此在同一时间检测到的是电流信号是 5 个碱基共同作用的结果，而不是单个碱基的作用结果，导致通过电流信号判读碱基序列是一个非复杂的过程，根据各种碱基序列的排列组合所得到的电流信号和形状特征图，制备特征库，将检测结果与特征库对比进而判读。

3. 纳米孔测序技术的应用　可用于传染病和微生物检测；测定农作物的基因组序列，发现与其产量等性状相关的基因或基因组区域，改良农作物；此外，还可以用于基因结构变异检测、mRNA 表达检测等，但不能检测单个碱基。

六、实时定量 PCR 技术

定量 PCR（quantitative polymerase chain reaction）技术是在普通 PCR 技术上衍生出来的一种技术。普通 PCR 技术需在 PCR 结束后才能对扩增产物进行分析，而定量 PCR 技术可以实时监测 PCR 反应的进程，从而用于样本中目标序列的精确测量。

（一）基本原理

定量 PCR 检测主要通过荧光染料或荧光标记探针实现，因此又称实时荧光定量 PCR（real-time fluorescent quantitative PCR）技术。由于实时荧光定量 PCR 引入了一种荧光化学物质，在 PCR 扩增反应中，每经过一个循环，收集一个荧光强度信号，随着产物的不断累积，产物中荧光信号强度也等比例增加。这样我们就可以通过荧光强度的变化实时在线监控反应过程，经软件分析后计算样品的起始模板量。

（二）基本步骤

1. 提取样本　使用 RNA 提取试剂盒提取样本中的 RNA，提取完成后还需使用仪器检测 RNA 的质量和浓度。

2. 准备 PCR 反应体系　包括待测样本、荧光染料、引物、酶、dNTP 和 ddH$_2$O。和普通 PCR 体系基本相同，只是增加了荧光染料或荧光探针。

3. 进行 PCR 反应　实时荧光定量 PCR 仪是一种带有激发光源和荧光信号检测系统的 PCR 仪。在 PCR 反应中，其产物的积累是指数级增长的。理想状态下，每扩增一次其产物增加一倍，n 次扩增后产物增加 2^n 倍。通过让产物携带荧光标记，检测每一次扩增后荧光强度的变化就可以绘制出荧光扩增曲线，通过扩增曲线监测荧光信号强度。

扩增曲线（图 12-4）：以扩增的循环次数为横坐标以荧光强度为纵坐标，反应 PCR 的进程，分四个阶段，即起始期、指数增长期、线性增长期和平台期。在前 15 个循环时，荧光信号的累积是杂乱的称为基线（baseline）或本底信号。以基线信号标准差的 10 倍作为阈值，指当荧光信号大于阈值时，测定的荧光信号是由于 PCR 的扩增导致的。阈值与扩增曲线相交点的对应横坐标的循环数（cycle threshold value，Ct）即循环阈值。指在 PCR 扩增过程中，荧光信号开始由本底进入指数增长阶段的拐点所经历的循环次数。

注意阈值是荧光强度，循环阈值是循环次数。在同一检测体系中同一批实时荧光定量 PCR 反应中不同样本的阈值是一样的而循环阈值是不同的；同一样本在不同 PCR 扩增反应中，循环阈值是较稳定的。

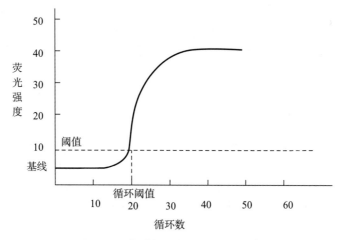

图 12-4　实时荧光定量 PCR 扩增曲线

4. 结果分析　通过电脑系统及相应的分析软件，计算目标序列的初始浓度。

（三）定量 PCR 技术的应用

1. 基因表达分析　测量特定基因在不同组织或条件下的表达水平。

2. 病原体检测　检测病原体的存在和含量，如病毒、细菌等。

3. 遗传变异分析　检测遗传疾病相关基因突变、插入或缺失或者拷贝数变异等遗传变异。在慢性粒细胞白血病患者中有典型的 Ph 染色体易位，可以通过核型分析检测，但仍有约 5% 的患者为细微的染色体易位，核型分析就不能检测出来，这时需要通过 FISH 或 PCR 检测。

4. 微生物检测　检测细菌、病毒等微生物的存在和数量，用于临床感染性疾病的诊断。

5. 对肿瘤的检测　可以对多至 100 万个细胞进行检测，甚至发现 100 万个细胞里的一个肿瘤细胞。这是目前检测灵敏度最高的方法，适合进行微量肿瘤细胞残留的检测。

第三节　其他组学技术

组学（omics）是指对细胞、组织或生物体内某种分子的所有组成内容进行检测、分析和研究的学科。随着生命科学研究的进展，人们发现单纯研究某一方面无法解释全部生命科学问题，因而提出从整体的角度去研究组织细胞结构、基因、蛋白质及蛋白质分子间的相互作用，整体分析人体组织器官功能和代谢的状态，为探索人类疾病的发病机制提供新的思路。

组学研究的种类大致分为两种，分别是以测序技术为基础的基因组学、转录组学、表观遗传组学与微生物组学，以及以质谱技术为基础的蛋白质组学和代谢组学。随着生物技术研究的不断深入，在临床多种疾病的诊断中，其诊疗的方式也发生了极大的变化，进入多组学诊断阶段。依据多组学检测数据为每个患者提供个性化的疾病筛查、诊断、治疗计划，可实现遗传病、肿瘤等疾病的早发现、精准分类及治疗。

一、基因组技术

基因组是每一生物的整套染色体所含有的全部 DNA 序列。不同物种基因组的大小不同。人体约由 300 多种类型、共 50 万亿个细胞构成，每个细胞的核中单倍体基因组总长为 30 亿对碱基，分布在 24 种不同的染色体上，每个基因的平均长度为 3000bp。单倍体基因组约由 2 万个蛋白质编码基因和数万个 RNA 编码基因组成。人类有 99.9% 的 DNA 序列完全相同，不同个体间的差异序列仍有 3Mb 之多，且已知的基因结构中还有约 50% 的基因功能是未知的。可见对人类基因组的研究是非常重要的，因此在全球范围内启动了"人类基因组计划"。基因组学正是伴随"人类基因组计划"

的实施而形成的一个全新的生命科学领域。对人类全基因组的解析，可以为所有生命科学研究提供基础数据和框架支持。从 20 世纪 90 年代开始基因组学的研究，短短几十年间对有关基因的鉴定、定位，功能与结构进行了大量的研究，特别是由于高通量测序技术的发展、计算机大数据分析、处理水平的提升，基因组学数据逐渐被应用到更多临床疾病的诊疗过程中。

（一）基因组学的定义

基因组学（genomics）是研究生物体基因组结构和功能的分支学科，涉及基因组作图、测序、结构分析和整个基因组功能分析，最终了解生物体的生命本质。其包括：结构基因组学对基因组物理结构进行测序和分析的研究；功能基因组学在整体水平上阐明各基因生物功能的研究；比较基因组学对所有生物物种的基因组进行横向和纵向对比的研究。基因组学与遗传学其他分支学科的差别在于，基因组学是在全基因组范围研究基因的结构序列、功能、位置、进化，染色体分子水平的结构特征，基因组水平的基因表达、调控和物种间基因组进化的关系。

（二）基因组学检测技术

基因组学的研究方法和技术不同于传统遗传学的特点，各相关领域的研究仍处于不断完善的过程中。基因组的检测主要是通过测序技术实现的，包括第一代、第二代、第三代和第四代的测序技术，以上技术见前述。

（三）基因组学的应用

1. 基因组学用于医学诊断。根据其正常细胞和突变细胞的基因组信息，基于基因组学的各种方法学正越来越多地用于指导患者选择最合适的靶向治疗方法。各种研究的结果表明，这些方法学在改善患者预后等方面具有明显的临床益处。基于基因组学的方法学也为免疫制剂的使用提供了信息，从而扩大了其潜在的临床适用性。从临床前发现和临床应用获得的"大数据"将改善数据挖掘工作，并进一步加深我们对癌症的理解，启用将基因组和临床数据结合在一起的数据集成方法，能以可扩展的方式提高预测患者最有效疗法的能力。所有这些方面都会影响基因组学指导的癌症医学的发展，并最终决定基因组学整合到临床诊疗中的程度。

2. 可以揭示 DNA 样品中的单核苷酸变异（single nucleotide variation，SNV）、插入缺失（insertion-deletion. InDel）、拷贝数变异（cory number variation，CNV）、结构重排及杂合性丧失。靶向测序能够实现更深度的序列覆盖，提高低纯度样品中关键突变检测的灵敏度。

3. DNA 和（或）组蛋白的化学修饰及高级染色质结构的变化可以以更高的精确度进行定位。

二、转录组学技术

转录组是生物体内所有的 RNA，一般是指信使 RNA（mRNA）。转录组检测和解析的最直接方式是将所有的 mRNA 全部转变为 cDNA 测序，然后通过将 cDNA 序列与已知的基因组序列进行比对，便可检测出哪些基因表达的 mRNA 存在于转录组中。转录组学研究具有较简易的实验技术、成熟的数据分析模式及能反映核酸与蛋白质之间紧密的联系等优点，因此较其他技术率先发展并得到广泛的应用。

（一）转录组学的定义

转录组可以分为狭义转录组和广义转录组两种，前者是指直接参与翻译蛋白质的 mRNA 总和，后者指所有参与基因转录和加工的 RNA 分子，包括编码 RNA 和非编码 RNA。

（二）转录组学检测技术

1. 测序技术在转录组研究中的应用　测序技术见前述。转录组中 mRNA 的测序本质上仍然是 DNA 的测序，直接对 RNA 测序不仅耗时长且检测的序列很短，无法检测 RNA 全长。对于 cDNA 的测序，常用表达序列标签分析（expressed sequence tags，EST）和基因表达系列分析（serial analysis of gene expression，SAGE）。EST 技术是对已建好的 cDNA 库中每个克隆插入的 cDNA 片段从 5′ 端或 3′ 端进行一轮单向自动测序，获得 60～500bp 的一段 cDNA 部分序列。一次实验可检测多种基因，广泛应用于基因表达谱研究、基因图谱构建、可变剪接识别、基因识别等领域。用生物信息学方法及软件对所得到的序列数据进行注释和分析，可描述一定条件下组织中各基因的表达水平，在各个领域中都起到了重要的作用。SAGE 技术是从已建好的 cDNA 库中，每个克隆制备 12bp 的序列，高通量测序，然后与已知的基因组序列进行比对分析，以确定哪些基因转录表达，并可根据序列出现的频率定量测定。由于 SAGE 技术检测的序列更短，所以在相同时间内比 EST 技术分析的 cDNA 序列更多。可在短时间内从整体水平对细胞或组织中的转录本进行定量分析。

2. 微阵列或芯片杂交分析在转录组研究中的应用　芯片技术见前述。根据芯片上荧光信号的颜色和强度用于 cDNA 序列的定性和定量分析。

（三）转录组学常用数据库

基因本体论（gene ontology，GO）数据库和京都基因与基因组百科全书（Kyoto Encyclopedia of Genes and Genomes，KEGG）数据库是转录组学分析常用的数据库。GO 数据库主要从分子功能、细胞组分和生物过程三个部分，分析基因产物分子水平的活动、发挥功能的细胞结构的位置及参与的新陈代谢过程等。KEGG 是一个整合了基因组、化学和系统功能信息的数据库，具有强大的图形功能，旨在揭示众多的代谢途径及各途径间的关系。

（四）转录组学的应用

转录组学在疾病诊断中应用广泛。转录组学为正常和异常个体的基因表达进行分析，并对基因的功能进行注释。在前列腺癌、乳腺癌等肿瘤中，可鉴定一些新型基因融合，寻找与疾病侵袭有关的早期分子标志物。在心血管疾病诊治方面的研究显示多种 miRNA 在动脉粥样硬化、冠心病中的发挥调控作用等。人类转录组中 mRNA 的种类数是基因数的 5 倍，这表明每个人类基因对应于 1 种以上的转录物。分析整个基因组后发现，约有 1 万种 mRNA 是在先前认为不存在任何基因的 DNA 区域内被发现的。这充分说明了转录组研究的必要性。

三、蛋白质组学技术

20 世纪 90 年代，随着"人类基因组计划"的实施完成，人们以为从此人类生老病死的秘密就会揭开。然而，事实是基因组学虽然提供了一些基因和疾病相关性方面的依据，但大部分疾病并不是由一个基因改变引起的。而且，同一个基因在不同的时间、空间、条件下可能会起到完全不一样的作用。关于这些错综复杂的问题，需要多组学的研究。蛋白质作为生命活动的主要承担者，受到广泛关注，并成为最重要的研究领域之一。

蛋白质组学研究历程可以追溯到 20 世纪 50 年代。1950 年，Frederick Sanger 和 Francis Crick 发表了关于蛋白质结构的重要研究成果，提出了蛋白质的 α 螺旋和 β 折叠结构模型，蛋白质分离和纯化的方法得到发展，包括电泳和柱层析等技术为后续的蛋白质组学研究奠定了基础。

随后，由于蛋白质测序技术的发展，Frederick Sanger 又首次成功测定了胰岛素每一个氨基酸的顺序，这是第一个完整测序的蛋白质。蛋白质测序技术成为蛋白组学的重要的研究工具。英国化学家 Dorothy Hodgkin 测定了胰岛素的三维结构。

1992 年，约翰·福尔斯特等发表了二维凝胶电泳技术，可以将蛋白质按照等电点和分子量进行分离，从而实现对复杂蛋白质高分辨率的分离。这一技术的发展使得研究人员能够更好地了解蛋白质的组成和表达水平。

1990 年，质谱技术的发展使得研究人员能够快速、高效地鉴定和定量蛋白质。其中，基于飞行时间质谱（TOF-MS）和串联质谱（MS/MS）的技术成为蛋白组学研究的重要手段。随着高通量技术的发展，研究人员开始关注蛋白质之间的相互作用网络。这一领域的研究为了解蛋白质的功能和调控提供了重要的线索。

1996 年，澳大利亚建立世界第一个蛋白质组研究中心 ARAF；第一个蛋白质组学数据库 SWISS-PROT 成立。该数据库包含有关蛋白质序列、功能和结构的信息；1997 年，约翰·福尔斯特等发表了质谱技术与二维凝胶电泳相结合的方法，实现了高通量的蛋白质鉴定；2001 年，在美国西弗吉尼亚州由 22 位国际知名科学家发起，人类蛋白质组组织（Human Proteome Organization，

HUPO）成立；2002 年，UniProt 蛋白质序列数据库成立。

2002 年，在国际人类蛋白质组组织成立后的第一次研讨会上，HUPO 组织成立后召开的第一次研讨会上，包括中国在内的与会科学家同提出了"人类蛋白质组计划"（Human Proteome Project，HPP）。截至 2022 年，已可靠地检测到人类基因组中编码的 19 750 个预测蛋白质中的 18 407 个的蛋白质表达。

2003 年，人类脑蛋白质组计划开展和蛋白质组标准化计划实施；随后，人类肾脏和尿液蛋白质组计划、人类抗体计划、人类疾病小鼠模型计划、人类心血管蛋白质组计划、疾病标志物计划、模式生物蛋白质组计划、人类染色体蛋白质组计划等蛋白质组计划开展。2014 年，发表了蛋白质互作网络图谱，揭示了蛋白质之间的相互作用关系。

（一）蛋白质组学的定义

"蛋白质组"是 K. L. Wllans 和 M. R. Wilkins 于 1994 年将"protein"和"genome"两个词"重组"而提出的。基因组表达的最终结果是一组蛋白质，即蛋白质组（proteome）。1997 年，P. James 又提出了蛋白质组学这一新概念。蛋白质组学（proteomics）是研究各种基因组在细胞中全部蛋白质的组成、结构、功能和表达模式的学科。虽然蛋白质组是基因组产物的集合，但两者之间并不是一一对应的关系。从蛋白质修饰的角度来看，蛋白质组的生物化学潜力可因 mRNA 的剪切、外显子的选择性表达和编辑等化学修饰及翻译后的修饰，如糖基化、磷酸化加工过程而改变，产生多种蛋白质。因此，氨基酸序列一致的一级结构可能形成功能、空间结构完全不一样的蛋白质。基因组也不能同时表达所有的蛋白质，而是在不同的组织、不同的生长时期合成不同的蛋白质，所以蛋白质组不是固定的，它包括了生物体内蛋白质的整体表达情况，包括种类、数量、结构和功能等。

（二）蛋白质组学研究的手段

蛋白质组学是一门新兴的前沿领域，蛋白质组学整个实验流程包括：①不同组织或细胞样品中蛋白质的提取与分离；②蛋白质鉴定与定量，找出表达差异的蛋白质；③生物信息学分析及验证。对应使用以下技术手段，如二维凝胶电泳（two-dimensional gel electrophoresis，2-DE）、蛋白质芯片（protein microarray）、质谱法（mass spectrometry，MS）、蛋白质互作网络等方法，其中 MS 和 2-DE 两大技术是蛋白质组学研究的核心技术。近年来，随着质谱仪技术的不断发展和改进，常采用质谱技术结合生物信息学分析，可以快速、准确地鉴定和定量大量蛋白质样本，从而揭示蛋白质的结构、功能和相互作用等重要信息。

1. 二维凝胶电泳 这是分离蛋白质的最主要技术，它是将制备的蛋白质样品进行电泳后，为了达到不同的分离目的，在其垂直方向再进行一次电泳。二维凝胶电泳可将复杂的蛋白混合物分离开来，通过疾病组和对照组的 2-DE 条带的比较寻找疾病相关的蛋白质。依赖于凝胶图像分析软件，分析点的缺失、出现、蛋白质点的表达丰度的变化，寻找疾病相关蛋白，并进行翻译后修饰的研究。

2. 蛋白质芯片 这是将大量的蛋白质或与蛋白质作用的探针分子固定在支持物上，形成高密度的微阵列，待检样品与该微阵列反应，检测蛋白质的功能并测评蛋白质相互反应及生物学活性的蛋白质功能芯片。抗体芯片是目前蛋白质芯片中的最重要的类型，用于分析抗原 - 抗体的相互作用。

3. 质谱法 这是被普遍使用的蛋白质鉴定分析技术，用于大规模高通量分析。在相同实验条件下每种蛋白质都有其确定的质谱图，因此将所得质谱图与已知质谱图对照，就可确定待测化合物并提供特定蛋白的分子量信息、序列信息和蛋白质三维结构分析。

（三）蛋白质组学的应用

蛋白质组学的研究不仅可以和基因组研究互相补充，合理地解释各种复杂的生命现象，而且和人类的遗传病、肿瘤诊断、抗体筛查及生物制药直接相关，使人们对蛋白质组学产生极大的兴趣和关注。从整体的角度识别和研究人体和其他生物体中细胞、组织或器官中一整套表达的蛋白质的组成、表达情况、修饰状态、相互作用及其动态变化，进而深入了解生物体的生理和病理过程，以及蛋白质在细胞功能和代谢调控等过程的整体全面的认识。现在世界上已有国家先后成立了蛋白质组研究中心，已经建立很多种细胞的蛋白质组数据库，相关的国际互联网站也纷纷面世。

四、代谢组学技术

代谢是生物体内一切化学变化的总称，是生物体表现其生命活动的重要特征之一，在生物学的所有领域都起着核心作用。代谢通常被分为分解代谢和合成代谢，是生物体不断进行物质和能量交换的过程。任何大小的物种，基本代谢途径都是相似的。代谢组（metabolome）也叫小分子清单，是指某种特定细胞、组织或者整个机体维持生物体正常生长功能和生长发育的所有代谢小分子，是细胞内的基因组表达的结果。主要是分子量 < 1000 的内源性小分子，小分子的产生和代谢能够反映出机体的健康、疾病、衰老和药物及环境作用的影响。尤其需注意的是代谢组不包括 DNA、RNA、蛋白质和酶等生物大分子。

（一）代谢组学的定义

代谢组学（metabolomics）是 20 世纪 90 年代中期继基因组学和蛋白质组学之后新发展起来的一门新兴学科，是系统生物学的重要组成部分。通过考察生物体系（细胞、组织或生物体）受刺激或扰动后（如将某个特定的基因变异或环境变化后）其代谢产物的变化或其随时间的变化，来研究生物体系的一门学科。在多细胞生物中，不同种类的细胞中基因组基本是一样的，但基因组在不同的细胞内会选择性表达产生不同的转录组，不同的转录组翻译产生不同的蛋白质组。不同的蛋白质组包含不同的酶催化不同的反应，进而产生不同的代谢组。因此，发生在肝细胞的尿素循环，其相关的一些代谢小分子，可能在其他的类型的细胞内检测不到，或者所含的量非常低。

代谢组学以内源性代谢物分析为基础，以高通量分析检测与统计学数据处理为手段，通过定性、定量分析及研究生物体系受外部刺激或扰动后产生的内源性小分子代谢物整体及其变化规律，来探明生物体系的代谢途径。代谢途径或细胞过程中的代谢物可作为生物标志物，用于疾病诊断，预测患者对化学疗法的反应和（或）常见疾病复发。

（二）代谢组学的检测技术

一个代谢组中含有含量众多的小分子代谢物，研究时需先将其分离。气相色谱、高效液相层析和毛细管电泳技术就主要用于将一个代谢组内所有小分子的分离。

代谢组中各种小分子物质的鉴定主要使用磁共振（magnetic resonance，MR）和质谱（mass spectrometry，MS）技术，这两种技术都可以提供代谢小分子的定性和定量分析信息，下面简单介绍这两种技术。

1. 磁共振技术 磁共振技术是利用自旋原子核在外磁场作用下的核自旋能级跃迁所产生的吸收电磁波谱来研究有机化合物结构与组成的一种分析方法，为多个学科领域的研究提供了一种分析与测量手段。由于其可深入物质内部而不破坏样品，研究蛋白质的三位结构，并具有迅速、准确、分辨率高等优点。NMR 技术已被广泛用于识别由一系列因素引起的代谢差异，是代谢组学研究的主要技术。通过使用稳定的同位素标签，可以阐明代谢物转化的动力学和机制，并探索代谢途径的区域化，应用于早期疾病诊断、系统生物学研究和药物靶点发现。

2. 质谱技术 MS 通过同时测量许多代谢物为代谢组学数据提供了大量多维数据，主要用于分子结构的研究。但需要仔细地对其进行质量控制、分析和解释。像基因组学和转录组学一样，有各种各样的公共数据库和工具可用于存储、查询、浏览、分析和可视化代谢组学网络。

（三）代谢组学常用的数据库

有人类代谢组数据库（Human Metabolome Database，HMDB）、Reactome 数据库、KEGG 数据库和 MassBank 数据库等。

HMDB 是代谢组学热门数据库之一，包含人体内发现的小分子代谢物的详细信息，包含不少于 79 650 种代谢物条目。SMPDB 数据库与 HMDB 关联，包含约 700 种人类代谢和疾病途径图。Reactome 数据库主要收集了人体主要代谢通路信息及重要反应。MassBank 数据库主要收集许多高分辨率低代谢组分的谱图。此外 KEGG 数据库也包含了代谢通路和互作网络信息，是常用代谢组数据库之一。

（四）代谢组学的应用

将代谢组学数据与数据分析系统相结合，研究不同代谢途径的变化。在患病个体中观察代谢物变化一直是临床实践的重要组成部分。许多代谢物已被确定为各种疾病的标志物，在临床中被用于反映疾病的严重程度。当细胞癌变时能够同时检测多种代谢物的变化，用于癌症研究中。除癌症外，代谢组学在如对糖尿病患者和健康人间的研究也发现，许多代谢途径发生了显著变化。并且在研究生物小分子的复杂混合物及其代谢网络，与生物大分子的相互作用中发挥重要作用。随着高通量分析平台的出现，代谢组学为识别新标志物提供了一种新的途径，使数以百计的分析物的测量成为可能。

五、表观组学技术

表观遗传是 DNA 同大量在细胞中的微小分子相互作用激活或隐藏基因。表观遗传现象非常普遍，如产地不同的同一种药材，其药效相差甚远，说明相同基因型的生物在不同的环境条件下表型有很大的差别。在 20 世纪 40 年代由 C. H. Waddington 首创"epigenetics"（表观遗传学）。表观遗传学是指在 DNA 序列不改变的前提下通过某些机制引起可遗传性基因的选择性表达，是传统遗传学的重要补充。表观遗传调控是当前分子遗传学的研究热点，同时也是基因表达调控的重要组成部分，研究的重点包括基因表达的调控机制、DNA 甲基化、基因组印记、染色质重塑和非编码 RNA 和组蛋白修饰等调控方式。检测表观修饰的分析方法从个别位点向高通量检测的方向发展，同时由定性检测向定量分析的方向发展。新一代测序技术的应用，也极大推动表观遗传研究的发展。

（一）表观组学的定义

表观组学是在基因组、转录组水平研究表观遗传的学科。因此，表观组学又分为表观基因组和表观转录组。表观基因组是染色质上包含了大量发生在 DNA 和组蛋白上的生物化学修饰，这些修饰加上染色质的结构变化，提供了独立于基因组序列之外的极其重要的信息。表观转录组指所有转录后的、不改变 RNA 序列的修饰。目前已在 RNA 上发现超过 100 种化学修饰。

（二）表观遗传学检测技术

现有的表观组学分析及检测技术主要分为三类。

1. 基因组甲基化水平检测使用高效液相色谱法（HPLC）和高效毛细管电泳法（HPCE）。

2. 候选基因（candidate gene）甲基化分析使用亚硫酸盐测序技术。重亚硫酸盐能将基因组中未发生甲基化的 C 碱基转换成 U 碱基，PCR 扩增后变成 T，而有甲基化修伤的 C 碱基则不发生改变。可将有甲基化修饰的 C 碱基与没有甲基化修伤的 C 碱基区分开，再结合高通量测序技术，得到单碱基分辨率的全基因组 DNA 甲基化测序（whole genome methylation sequencing，WGBS）图谱，WGBS 是甲基化测序的"金标准"。

3. 基因组范围的 DNA 甲基化模式与甲基化谱分析使用甲基化 DNA 免疫沉淀测序（immunoprecipiation sequencing）。

（三）应用

表观组学涉及生命活动的各个领域，是维持染色体正常功能的重要机制，表观遗传修饰因子的突变会对基因组的稳定性产生广泛影响，进而导致癌症的发生。有研究表明表观遗传学的改变先于癌症的发生，并增加了癌症发生的风险。因此，可以通过抑癌基因甲基化水平检测、血液循环中游离 DNA（cfDNA）甲基化状态对癌症进行早期的筛查。肿瘤 DNA 甲基化标志物具有数量更多、信号强、定位肿瘤等优势，因此 cfDNA 被认为是癌症早筛的有效手段。

第 13 章　遗传学技术的临床应用及诊断

第一节　遗传病的检测

染色体数目或结构异常引起的疾病称为染色体病（chromosomal disorder）。其本质是染色体上的基因或基因群的增减或变位影响了众多基因的表达和作用，破坏了基因间的平衡状态，因而妨碍了人体相关器官的分化发育，造成机体形态和功能的异常。严重者在胚胎早期夭折并引起自发流产，故染色体异常易见于自发流产胎儿。少数即使能存活到出生，也往往表现有生长和智力发育迟缓、性发育异常及先天性多发畸形。因此，染色体病对人类危害甚大，且又无治疗良策，目前主要通过遗传咨询和产前诊断予以预防。染色体病表型的轻重程度主要取决于染色体上所累及基因的数量和功能。

染色体病按染色体种类和表型可分为三种，即常染色体病、性染色体病和染色体异常的携带者。染色体病在临床上和遗传上一般有如下特点：①染色体病患者均有先天性多发畸形（包括特殊面容）、生长、智力落后或性发育异常、特殊皮纹；②绝大多数染色体病患者呈散发性，即双亲染色体正常，畸变染色体来自双亲生殖细胞或受精卵早期卵裂新发生的染色体畸变，这类患者往往无家族史；③少数染色体结构畸变的患者是由表型正常的双亲遗传而得，其双亲之一为平衡的染色体结构重排携带者，可将畸变的染色体遗传给子代，引起子代的染色体不平衡而致病，这类患者常伴有家族史。

一、常染色体病

常染色体病是指 1～22 号常染色体发生数目或结构畸变所引起的疾病。常染色体病约占人类染色体病的 2/3，包括三体综合征、单体综合征、部分三体综合征、部分单体综合征及嵌合体等。临床上常见的主要有唐氏综合征，其次为 18 三体综合征，偶见 13 三体综合征及 5p 部分单体综合征等。患者共同表现的临床特征是智力低下、生长发育迟缓和头面部、皮纹、内脏等多发畸形。

（一）唐氏综合征

唐氏综合征（Down syndrome，DS）（OMIM #190685）也称 Down 综合征、21 三体综合征或先天愚型，是发现最早、最常见的染色体病，由英国医生 John Langdon Down 于 1866 年首次报道。本病具有母亲生育年龄偏大和单卵双生一致性两个特点。1959 年，法国细胞遗传学家 Jérôme Lejeune 证实了本病的病因是多了一条的 G 组染色体，随后确定是 21 号，因此又称为 21 三体综合征（trisomy 21 syndrome）。

1. 发病率　唐氏综合征在新生儿中的发病率为 1/800～1/600，出生率在各种族和民族间无明显差异。据估计，我国目前约有 60 万以上的患者，每年新出生的患儿有 2.7 万例左右。流行病学研究表明，母亲生育年龄大于 35 岁时，生育患儿的风险显著增高（表 13-1）。

表 13-1　母亲生育年龄与唐氏综合征发病风险

母亲年龄	每次生育唐氏综合征的发病风险率	生过唐氏综合征后复发风险
15—19 岁	1/1850	增加 50 倍
20—24 岁	1/1600	增加 50 倍

（续表）

母亲年龄	每次生育唐氏综合征的发病风险率	生过唐氏综合征后复发风险
25—29 岁	1/1350	增加 5 倍
30—34 岁	1/800	增加 5 倍
35—39 岁	1/260	无明显增加
40—44 岁	1/100	无明显增加
45 岁以上	1/50	无明显增加

2. 临床表现 患儿主要临床表现为智力障碍、生长发育迟缓、特殊面容。患儿智商通常为25～50；生长发育迟缓和肌张力减退的发生频率几乎为100%。特殊面容是唐氏综合征最直观的诊断依据，发生频率在70%左右，主要表现为：小头脸圆、鼻梁扁平、眼距过宽、眼裂细小、外眼角上斜、内眦赘皮、张口吐舌、流涎、小耳且耳位低等。骨骼系统异常如手短而宽、通贯掌、第5指内弯和第1、2趾间距宽等。约50%的患者有先天性心脏病，也有胃肠道畸形、免疫功能低下，易患呼吸道感染，急性白血病死亡率增加20倍。男性常有隐睾，睾丸有生精过程，但无生育能力；女性患者通常无月经，偶有生育力，常将本病遗传给子代（图13-1）。

3. 核型与遗传机制 Down综合征的患者主要有三种核型，即三体、嵌合体和易位型。

(1) 21三体型：也称游离型或标准型。约占全部患者的92.5%，核型为47，XX（XY），+21。产生的主要原因是生殖细胞形成过程中，21号染色体在减数分裂时发生了不分离。研究资料表明，90%的不分离发生于母方减数分裂（尤其是减数分裂Ⅰ），仅约10%的不分离发生在父方的减数分裂Ⅱ。21三体型的发生率随母亲生育年龄增高而升高。

(2) 易位型：约占全部患者的5%。此类患者多余的不是完整的一条21号染色体，而是21号染色体长臂与另一条D组或G组近端着丝粒染色体（通常为14号或22号）发生罗伯逊易位形成的衍生染色体。虽然患者体内染色体总数为46，但其中一条是易位染色体，最常见的是D/G易位，如14/21易位，核型为46，XX（XY），-14，+t（14q；21q）。少数是G/G易位，如核型为46，XX（XY），-21，+t（21q；21q）。

易位型患者产生的原因可能是双亲之一形成配子时发生了新生突变，也可能是由平衡易位携带者（balanced translocation carrier）亲代遗传而来。如14/21平衡易位携带者只有45条染色体，丢失了一条14号染色体和一条21号染色体，取而代之的是一条14q21q易位染色体，核型为45，XX

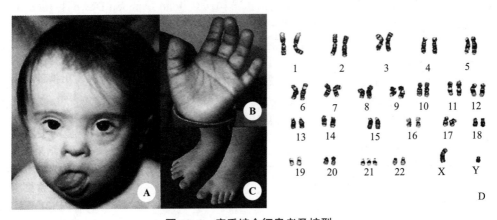

图 13-1 唐氏综合征患者及核型

A. 特殊面容；B. 通贯掌；C. 1、2趾间距宽；D. 21三体型患者核型（引自 Robert L.Nussbaum 等，2016）

（XY），−14，−21，+t（14；21）（q10；q10）。如图 13-2 所示，平衡易位携带者在生殖细胞形成时，理论上可产生 6 种类型的配子，但实际上只有 4 种配子形成，故与正常个体婚配后，将产生 4 种核型的个体。可见，染色体平衡易位携带者虽外表正常，但其常有自然流产或死胎史，所生子女中，约 1/3 正常，1/3 为易位型 Down 综合征患儿，1/3 为平衡易位携带者。然而已有研究显示，母方携带者生育患儿的风险为 10%～15%，父方携带者生育患儿的风险更低。

如果双亲之一为 21/21 平衡易位携带者，则其产生的配子 1/2 缺少 21 号染色体，1/2 有一条 21/21 易位染色体。其所生子女中，1/2 为 21 单体型不能存活，1/2 为易位型 Down 综合征患者，活婴 100% 受累。由此可见，及时检出携带者尤为重要，21/21 平衡易位携带者不应生育。

(3) 嵌合型：约 2.5% 的 Down 综合征患者是嵌合体，核型为 46，XX（XY）/47，XX（XY），+21。其产生的主要原因是受精卵在早期卵裂的有丝分裂过程中，21 号染色体发生不分离，结果产生 45/46/47 细胞系的嵌合体。但由于 45，XX（XY），−21 的细胞不易存活，患者常表现为 46/47 嵌合体。因为患者体内含有正常细胞系，故临床症状多较 21 三体型轻；由于表型与发育过程中 21 三体型细胞在胚胎中所占比例有关，不同患者间表型变异很大。不分离发生得越早，三体型细胞所占比例越高，症状越严重。

4. 常染色体病的筛查

(1) 染色体病筛查适用人群：包括不孕不育的夫妻；具有出生缺陷疑似染色体异常的患儿，及具有发育异常需排查原因的患者；具有染色体异常家族史，希望了解自身情况的人群；发生自然流产或异常妊娠，检测胎儿组织排查原因；曾有过不良生育史，生育过染色体异常患儿或反复自然流产的夫妻。

(2) 染色体筛查的方法及内容：目前的染色体检测分为核型检测和低深度全基因组测序。普通核型检测能发现染色体的位置异常（平衡易位、倒位、罗氏易位）、嵌合、数目异常等，但是看不

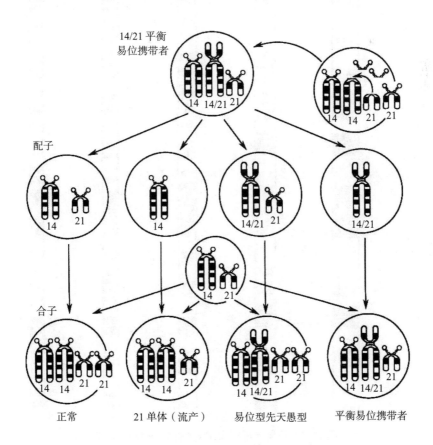

图 13-2 14/21 染色体平衡易位携带者和子女核型图解

到染色体 3～5Mb 以下的微缺失微重复问题；低深度全基因组测序可以发现大于 100kb 以上的染色体缺失、重复、高于 20% 以上嵌合体、染色体数目异常等，但是看不到染色体的位置异常问题。也就是说，要把染色体问题查全，需要进行核型检测和低深度全基因组测序。

①核型分析：染色体核型分析是确定患者染色体是否正常的主要方法，但由于染色体核型分析的工作量较大，故通常限于一些特殊面容、发育异常或有致染色体畸变因素接触史者等特殊临床指征的患者。染色体核型分析技术一直被认为是确诊染色体畸变的"金标准"，也是染色体病产前诊断的一线方法，550 条带分析分辨率可达到 5Mb。

由于染色体高分辨显带能为染色体及其所发生的畸变提供更多细节，所以有助于我们发现更多、更细微的染色体结构的异常，使染色体发生畸变的断裂点定位更准确，因此这一技术在临床细胞遗传学、分子细胞遗传学检查上，或在肿瘤染色体的研究和基因定位上都具有非常广泛的应用价值。根据染色体检测的水平，显带技术可分为低分辨（320～400 带）、中等分辨（400～550 带）和高分辨（700～850 带），即分辨率越高，漏诊的可能性越小以 1 号染色体模型图为例，从左向右分别代表 1 号染色体 300 带、400 带、550 带、700 带和 850 条带水平的单倍体核型（图 13-3）。

②低深度全基因组测序：是一种采用二代测序技术对样本 DNA 进行低深度全基因组测序的检测方法，将测序结果与人类参考基因组碱基序列进行比对，通过生物信息分析以发现受检样本存在的基因拷贝数变异（copy number variations，CNV-seq）。低深度全基因组测序可以发现大于 100kb 以上的染色体缺失、重复、高于 20% 以上嵌合体、染色体数目异常等，被应用在染色体疾病的诊断中。CNV-Seq 在诊断染色体疾病方面与 CGH 有较高的一致性，且在细胞水平诊断有很好重复性和稳定性

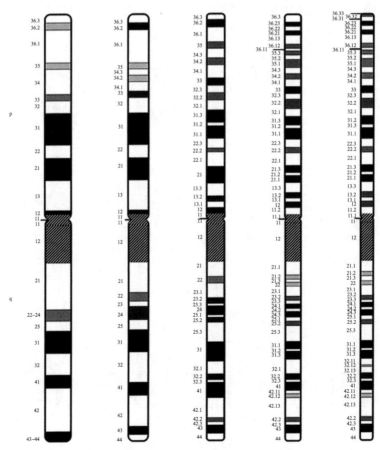

图 13-3　不同分辨率人类 1 号染色体 G 带模式

引自张曼等 . 中华医学杂志，2016

且 CNV-Seq 技术与核型分析相比，CNV-Seq 对核型异常的检出率显著高于常规染色体分析。2019 年，中华医学会医师遗传学分会临床遗传组等发布的《低深度全基因组测序技术在产前诊断中的应用专家共识》中提到，具备条件的产前诊断机构可将 CNV-seq 作为一线产前诊断技术应用于临床。

但 CNV-seq 也有其局限性，其检测结果看不到染色体的位置异常问题。因此，要想把染色体问题查全，需要将低深度全基因组测序与高分辨率核型检测结合起来。

（二）临床病例分析

1. 病例 1 患儿，男，5 岁，因严重智能障碍就诊，疑患儿为染色体病作染色体检查。患儿面容具有典型的游离型 21 三体综合征容貌特征：两外眼角上翘，眼裂小，眼距宽，鼻梁扁平，舌头大常往外伸出，流涎，四肢短，手指短而粗，肌无力及通贯手，体格发育落后。

染色体检查：采集患者外周血淋巴细胞培养，制备染色体标本，G 显带分析，计数 50 个分裂象，分析 8 个分裂象，核型均为 47，XY，+21（图 13-4）。其父母染色体检查结果核型均正常。患儿为第 1 胎，母亲无流产史，其余亲属未作染色体检查，双亲家族中均无类似病例。

（1）遗传咨询要点：细胞分裂过程中的染色体不分离是唐氏综合征的遗传病理基础，导致全部或部分体细胞额外多出一条 21 号染色体。染色体不分离可以发生在生殖细胞减数分裂过程和合子后早期卵裂过程，前者导致含两条 21 号染色体的配子的产生，与正常配子受精后形成 21 三体合子。只有 10% 左右的 21 三体合子能发育并分娩。孕妇唐氏综合征发病风险会随孕妇年龄增大而升高。

（2）实验室诊断：为提高唐氏综合征的产前检出率，常进行超声检查和母体血清筛查。

①孕早期超声检查：在孕 10～11 周可以检测颈项透明层，唐氏综合征的胎儿见有颈项透明层增厚，73% 有鼻骨缺如（只有 0.5% 的正常胎儿发现鼻骨缺如）。颈项透明层正常值一般＜ 2.5mm，当为 3mm 时唐氏综合征的发生风险增加 3 倍，4mm 时增加 18 倍。

②血清筛查：孕早期主要生化标记物是母体血清 PAPP-A 和游离 β-hCG。孕 15～20 孕周（以 16～18 孕周为最佳），常用生化标记物是 AFP、绒毛膜促性腺激素和游离雌三醇等。

（3）有关筛查的咨询：筛查前需要帮助孕妇明确筛查与诊断的区别，筛查阳性不能说明胎儿一定患有唐氏综合征。需解释导致 AFP 升高的原因（如开放性神经管畸形、腹壁裂、胎儿肾畸形、其他先天性畸形、死胎、胎儿宫内发育不良、未成熟儿、母 - 胎血型不相容性溶血及正常胎儿等）；AFP 降低时，也可能是其他原因 13 三体综合征（trisomy 13 syndrome）、18 三体综合征（trisomy 18 syndrome）等其他常染色体三体、三倍体、卵巢萎缩、流产等。

得到筛查阳性结果后要注意对孕妇的心理进行沟通处理，不能因为对羊膜腔穿刺的风险害怕而采取消极等待的态度。另外，对胎儿超声波检查时也会使孕妇产生思想负担，需要疏导。

得到羊膜腔穿刺和超声波检查结果后针对得到的两种不同结果进行咨询。当异常时，孕妇首先对结果的准确性表示怀疑，然后表现出抵触的情绪。当结果正常时，孕妇也会怀疑结果的准确性，可能认为不是全部的胎儿异常都能被检测出来。这样不肯定性的思想包袱会一直持续到小孩出生为止。

母体血清筛查阴性结果也不能完全排除唐氏综合征的可能。阴性者仍然会有 0.3% 的唐氏综合征风险。

 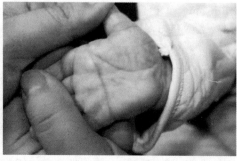

图 13-4 唐氏综合征患儿、手纹及核型

2. 病例 2 女性，27 岁，已婚。主因结婚 1.5 年，不良孕产 2 次于 2022 年 5 月 12 日来院就诊。初潮 12 岁，平素月经 7/35～40 天，量中，无痛经，末次月经 2022 年 4 月 17 日。1 年半前结婚，婚后夫妇同居，性生活正常，发生不良孕产 2 次，为求进一步诊治来我院就诊。

婚育史：初婚，男方体健。女方 $G_2P_0A_2$。2020 年 5 月，孕 6 周左右，自然流产 1 次（hCG 涨幅不满意），未查绒毛染色体。2022 年 3 月 17 日，孕 6 周左右，因胎停育行清宫术，胎停清宫前外院筛查凝血及免疫指标无异常（抗磷脂抗体、蛋白 S、蛋白 C、血小板聚集率）。

既往史：既往体健，否认药物过敏史，无高血压、糖尿病、冠心病病史，无手术外伤史，无输血史。

家族史：父母体健，非近亲婚配。否认遗传病及传染病史。

患者为进一步了解此次胎停原因，考虑患者此次为第二次胚胎停育建议行流产组织检查。流产组织 CNV 检测提示 8 号染色体三体，显示该样本检出染色体非整倍体变异，即 seq［hg19］dup（8）（p23.3q24.3）chr8: g.l_146364022dup。该样本为 8 号染色体三体，查询公共数国库显示 8 号染色体三体患者通常表现为发育迟缓、关节痉挛、深手掌、足底褶皱、胚胎早期停育［PMID：19353586］，另该染色体三体可能与耻骨发育异常综合征（mtelodrplastsyndroe）相关［PMID：22414973］。检测结果见图 13-5。

以上报告为染色体微阵列检测结果，染色体微阵列（chromosomal microarray analysis，CMA）又称为染色体芯片，可在全基因组范围内检测染色体数目异常和微缺失、微重复等结构异常，也被称为"分子核型分析"。CMA 可在全基因组水平进行扫描检测染色体不平衡的拷贝数变异，尤其是在微缺失、微重复等异常方面具有显著优势。用于先天性心脏病、胎儿结构异常、不明原因的智力落后和（或）发育迟缓、多发畸形和自闭症的诊断中。尤其适用于核型分析结果正常但是表型异常的患儿的检测。

3. 病例 3 患者，女，35 岁，因外院检查孕 16 周孕中期唐筛提示 21 三体高风险 1∶89，门诊医生建议其行羊水穿刺检查，羊水染色体核型检查，提示 46，XN，未见明显异常，但染色体微阵列分析检测出致病性 CNV，在 X 染色体 Xp22.31 位置发生半合子缺失，片段大小 290kb，涉及 STS（300747）和 PUDP（306480）共 2 个蛋白编码基因。STS 基因半合子缺失会导致"X 连锁鱼鳞病"（OMIM #308100），呈 X 连锁隐性遗传，男性患儿多在出生时或出生 1 年内出现皮肤表现，且隐睾的发生率增加，建议胎儿及母亲 CMA 检测及遗传咨询（图 13-6）。

核型分析结果为 46，XN，遗传咨询意见：①根据该检测结果，提示胎儿染色体 G 显带核型未见异常。②建议结合临床，并进一步遗传咨询。

此后父母双方 CMA 检测未见明显异常，此孩子为新发突变异常。

染色体芯片技术可分为两大类：基于微阵列的比较基因组杂交（CGH）技术和单核苷酸多态性微阵列（SNP）技术。前者需要将待测样本 DNA 与正常对照样本 DNA 分别标记，进行竞争性杂交后获得定量的拷贝数检测结果，而后者则只需将待测样本 DNA 与一整套正常基因组对照数据进行对比即可获得检测结果。

通过 CGH 芯片能够很好地检出 CNV，而 SNP 芯片除了能够检出 CNV 外，还能够检测出大多数的单亲二倍体（uniparental disomy，UPD）和多倍体，并且可以检测到一定水平的嵌合体（mosaicism）。而设计涵盖 CNV+SNP 检测探针的芯片，可同时具有 CNV 和 SNP 芯片的特点。

二、性染色体病

性染色体病（sex chromosome disease）是指 X 染色体或 Y 染色体发生数目或结构畸变而引起的疾病。性染色体虽只有 1 对，但性染色体病约占染色体病的 1/3；新生儿中性染色体病的总发病率为 1/500。在活婴和胎儿中，最常见的性染色体畸变是三体型 XXY、XXX 和 XYY。

临床表现主要是青春期发育延迟、原发或继发闭经、不育和两性生殖器等。因为女性的 X 染色体有一条发生随机失活、Y 染色体上基因数量较少，使得性染色体病的临床表现与常染色体相比

染色体畸变检测报告

受检者信息：

受检者信息：	姓名：
年龄：27 周岁	孕周：8
送检材料：绒毛	样本类型：流产物
采样日期：	报告日期：
ID：	

检测方法：高通量 DNA 测序法

检测结果（ISCN）	CNV 类型	CNV 类型	评级
Seq[hg19]dup（8）(p23.3q24.3) chr8:g.l-146364022dup	重复	146.36Mb	致病性

建议：1. 遗传咨询。
　　　2. 再次妊娠时，须行产前诊断。

检测人：×× 　　　　　　　　　　　　　　　　　　　　审核人：××

声明：

1. 报告结果只对本次受检样本负责，不能排除因母源污染造成的影响，结果仅供临床参考。

2. 本检测仅针对染色体非整倍体以及 100kb 以上基因组拷贝数变异（CNV）导致的疾病。

3. 本检测不能排除由以下因素引起的疾病：多倍体（如三倍体）；单亲二体（UPD；染色体平衡易位、倒位、环状；单基因病、多基因病、线粒体病、其他遗传物质突变；感染、药物、辐射等环境诱因。

4. 染色体疾病中极少数是由嵌合体，即由两种或两种以上的细胞系引起的。因正常与异常细胞系比例不定，本技术对于嵌合体检测存在难度。

5. 本检测结果是参考人类基因组 hg19 版本和 DGV、DECIPHER、OMIM、UCSC 及 PubMed 等公共数据库在出结果时最新公布数据确定的。

6. 限于现有医疗技术与诊断水平难以确诊的，医师已提了咨询意见，育龄夫妇可以选择避孕、节育、不孕等相应的医学措施。

染色体畸变检测报告

检测结果和检测结果说明：

　　该样本检出染色体非整倍体变异：

　　seq[hg19]dup（8）(p23.3q24.3)

　　chr8:g.1_146364022bup

　　该样本为 8 号染色体三体。查询公共数据库显示：8 号染色体三体患者通常表现为发育迟缓，关节痉挛，深手掌，足底褶皱，胚胎早期停育 [PMID:19353586]。另外，该染色体三体可能与骨髓发育异常综合征（myelodysplastic syndrome）相关 [PMID:22414973]。

检测结果附图：

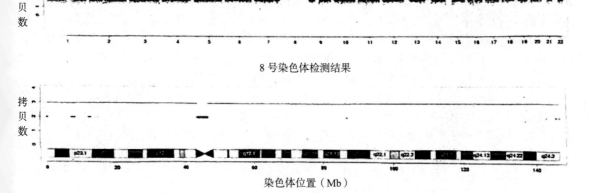

全基因组检测结果

8 号染色体检测结果

染色体位置（Mb）

图 13-5　染色体畸变检测报告及诊断

样本类型：羊水　　　检测方法：染色体微阵列分析（基因芯片 Affymetrix CYTOSCAN 750K）

染色体分析结果图：方框仅为选定标记，不表示是否异常。

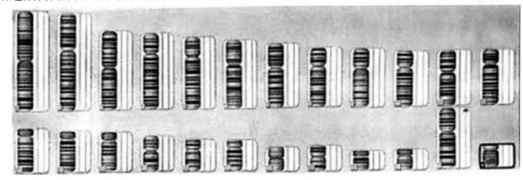

胎儿取材母体 DNA 污染鉴定结果：
D13S305、D18S978、D21511 等 11 个 STR 位点测序分析提示无母体 DNA 污染。
检测结果（根据人类细胞遗传学国际命名体制）：
arr[GRCh37]Xp22.31（6958953_7249354）x0
结果解释：
检测出致病性 CNY。
在 X 染色体 Xp22.31 位置发生半合子缺失片段大小约 290kb，涉及 STS（300747），PUDP（306480）共两个蛋白编码基因。ST 基因半合子缺陷会导致"X 连锁鱼鳞病（OMIM #308100）"，呈 X 连锁隐性遗传，男性患儿多在出生时或出生一年内出现皮肤表现，且隐睾的发生率增加。
建议：胎儿母亲 DNA 检测及遗传咨询

图 13-6　染色体微阵列分析报告示意

一般要轻得多。大多数患者在婴儿期没有明显的临床表现，直到青春期因第二性征发育障碍或异常才就诊。

（一）Klinefelter 综合征

Klinefelter 综合征（Klinefelter syndrome，KS），简称克氏征，也称先天性睾丸发育不全或原发性小睾丸症。由美国医生 Harry Klinefelter 于 1942 年首次报道而命名；1956 年，Bradbury 等证明患者体细胞间期有一个 X 染色质（或 Barr 小体）；1959 年，Jacob 和 Strong 证实患者核型为 47，XXY，较正常男性多出一条 X 染色体，故又称为 XXY 综合征。

1. 发病率　Klinefelter 综合征的发病率较高，男性新生儿中为 1/2000～1/1000，在身高 180cm 以上的男性中占 1/260，在不育的男性中占 1/10。

2. 临床表现　本病主要的临床表现为患者身材高、睾丸小、第二性征发育不良、睾丸曲细精管萎缩呈玻璃样病变，不能产生精子，不育。患者通常体态呈女性分布，胡须阴毛稀少、成年后体表脂肪堆积、皮肤细嫩、音调较高、喉结不明显。约 25% 病例有乳房发育，6% 病例伴尿道下裂或隐睾，性情和体态趋向女性特点（图 13-7）。少数患者可伴骨髓异常、先天性心脏病、智能正常或有轻度低下。一些患者有精神异常或精神分裂症倾向。此外，患者易患糖尿病、甲状腺疾病、哮喘和乳腺癌。患者实验室检查可见血浆睾酮仅为正常人的 50%，雌激素水平增高。

3. 核型与遗传机制　80%～90% 的本病患者核型为 47，XXY；10%～15% 为嵌合型，常见的有 46XY/47，XXY、46XY/48，XXXY 等；此外还有 48，XXXY 核型等。嵌合型患者中若 46，XY 的正常细胞比例大时临床表现则轻，可有生育力。核型中 X 染色体数目愈多，患者病情愈严重。

本病患者细胞中的额外染色体源于减数分裂时 X 染色体的不分离，约 1/2 病例来自父方第一次减数分裂不分离，1/3 来自母方的第一次减数分裂不分离，出生患儿的风险一般随母亲年龄的增加而增大。少数患者与母亲生殖细胞减数分裂 Ⅱ 不分离或合子有丝分裂不分离有关，此时与母亲年龄无关。

4. 预后　Klinefelter 综合征的患者一般寿命正常，可在青春期使用睾酮治疗，维持男性表型，

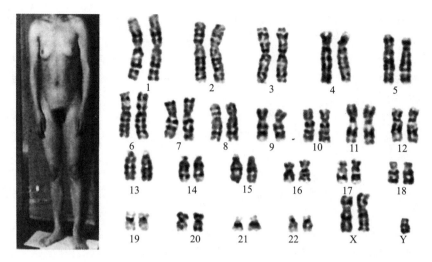

图13-7 Klinefetar 综合征患者及核型

A. Klinefetar 综合征患者表型（引自刘权章，2006）；B.Klinefelter 综合征患者核型

男性乳房发育，可手术切除。

（二）Turner 综合征

Turner 综合征（Turner syndrome，TS）也称为女性先天性性腺发育不全综合征或先天性卵巢发育不全综合征，又称45，X综合征。1938年，由 Henry Turner 首先报道并命名；1954年，Polani 证实患者细胞核 X 染色质阴性；1959年，Charles Ford 等证明本病患者核型为45，X，比正常女性少了一条 X 染色体。

1. 发病率　在新生女婴中约为1/5000，但在自发流产胎儿中可高达18%～20%，本病在怀孕胎儿中占1.4%，但其中99%流产，患病胎儿在子宫内不易存活。

2. 临床表现　Turner 综合征主要的特征是性发育幼稚和身材矮小（120～140cm）。90%以上的患者卵巢发育不全、性腺为纤维条索状、无滤泡、子宫、外生殖器及乳房幼稚型、原发闭经不育。许多患者还出现肘外翻、后发际低、蹼颈、乳间距宽等（图13-8）。此外，约1/2患者有主动脉狭窄和马蹄肾等畸形。

1. 核型与遗传机制　约55%患者核型为45，X；25%为嵌合型，常见核型45，X/46，XX；25%为 X 染色体结构异常，核型为46，X，i（Xq）。一般来说，嵌合型的临床表现较轻，轻者有可能有生育力。X 短臂单体性决定身材矮小和其他 Turner 体征,X 长臂单体性决定卵巢发育不全和不育。

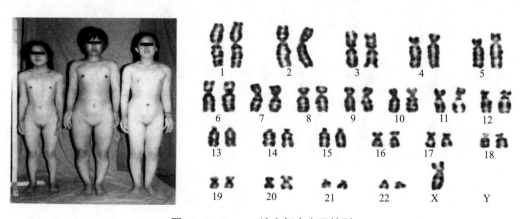

图13-8 Turner 综合征患者及核型

A. Turner 综合征患者表型（引自刘权章，2006）；B.Turner 综合征患者核型

本病的发病机制是双亲配子形成在减数分裂过程中 X 染色体不分离，或合子后早期卵裂有丝分裂时染色体丢失。患者的单个 X 染色体大多来自母亲，即 70%～80% 的染色体丢失发生在父亲。由于父亲精子发生时 X、Y 染色体不分离，形成了 XY 型和 O 型染色体异常的精子，后者与正常卵子受精后形成核型为 45，X 的后代。10% 嵌合体的形成是 46，XX 的正常受精卵在卵裂过程中发生了 X 染色体丢失所致。

2. 预后　除少数患者由于严重畸形死于新生儿期外，一般均能存活。青春期用女性激素治疗可以促进第二性征发育。少数有自发月经的患者能怀孕，所生后代中 1/3 患有先天异常。

（三）XYY 综合征

1961 年由 Sandburg 等首次报道。在男婴中的发病率为 1/900。大部分患者的表型一般均正常，身材高大，常超过 180cm，偶尔可见尿道下裂，隐睾，睾丸发育不全并有生精过程障碍和生育力下降，但大多数男性可以生育。

大多数患者核型为 47，XYY，核型中额外的 Y 染色体是父亲精子形成过程中第二次减数分裂时发生 Y 染色体不分离所致。少数患者为 46，XY/47，XYY 嵌合体，源自受精卵早期卵裂时，有丝分裂中 Y 染色体不分离。核型中 Y 染色体越多，越容易出现各种严重的畸形。本病通常不遗传下代。

（四）X 三体综合征

X 三体综合征（triple X syndrome）又称 XXX 综合征。由 Jacobs 等于 1959 年首先报道，并称为"超雌"。本病发病率在新生女婴中为 1/1000，女性精神病患者中发病率为 4/1000。X 三体女性可无明显异常，约 70% 病例青春期第二性征发育正常，并可生育；30% 患者卵巢功能低下，原发或继发闭经，过早绝经，乳房发育不良；1/3 患者可伴先天畸形，如先天性心脏病、髋关节脱位；部分可有精神缺陷。约 2/3 患者智力稍低。X 染色体越多，智力发育越迟缓，畸形亦越多见。

患者核型多数为 47，XXX（图 13-9）；少数为嵌合体 46，XX/47，XXX；极少数为 48，XXXX 或 49，XXXXX。患者细胞内额外的 X 染色体，几乎都来自母方减数分裂的不分离，且主要发生在减数分裂 I 。受精卵早期卵裂时有丝分裂 X 染色体不分离则形成嵌合体。本病通常不遗传给下代。

（五）脆性 X 染色体综合征

脆性 X 染色体综合征（fragile X syndrome）（OMIM #300624），1943 年由 martin 和 Bell 首先

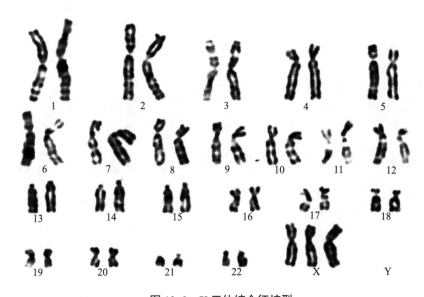

图 13-9　X 三体综合征核型

报道了一个家系两代人中有 11 例智力低下的男性患者和 2 例轻度智力低下的女性患者，认为此智力低下与 X 连锁，并将其命名为 Martin-Bell 综合征；1969 年 Lubs 在男性智力低下患者及其女性亲属中发现 X 染色体长臂具有"随体和细丝状次缢痕"；此后，Sortherland 证明此"细丝"位于 Xq27，并提出脆性部位或位点（fragile site）的概念。现将 Xq27.3 处有脆性部位的 X 染色体称为脆性 X 染色体（Fragile X，FraX），由 FraX 导致的疾病称为脆性 X 染色体综合征。FraX 部位易断裂、丢失，形成染色体末端缺失。

1. 发病率 本病是最常见的遗传性智力低下疾病之一，发病率仅次于唐氏综合征，男女患病率分别为 1/1250 和 1/2000，在非特异性智力低下患者中占 2%～6%，在男性智力低下中占 10%～20%；女性携带者频率约为 1/7000。无明显的种族差异。

2. 临床表现 脆性 X 染色体综合征以智力及语言障碍、大睾丸、特殊面容、大耳朵为主要临床特征，但这些特征具有很大的个体差异。男性患者智力障碍大多为中度至重度，面容瘦长、前额突出、嘴大唇厚、腭弓高、头围大；约 80% 男性患者青春期以后出现大睾丸；一些患者还有多动症，攻击性行为或孤僻症；20% 患者有癫痫；多数患者性腺发育不良，精子少，少数患者能生育后代。女性患者临床症状较轻。

3. 分子机制 脆性 X 染色体来自携带者母亲。该病无论男女携带者都不易检测出 X 染色体的脆性部位，但男女发病者则易检查出 Xq27.3 脆性部位。与脆性 X 染色体智力低下有关的基因已被克隆，并被命名为 FMR1（fragile X mental retardation 1）。该基因位于 Xq27.3，长 38kb，包含 17 个外显子，其表达最高的组织包括脑、睾丸及卵巢。分子遗传学技术研究证实，FraX 综合征的发病机制是 FMR1 基因发生动态突变。该基因 5' 端的非编码区有一（CGG）n 三核苷酸重复序列，CGG 重复序列的长短在人群中具有多态性，正常人可具有 6～50 个 CGG 重复序列，脆性 X 染色体智力低下患者具有 200～1000 个 CGG 重复序列。当重复次数达到约 200 次以上，FMR1 基因的 5' 端发生异常甲基化，导致基因转录失活而发病。CGG 串联重复次数的增加和相邻区域的高度甲基化也造成了 X 染色体脆性部位的显示。当一个个体 CGG 重复次数达到 52 次后，这一区域在减数分裂过程中即显现不稳定状态，其重复次数可继续增加。重复次数为 52～200 次称为前突变（permutation），带有前突变的个体称为携带者。前突变在遗传过程中不稳定，CGG 重复继续增加至 200 次以上并使相邻区域高度甲基化，称为全突变（full mutation），导致相应临床症状。全突变只能在前突变的基础上发生。可通过分子生物学技术对该序列的重复数量进行检测，目前很多产前诊断机构已可以完成患者的基因诊断，还可进行胎儿的产前诊断。

三、核基因病

核基因病主要指单基因病和多基因病，具体见前述。

（一）单基因病

单基因遗传病看似简单，实则同一基因型的不同个体或者同一个体的不同部位，由于各自遗传背景不同，所表现的程度也可能会有显著差异。因此，临床上对于单基因遗传病的检测有多种检测策略：生育过遗传病患儿，计划生育健康的二胎，做家系分析；疾病明确，但致病基因不明确的遗传病进行相应的基因检测；怀疑为遗传性疾病的，做遗传筛查。

目前临床上使用较多的检测技术是二代测序技术，但是二代测序技术有其自身的局限性，如对于具有高度同源的假基因区域，大片段的重复或缺失突变、三碱基动态突变时，二代测序技术无法保证准确性。当基因检测结果为阴性时，并不能完全排除患病的可能性。

常染色体显性多囊肾基因诊断方案设计 常染色体显性遗传多囊肾病（autosomal dominant polycystic kidney disease，ADPKD）即正常肾组织被无数小囊代替，双肾形成多个进行性增大囊肿，外形似葡萄串，有时囊间有岛状正常组织。ADPKD 大多伴有高血压、血尿等，最后导致终末期肾衰竭，占我国终末期肾衰竭病因的 10%。

ADPKD 发病率为 1/400～1/1000，我国患者人数在 200 万以上。ADPKD 一般代代相传，患者都有家族史，受累人群达 1000 万，难以预防，最好的方法是产前预防。ADPKD 致病基因为 PKD1、PKD2、PKD3，分别编码多囊蛋白 1、多囊蛋白 2 和多囊蛋白 3。其中 PKD1 约占致病因素的 85%，PKD2 约占致病因素的 15%，PKD3 有研究曾报道过，但尚未定位。

在实际临床中，PKD1 基因结构复杂，基因大，并且含有 6 个假基因，同源性高达 97.5%，因此用传统方法检测时，基于真基因与假基因比对的差异位点设计真基因特异引物时，由于同源性高，差异位点少，需要几千个碱基才有合适的位点。

直接用 Sanger 测序法检测时，工作量大，效率低，成本高。如果先进行 SSCP 或 DHPLC 初筛，对可疑位点区再进行 Sanger 测序验证，较为快速，经济，但准确度较低且特异性差。二代测序技术，设计捕获探针芯片，覆盖 PKD1 和 PKD2 的全部外显子和内含子交界区域以及上下游 1kb 的基因序列，对捕获后的 DNA 片段再进行高通量测序。

（二）多基因病

多基因病是若干对基因作用积累之后，形成的复杂性疾病。同时，多基因病的发生还受环境因子的影响（详见前述）。如糖尿病、精神分裂症、高血压、哮喘等。

1. 精神分裂症（schizophrenia, SZ）（OMIM #181500）是最常见的令人困惑的复杂疾病之一，其遗传率约为 85%，是一种以遗传因素为主的疾病，但要建立遗传背景与该病之间的确切关系却十分困难，使其遗传基础的研究受到了挑战。近年来，应用关联分析方法和全基因组扫描技术，已发现 30 多个基因可能是 SZ 的易感基因。

(1) *DRD3* 基因成为 SZ 重要的候选基因：多巴胺是一种非常重要的神经递质，对调节人体的精神 – 神经活动具有重要作用。多巴胺过量一直被认为是导致 SZ 的主要原因，故多巴胺受体基因亦被认为是 SZ 的重要候选基因。*DRD3* 基因（OMIM *126451）位于 3q13.3，其表达与思维、情感等功能相关。研究表明 *DRD3* 基因外显子 1 的 Ser9Gly 变异形成的 BaL Ⅱ 限制性片段多态性与 SZ 的发生存在相关。临床上治疗许多精神分裂症的药物均为多巴胺 D_2 受体（dopamine D_2 receptor，DRD_2）的拮抗药，因此 DRD_2 受体基因也成为 SZ 易感基因的候选对象。DRD_4 基因与 SZ 有微弱关联。

(2) $5\text{-}HTR_{2A}$ 基因：5– 羟色胺是另一种重要的神经递质，可以通过其相应的受体（5–HTR）来调节人的神经活动。研究发现，$5\text{-}HTR_{2A}$ 第 102 位 T-C 突变形成的限制性片段长度多态性位点是理想的遗传标记。目前临床上使用的一些抗 SZ 新药均是特异性地作用于 $5\text{-}HTR_{2A}$ 基因而产生药效，故 $5\text{-}HTR_{2A}$ 基因可能与 SZ 的发病机制有一定关联性。

(3) *HLA* 基因：位于 6p21.3 的 *HLA* 基因是人类基因组中多态性最丰富的基因群，直接决定免疫排斥反应。某些 SZ 亚型患者存在自身免疫缺陷，从而推测 *HLA* 可能参与 SZ 的发病过程。大量研究证明，HLA-A1、HLA-A2、HLA-A9、HLA-B5、HLA-CW4 及 HLA-DR8 等与 SZ 呈正相关，而 HLA-DR4、HLA-DQB1 与 SZ 呈负相关。

2. 糖尿病 糖尿病（diabetes mellitus，DM）是一种常见多发的多基因病，迄今为止，DM 的病因及发病机制尚未阐明，存在家族发病倾向，95% 以上的 DM 表现出明显的遗传异质性。临床上至少有 60 种以上的遗传综合征可伴有 DM，成为严重威胁人类健康的全球性公共卫生难题。胰岛病变致胰岛素分泌缺乏或延迟，抗胰岛素抗体产生，胰岛素受体缺陷或受体靶组织对胰岛素敏感性降低等构成 DM 发病的主要环节。

1 型 DM（OMIM %222100）的遗传因素尚不清楚。流行病学调查显示，1 型 DM 的发病率具有民族、种族及地区差异。亚洲人比欧洲人发病率低，这种差异可解释为不同遗传因素与环境因素相互作用的结果。筛选 1 型 DM 的易感基因是探索该病病因的主要途径。目前怀疑 1 型 DM 的易感基因位点有 1p13、6p21.3、Xpll.23–q13.3、12q24.2 等。1 型 DM 的易感基因有 20 多个，HLA 是 1 型 DM 最重要的易感基因。

2 型 DM（OMIM #125853）是糖尿病的主要类型，发病率占 DM 的 90%～95%，也是异质性很强的多基因病，并且受环境因素的重要影响，其发病率在全球一直呈上升趋势。目前，环境因素被认为在 2 型 DM 的发病中起重要作用。对 2 型 DM 易感基因的研究主要采用候选基因法和基因组扫描为基础的定位克隆法。国际上已研究过 250 多种候选基因，2 型 DM 易感基因有 31 个，如 *ABCC8* 基因等与 DM 有一定相关性。迄今为止，怀疑 2 型 DM 的易感基因位点区域有 2q24.1、2q36、7p15-p13、10q25.3、17q25、19q13.1-q13.2 及 20q12-q13.1 等。最新研究发现 DNA 甲基化的改变对于以糖尿病和肥胖为代表的代谢性疾病也存在重要意义。

3. 原发性高血压　高血压（hypertension）可分为原发性高血压及继发性高血压两类，其中原发性高血压占总高血压患病率的 95% 以上，即通常说的高血压。原发性高血压是多基因、多因素引起的具有很强遗传异质性的疾病。高血压以动脉血压持续升高为主要特征，可并发心脏、血管、脑与肾等靶器官损害，以及代谢改变的临床综合征。高血压的遗传率为 60%，影响了全球 20%～30% 人口的健康，致使全球每年超过 1000 万人死于其相关性疾病，其中我国达 200 多万。识别和克隆原发性高血压易感基因可阐明原发性高血压的遗传本质和发病机制、对该病的临床治疗、预后判断、早期检出及预防有重大影响。采用全基因组关联研究，发现高血压候选基因不下 200 个，原发性高血压的易感基因有 20 多个，如 *NOS3* 等，涉及肾素 – 血管紧张素 – 醛固酮系统、交感神经系统、下丘脑 – 垂体轴、内皮素、激肽释放酶 – 激肽系统、类固醇激素、前列腺素、生长因子和激素、细胞内信使、脂质代谢、糖代谢、载脂蛋白和离子通道或转运体等多个系统或功能，研究较多的是肾素 – 血管紧张素 – 醛固酮系统。位于 17q23 的血管紧张素转化酶（*ACE*）基因、位于 3q21-25 的血管紧张素 Ⅱ 1 型受体基因（*ATIR*）、位于 8q24.3 的醛固酮合成酶基因的多态性在高血压和心血管疾病发生发展中起重要作用。

四、线粒体病

线粒体病（mitochondrial diseases，MD）是由线粒体 DNA 或核 DNA 突变引起线粒体功能缺陷而导致出现的一种复杂的多系统疾病。心脏、肌肉和中枢神经系统常受影响。

（一）线粒体疾病相关基因

线粒体疾病基因根据其功能作用分为六个亚群，共 338 个基因。其中遗传方式为常染色体隐性遗传 262 个，母系遗传 36 个，常染色体显性遗传 8 个，X 连锁显性遗传 6 个，X 连锁隐性遗传 4 个，AR 和 AD 结合遗传 22 个基因。

（二）线粒体遗传病诊断

基因检测是辅助线粒体疾病诊断的有效技术之一，需联合生化学、影像学、组织酶学等检测方法综合应用。mtDNA 全基因检测时，标本首选 3ml EDTA 抗凝血，同时推荐受检者及其母亲同时送检，核基因组检测推荐受检者及其父母三人同时送检。

Leber 遗传性视神经病（Leber hereditary optic neuropathy，LHON）（OMIM #535000）是一种罕见的眼部线粒体病，由德国眼科医生 Theodor Leber 于 1871 年首次报道，是最早确诊的人类线粒体病。LHON 主要症状为双侧视神经退行性病变，又称视神经萎缩。临床表现为视神经坏死，导致急性或亚急性双眼的中心视力迅速丧失，即患眼看不见视野的中心部分。通常是两眼同时受累，如果不是同时，那么在一只眼睛失明不久（2 个月内）另一只眼也会失明。视神经和视网膜神经元变性是 LHON 的主要病理特征，另外还有周围神经的变性、心脏传导阻滞及肌张力降低等。

LHON 患者常见于青年人，发病年龄为 18—30 岁，患者多为男性（80%～90%），男女患者性别比因种族不同而有差异。一般女性发病年龄比男性晚，病情较为严重，预后也较男性患者差。

诱发 LHON 的 mtDNA 突变均为点突变。1988 年，Wallace 首次发现患者 mtDNA 第 11778 位点的 G 转换成了 A，使 NADH 脱氢酶亚单位 4（ND4）第 340 位高度保守的精氨酸被组氨酸替换，降低了线粒体 ATP 的产量，导致细胞功能逐渐下降，引起视神经萎缩。约 50% 的 LHON 患者存在 G11778A，主要突变组还有 G14459A、G3460A、T14484C 和 G15257A 等。虽然 LHON 是典型的线粒体遗传病，但核基因和环境因素也影响 LHON 的发病。

LHON 相关突变体的外显率变化很大，不同的突变体有不同的外显率，即使相同突变体的外显率在不同个体间也存在差异。LHON 家系中 mtDNA 可有多个突变点，并且可发现两个以上突变的协同致病作用。如 mtDNA 单倍型类群 M7b1′2 可显著增加突变 G11778A 的临床外显率，同时携带原发突变 G11778A 和 T593C 的 LHON 家系发病率要高于只携带突变 G11778A 的患者。此外，由 T14488C 突变所致 LHON，患者预后较其他突变引起的 LHON 要好，约 37% 患者自愈；而 G11778A 突变导致的失明预后最差，自愈率仅为约 4%。

LHON 呈母系遗传，迄今尚未发现男性患者将此病传递给后代的例子。PCR-SSCP 分析是检测 mtDNA 片段序列变化或突变的一种简单而灵敏的基因突变的筛选方法。

MERRF 综合征又称为肌阵挛癫痫伴破碎红纤维综合征（myoclonic epilepsy associated with ragged red fibers，MERRF）（OMIM #545000）是线粒体脑肌病的一种，具有多系统紊乱的症状，主要包括肌阵挛、全身性癫痫、小脑共济失调、破碎红纤维。其他临床症状还表现为肌细胞减少、轻度痴呆、耳聋、智力低下、眼震颤等。患者肌细胞中常见大量团块状的异常线粒体，常被描述为破碎红纤维（RRF），用 Gomori Trichrome 染料可将其染成红色。MERRF 在 5—50 岁均可发病，通常 10—20 岁发病，病情可持续若干年，是一种明显的异质性母系遗传病。

80%～90% 的 MERRF 是由于 *MTTK* 基因突变所致，其中最常见的突变位点为 A8344G，少数为 T8356C、A8296G 和 G8363A。mtDNA A8344G 突变破坏了 tRNA^{Lys} 中与核糖体连接的 TΨC 环，引起呼吸链复合体的缺陷，尤其是复合体 I 和复合体 IV 的合成，从而使氧化呼吸链功能下降，导致患者多系统病变。MERRF 患者 mtDNA 发病阈值与发病年龄有关，年龄较小时，其发病阈值较高；年龄较大时，发病阈值较低。如对于 20 岁以下的个体，当突变 mtDNA 达到 95% 以上时会表现全部 MERRF 症状，突变 mtDNA 为 85% 时表型正常；对于 60 岁以上的个体，突变 mtDNA 为 63% 时表现为中度 MERRF 症状，突变 mtDNA 为 85% 时则表现出典型 MERRF 症状。

MELAS 综合征又称线粒体脑肌病伴高乳酸血症和卒中样发作（mitochondrial myopathy，encephalopathy，lactic acidosis，and stroke-like episodes，MELAS）（OMIM #540000）是最常见的母系遗传病。患者 40 岁前开始发病，主要临床症状为中枢神经系统的异常，包括阵发性头疼、复发性休克、肌病、共济失调、癫痫、肌阵挛、痴呆和耳聋等。异常的线粒体不能代谢丙酮酸，导致大量丙酮酸生成乳酸，乳酸在血液和体液中累积，导致血液 pH 下降和缓冲能力降低，造成乳酸性酸中毒。特征性病理解剖变化，是在脑和骨骼肌的小动脉和毛细血管管壁中有大量异常形态的线粒体聚集。

患者发病年龄在 2—15 岁，也可发生于婴儿和成人。约 80% 的 MELAS 患者是由 *MTTL1* 基因 A3243G 点突变所致，突变使 tRNA^{Leu} 基因结构异常，转录终止因子不能结合，rRNA 和 mRNA 合成的比例发生改变。A3243G 突变表现为异质性，同一位点的突变可导致不同的临床症状，不同位点的突变也可引起相同的临床症状。当肌肉组织中 A3243G 突变达到 40%～50% 时，出现眼外肌麻痹、肌病和耳聋；当 A3243G 突变 ≥ 90% 时，可致复发性休克、痴呆、癫痫、共济失调等。

（三）线粒体疾病治疗

目前还没有针对线粒体疾病的根治方法，无有效药物，缺乏有效手段，需要多学科合作管理和对症治疗。

五、遗传代谢性疾病

先天性遗传性代谢缺陷（inborn errors of metabolism，IEM）是由于基因改变导致某种酶或蛋白质的功能发生改变引起的代谢途径变化而产生的一系列疾病。目前已发现并确认的人类 IEM 疾病有 500 余种，在活产儿中的累积发病率达 3/1000。IEM 在临床上可表现为生长发育和智力落后、惊厥、肝脾肿大、骨骼畸形、心肌损害、神经系统损害等症状。由于 IEM 患者的临床表现常无特异性，当新生儿或婴儿出现不明原因的长期多系统脏器损害，尤其是在母孕期正常或出生正常的新生儿中，出现喂养后病情恶化的情况，需考虑 IEM。

（一）遗传代谢病的病因

由于编码酶的结构基因发生突变引起酶蛋白结构异常或缺失；基因的调控系统发生异常，使之合成过少或过多的酶造成代谢紊乱。

（二）遗传性代谢病的临床表现

对于此类疾病，症状和体征可能是非特异性的。新生儿期表现嗜睡、喂养不良、呕吐、癫痫、生长延迟预示着合成代谢减少或分解代谢增多，可能是产能的酶作用底物的可利用性减低（如糖原贮积症）或者能量不足，蛋白利用障碍（有机酸血症或尿素循环缺陷）。新生儿期后的非生理性黄疸通常反应内在的肝病，但也可因遗传性代谢障碍所致（未治疗的半乳糖血症、遗传性果糖不耐受症和Ⅰ型酪氨酸血症）。

（三）遗传性代谢病的检测

遗传性代谢紊乱时，可进行常用实验室检查和筛查试验。常用实验室检查（包括血常规、尿常规）及生化检测（如血糖、胆红素、乳酸、肌酐、酮体、尿素、电解质等测定），有助于对遗传性代谢病做出初步判断或缩小诊断范围。筛查试验通常包括糖检查、电解质检查、全血细胞计数和外周涂片、肝功能检查、尿液分析检测。

气相色谱-质谱分析（对微量代谢产物检测的灵敏度高，尿液的分析可用 GC-MS 检测氨基酸、有机酸、脂肪酸和碳水化合物等。目前 GC-MS 可应用于 100 多种 IEM 的检测分析。一般情况下，异常的有机酸分析结果并不足以建立对相应 IEM 疾病的诊断，需要结合酶学活性或分子生物学实验来确诊。其他方法也可用于 IEM 疾病的特殊生化指标检测中，如高效液相分析法可对血和尿的氨基酸进行定量分析，有助于诊断有机酸血症和氨基酸异常类疾病，而在有高血氨的情况下，尿液的乳清酸分析可有助于对尿素循环障碍疾病进行分型及与其他疾病的鉴别诊断。

遗传性代谢病的确诊需根据疾病进行特异性底物或者产物的测定。目前，串联质谱技术（Tandem-MS）结合氨基酸分析等其他生化技术是目前对遗传性代谢病筛查和确诊最有效和广泛应用的方法。用一张干血滴滤纸片可对 30 余种遗传性代谢病在数分钟内同时进行筛查。酶学测定对酶活性降低的遗传性代谢病诊断有重要价值。基因诊断对所有遗传病的最终诊断和分型越来越重要，但基因分析不能完全取代酶学检测。

（四）临床病例

患者，男，5 岁，因发育迟缓，尿鼠尿味且串联质谱提示苯丙氨酸代谢异常，临床提示苯丙酮尿症、BH4 缺乏症（表 13-2）。

表 13-2 患者表型的致病性或疑似致病性变异解释

PAH （NM_000277）							
核苷酸变化	氨基酸变换	外显子/内含子	变异类型	蛋白功能损伤预测	ACMG 评级	家系来源验证情况	
						父 亲	母 亲
c.442-1G＞A	–	Intron4	杂合	— — disease_causing	致病	未发现变异	杂合
c.1174T＞A	p_Phe3921le	Exon11	杂合	Deleterious Probably damaging disease_causing	疑似致病	杂合	未发现变异

1.检测结果　在受检者 PAH 基因发现复合杂合核苷酸变异。①c.442-1G＞A（编码区第442号核苷酸前内含子中倒数第1位核苷酸由G变为A）的杂合核苷酸变异，为剪切变异；②c.1174T＞A（编码区第1174号核苷酸由T变为A）的杂合核苷酸变异，导致第392号氨基酸由Phe变为Ile（p.Phe392Ile），为错义变异。上述变异均可能导致蛋白质功能受到影响。受检者上述变异分别遗传自其父母，其父母均只携带其中一个杂合变异。

上述变异的致病性均已经有文献报道，与苯丙酮尿症（phenylketonuria，PKU）相关。PKU 是由于患儿体内缺乏苯丙氨酸羟化酶（PAH），导致其不能正常代谢苯丙氨酸，有毒代谢物蓄积在体内而患病。患儿刚出生时没有异常表现，出生3个月后出现烦躁不安、小便有特殊的鼠尿臭味、毛发和皮肤发白甚至癫痫等症状最终出现严重的智力残疾。

PAH 基因是苯丙酮尿症的致病基因，为常染色体隐性遗传，复合杂合变异可导致发病。在受检者 *PAH* 基因所发现的复合杂合变异分别遗传自受检者其父母，父母均为杂合子符合常染色体隐性遗传方式，以上变异有可能是导致受检者发病的致病性变异，建议结合受检者临床表现进一步分析判断。

2.治疗　主要为低苯丙氨酸饮食疗法。开始治疗的年龄愈小，效果愈好。在限制苯丙氨酸摄入饮食治疗的同时，联合补充酪氨酸。饮食中补充酪氨酸可以使毛发色素脱失恢复正常，但对智力进步无作用。同时，密切观察患儿的生长发育营养状况，以及血中苯丙氨酸水平。

第二节　遗传学检测方法比较

通过以上章节的学习，我们已经发现各类遗传病的诊断主要基于细胞遗传学和分子遗传学两大类检测技术。

一、细胞遗传学检测

细胞遗传学检测技术主要包括核型分析、原位荧光杂交和比较基因组技术。以上技术前文已有详细介绍，表13-3对其优缺点进行了对比分析。

表13-3　三种细胞遗传学检测技术的比较

方　法	染色体核型分析	FISH 检测	比较基因组检测
分辨率	5～10Mb	50～200kb	50kb
应用	染色体数目及大片段异常	染色体结构异常及基因定位	可检测所有染色体上位点的异常
缺点	无法检测微缺失和微重复	只能针对染色体特定的区域检测，不同的染色体区域需要不同的 FISH 探针	无法检测染色体结构上的异常

常见核型分析用于的染色体非整倍体评估、性别确定、第二性征发育不良、女性身材矮小或闭经、唇裂、染色体断裂综合征及不孕不育的检测。单探针 FISH 可用来确认 Williams 综合征。

二、分子遗传学检测

由于遗传病的治疗手段相对有限，多为对症治疗。因此，对发病机制了解的透彻有利于治疗药物的研发。分子诊断技术的应用在遗传病发病机制、检测诊断和治疗研究中发挥了重要作用。分子诊断技术包括 PCR 技术、基因测序、核酸质谱、分子杂交、生物芯片五大类。

（一）PCR 技术

自从 1983 年 Mullis 发明了 PCR 技术，该技术已经成为目前临床基因扩增最常用的技术，并衍生出了实时荧光定量 PCR 和数字 PCR 技术。前文已经介绍了实时荧光定量 PCR 技术。数字 PCR 是一种可对目标 DNA 模板绝对定量的新一代 PCR 技术，可富集待测序样本中的靶基因，检测基因组拷贝数变异、甲基化含量、基因表达绝对定量，具有灵敏度高、样本需求量少等优势。但也存在成本高、操作烦琐、通量有限等缺点。

（二）基因测序

基因测序技术是遗传病诊断应用的主要技术，可直接获得核酸序列信息。针对检测基因的范围可大体分为单基因检测技术和多基因检测技术。单基因检测是指针对某一特定基因进行测序的技术，应用最广泛的是 Sanger 测序，也称一代测序。Sanger 测序因仅能检测一个或少数几个基因，因此适用于明确可识别的特异性表型的疾病诊断。多基因检测主要使用二代测序技术，可以对基因组的成百上千个基因甚至人类全部基因进行大规模的平行测序。

Sanger 测序的优势是成本低、覆盖度高，对于验证某一个位点的变异，或者检测几个外显子其准确性较高，且检测周期相对短。但 Sanger 测序技术也有其局限性，只能对一个或少数几个基因变异导致的高度特异的临床表型进行确诊。灵敏度也较低，Sanger 测序是以峰图形式呈现，用于检测纯合或杂合变异，对于体细胞嵌合体、线粒体 DNA 变异等低丰度变异则无法检测到。

（三）核酸质谱

核酸质谱技术主要是依托基质辅助激光解吸电离飞行时间质谱（MALDI-TOF MS）与分子生物学技术相结合进行检测。MALDI-TOF MS 可对离子化的待测样品通过脉冲电场加速，经测定不同分子量的离子以各自的恒定速度飞向离子检测器所需飞行时间，并经换算以区分不同分子量的物质。

质谱技术相比于其他检测技术具有快速、准确、灵敏度高、高通量等优点，近年来在核酸的高级结构鉴定、寡核苷酸与小分子的相互作用、DNA 损伤与修饰等领域有着广泛的应用，如遗传性耳聋和地中海贫血等疾病的诊断筛查中。

核酸质谱对 NGS 结果验证的灵敏度高于 Sanger 测序，尤其对于比例低于 15% 的突变，当 NGS 和 Sanger 测序结果不一致时可通过核酸质谱进一步验证。由于生物样品的复杂性，质谱技术还面临着一些挑战和困难。随着质谱技术的发展，未来该检测平台可成为实验室检测不可或缺的检测技术。

（四）分子杂交技术

分子杂交技术是两条单链核酸、抗原与抗体、受体与配体等经相互作用重新组成新的杂交分子。分为液相杂交和固相杂交技术，其中固相杂交又分为原位杂交和印迹杂交。FISH 技术属于原位杂交，但从其应用来说一般将 FISH 技术归为细胞遗传学检测的经典技术。而 DNA 印迹杂交技术是经典的分子遗传学检测技术。早在 20 世纪 70 年代，美籍华裔科学家简悦威采用 DNA 印迹杂交技术成功诊断了 α 地中海贫血症和镰状细胞贫血，开创了临床分子生物学检验的先河。因此，分子杂交技术在遗传病诊断、DNA 图谱分析及 PCR 产物分析等方面有重要价值。其局限性在于如果是拷贝数变异的检测则不能精确反应具体的拷贝数。

（五）生物芯片技术

生物芯片技术将分子生物学与微电子技术之间进行了有效的结合，包括基因芯片、抗体芯片、细胞芯片及蛋白质芯片等。生物芯片检测对样品的需要量非常小并同时研究上万个基因的表达变化。但其同样不能对检测基因在多细胞类型组织中的精确定位进行判断。

可见，对于遗传性疾病的检测可选择的检测技术种类繁多，各有其优缺点，要根据患者的疾病种类和需求进行选择。但总体上来说，目前越来越多的分子诊断技术在临床实验室检测的使用，使人们对遗传病的认识更深刻，在诊断和治疗上也更加全面和成熟，是未来遗传学疾病的检测的趋势。

第三节　遗传病诊断结果的报告和解释

一、遗传病诊断总体原则

随着细胞遗传学和分子遗传学的迅猛发展，临床遗传学检测技术的实用性和价值性也逐渐被广泛认可。遗传病是指由基因突变引起的疾病，其诊断的总体原则必须要综合考虑家族史、临床表现、实验室检测等多方面的信息，综合做出判断，并结合检测结果给予合理的解释和建议。首先要以详细的遗传咨询为前提，其次要有较多的诊断依据，然后才能进行遗传风险评估和建议指导。

（一）遗传咨询

1. 遗传咨询的指征　①年龄≥35岁的高龄孕妇；②有反复的自然流产或不孕不育的夫妻；③父母之一为遗传病患者；④曾怀有遗传病的胎儿或生育过遗传病患儿；⑤遗传筛查阳性者；⑥父母为遗传病基因携带者；⑦夫妻中有一位有遗传病家族史；⑧近亲婚配；⑨有肿瘤和遗传因素占主导的常见病或有基因突变或代谢异常导致的罕见病；⑩有环境致畸物接触史者。

2. 遗传咨询遵循的原则　①自愿的原则，当事者必须充分知情，被检查者和家人有权利自主做出决定，尤其是在涉及遗传学检查和再生育问题时，选择不应受到任何外部压力和暗示的影响。②平等的原则，确保所有需要遗传学服务的人都能平等获得。③教育咨询者原则，遗传咨询的重要特征是对咨询者的教育，针对特殊疾病对咨询者的教育包括疾病特征、病史、疾病变异范围；遗传或非遗传的基础；如何诊断和处理；在不同家庭成员中发生或再发的机会；对经济、社会和心理可能的影响；因为疾病带来困难的患者家庭介绍相应的求助机构；改善或预防的策略。④公开信息的原则，包括疾病特征、遗传基础、诊断处理方法等内容，在提供教育的同时，应该公开所有相关信息。⑤非指导性的咨询原则，该原则为最基本特征。咨询师可以根据临床判断，了解何种信息对疾病诊断或对咨询者做出决定是最重要和最有帮助的。在咨询过程中，不带有偏见地提供信息。⑥重视心理、社会和情感影响，咨询师必须了解咨询者的社会地位、文化、受教育程度、经济能力等，运用这些信息，帮助咨询者应对疾病风险和做出选择。⑦信任和保护隐私的原则，避免咨询信息被滥用或歧视，确保咨询者的隐私得到充分保护。

（二）诊断依据

诊断依据是遗传诊断的重要阶段，细致可靠的表型采集是临床遗传诊断的基础，也是基因检测结果解读的依据。因此检测前应收集尽可能详细的患者信息，包括临床症状、体征、实验室检查、病理检查和影像学及其他检查结果等。常用的诊断方法包括临床检查（患者的病史、体征等）、实验室检测（染色体分析、基因检测和生化检测等）、家族调查（患者的家族病史）。

总之，遗传病的诊断需要医生具备扎实的专业知识和丰富的临床经验。诊断准确才能给患者提供最佳的治疗方案。

（三）遗传风险评估

评估患者的遗传风险是一个综合的过程。特定条件下某个体携带致病基因的概率，即遗传风险。包括传递风险及再发风险，旨在为患者及家族成员提供参考。传递风险是咨询者最关心的核心问题，可以通过系谱分析了解遗传类型及个体与先证者的关系，从而进行风险评估。对单基因病的遗传风险评估可按照孟德尔遗传比率结合家族成员关系、实验室检测结果及概率运算法则进行计算。但仍需注意外显不全、延迟显性、表现度差异、基因多效性等问题。多基因遗传病受遗传和环境两者影响较为复杂，其再发风险通常以经验风险率来表示。其中对肿瘤的风险评估通常应用流行病学和遗传风险计算方法相结合的方式进行。计算对染色体病的风险评估要根据相应的参考评估原则和计算步骤进行。

（四）诊断结果的报告和解释

诊断报告信息包括诊断结论、目前疾病状况、疾病遗传方式解释、个体发病的风险及再发风险的评估以及今后的应对措施等。总体来说要做到以下几个原则。

1. 准确性　诊断结果的报告和解释必须基于科学、严谨的诊断过程，确保结果的准确无误。

2. 及时性　诊断结果的报告和解释必须及时，使患者能够尽快得到有效的治疗。

3. 清晰性　诊断结果的报告和解释必须清晰易懂。对于没有医学背景的患者及家属，尽量用简单明了的语言解释诊断结果，包括疾病的性质、程度、可能的原因以及治疗方案等。

4. 保密性　保护患者的隐私是医疗行业的首要原则。

5. 指导性　诊断报告的结果及解释，应对被检测者的病因有明确的意义，提供潜在干预措施，指导个体化预防和治疗。诊断结果的报告和解释不仅是向患者传达诊断信息，还应为后续的治疗和康复提供指导。

（五）定期回访

疾病的治疗是一个持续的过程。定期回访可以帮助个体更好地应对疾病的变化。回访过程中，还可以评估个体的心理状态和应对能力，提供必要的支持和指导。

二、遗传学检测报告

目前，遗传病的实验室检测主要包括细胞遗传学检测和分子遗传学检测，其中细胞遗传学是遗传学中最早发展起来的学科，也是最基本的学科。临床实验室常用的细胞遗传学检测方法基于细胞遗传学检测技术，主要涉及染色体核型分析、荧光原位杂交技术（FISH）和比较基因组学分析等。在临床上主要应用于胚胎移植前的筛查及诊断、产前染色体固有异常的诊断、产后染色体固有异常的诊断、肿瘤细胞中存在的染色体异常。分子遗传学从分子水平对 DNA 变异、RNA 转录、蛋白表达进行检测，在复杂疾病诊断、新生儿筛查、疾病高危人群筛查、辅助生殖等方面也得到了广泛的应用，下面将对临床遗传学的检测过程进行介绍。

（一）签署知情同意书

知情同意书的内容包括检测的有效性、潜在风险、检测的局限性等。负责谈话的医师应就疾病的状况、检测的目的、需要的标本、检测的地点、风险、有无可取代的检测或诊断方式、如不进行检测所面临的风险等，对患者解释清楚。患者应有就相关问题进行询问的机会，以便其能在知情的情况下选择做出决定。

（二）样本采集

遗传检测不仅可以用于遗传病的诊断和产前诊断，也可用于疾病的严重程度判断和预后评估等。细胞遗传学检测其样本主要有外周血、口腔咽拭子、骨髓、淋巴瘤、实体瘤等常规样本和羊水、绒毛及脐血等产前诊断样本。分子遗传学样本类型包括 DNA、外周血、干血片、唾液、组织等。采集样本过程应严格按照卫生部《微生物和生物医学实验室生物安全通用准则》要求，做好生物防护，以避免样品污染和保护实验人员的操作安全。样本采集需遵循相应指南的规定。

（三）实验室检测

研究发现，绝大多数的遗传性疾病涉及单个基因结构的微小变异和染色体大片段异常，如染色体数目的异常、长臂或短臂片段的缺失或重复、染色体结构重排等。多项分子遗传学检测技术已应用于上述异常的检测，从染色体核型分析、到串联质谱、DNA 序列分析涉及的染色体微阵列分析、多重连接探针扩增技术、Sanger 测序及新一代高通量测序技术（全外显子测序、全基因组测序、线粒体基因测序）等。作为临床医师及遗传学检测的检验人员既要熟知每项技术的优势及适用范围，也要明了这些技术的局限性，避免延误诊断和耽误干预时机及效果，当然也要避免过度检测，增加患者负担。

1. 细胞遗传学检测

(1) 细胞计数：针对不同样本的细胞技术应满足相应的要求。对经植物血凝素（PHA）刺激的外周血样本至少计数 20 个细胞；脐血、羊水细胞或绒毛膜样本如若采用培养瓶法培养，应至少计数 2 个以上独立培养瓶中平均分布的 20 个细胞。如果是原位法培养，应至少计数 2 个以上独立培养的培养皿中，平均分布的 15 个细胞克隆中的 15 个细胞；非肿瘤实体组织样本计数 20 个细胞；骨髓样本通常计数 20 个细胞。

(2) 细胞核型分析：对于外周血、非肿瘤实体组织样本至少分析 5 个细胞；对脐血、羊水或绒毛膜样本至少分析 2 个以上独立培养瓶或培养皿中的 5 个细胞；对骨髓样本应分析 20 个细胞。对于淋巴瘤、实体瘤、复杂染色体核型的样本至少分析 10 个细胞，以确定其异常克隆核型特征。

(3) 分裂中期细胞图像及染色体核型图：对于染色体正常的样本，应选择染色体分散适中，条带清晰可辨，少或无染色单体重叠区域、背景干净的有丝分裂中期细胞进行照片拍摄。首先对图片分裂中期细胞的染色体按照先常染色体 1～22 号，后性染色体 X、Y 的顺序进行配对，形成染色体核型图。染色体核型图排列要条带清晰，分辨率应依据不同的分析要求达到相应标准（表 13-4）。对于染色体异常的样本除上述要求外，还应具有典型的特征改变。报告时先描述总数和性别，如 46，XX/46，XY，在此基础上用 "+/−" 表示染色体异常的编号，如 21 三体表示为 47，XY，+21。当染色体结构异常时，按 ISCN 命名体制中结构畸变的染色体命名方式描述（见前述）。

表 13-4　染色体 G 显带条带特征及评级标准

评　级	条　带	特　征
差	＜ 300 条带	由主要界标来清晰识别染色体
	300 条带	2 条深带出现 8p（8p12 和 8p22）
		3 条深带出现在 10q（10q21，10q23，10q25）
		20p12 可见
		22q12 清晰
中等	400 条带	3 条深带出现在 4q 中段（q22～28）
		3 条深带出现在 5q 中段（5q14，5q21，5q23）
		2 条深带出现在 9p（9p21 和 9p23）
		13q33 清晰
好	550 条带	5q31.2 清晰
		8p21.2 可见
		2 条深带出现在 11p 末端（11p15.2 和 11p15.4）
		22q13.2 清晰
	700 条带	2p25.2 清晰
		2q37.2 清晰
		10q21.1 和 10q21.3 可分辨
		17q22～q24 可分辨为 3 条深带
极好	850 条带	4p15.31 和 4p15.33 清晰
		5p15.32 清晰

(4) 检测结果：在检测结果中应注明计数及分析数目，并附特征性的分裂中期细胞图像及相应的染色体核型图 13-10。

染色体核型分析报告

样品编号：
姓名：
性别：
年龄：30 岁
病历号：
科别：男科门诊
送检材医生：
标本种类：全血
送检日期：

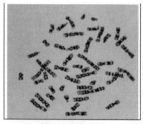

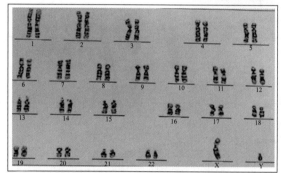

染色体核型：46，XY

诊断意见：染色体检查所示条带内未见明显异常

注：此报告仅对该标本负责。该检查为 G 显带 320～400 条带，不能排除微小染色体异常或基因突变所致病的可能。结果仅供医生参考，有任何疑问请进行遗传咨询。联系电话：×××

开单时间：×× 核收时间：×× 报告日期：××

本报告仅对所检测标本负责！ 检验者：×× 审核者：××

图 13-10 染色体核型

2. 分子遗传学检测

(1) 外周血：2～3ml，防止血凝。

(2) DNA：每个 DNA 样本至少 3～5μg，浓度 > 50ng/μl，OD 值 260/280 为 1.8～2.0。

(3) 组织：置于密闭无菌试管或医用无菌橡胶手套（无滑石粉等）中，可用无菌生理盐水浸泡，采集后 24h 内送检常温保存，切勿冷藏。

(4) 基因检测报告规范及示例：临床基因检测报告分为正文和附录两个部分。正文部分为必不可少的内容，应包含检测机构信息、受检者信息、检测方法、检测结果、结果解释及遗传咨询等内容；而报告的附录部分呈现的信息则包含对检测的补充信息，如测序相关参数、与结果相关的临床表型信息、变异位点 Reads 图、Sanger 测序图等。在报告中还需对结果提出遗传学解释和咨询意见，以供临床医师和受检者参考，辅助临床诊断及生育指导。实验室或第三方检测机构出具的报告应采用 T/SZGIA 4-2018 标准对报告进行规范，以有助于报告在不同的机构之间的互认。检测报告中需包括基本情况（标本编号、待检者姓名、性别、年龄、申请时间、临床诊断等）；基因诊断的信息（采用方法、诊断标准、基因异常、检出率等）；基因诊断结果（扩增结果、基因外显子缺失或重复情况、对照）；建议（遗传咨询及需进行的其他检查）；签字审核。

图 13-11A 可以解释患者表型的致病或疑似致病的变异，内容主要包括基因名称、染色体位置和基因变异信息、合子类型、疾病名称、遗传模式、变异来源、变异分类，图 13-11B 为检测报告附录。

染色体畸变检测报告

受检者信息：
样品编号　　　　　　　　姓名
年龄　　　　　　　　　　孕周
送检材料　　　　　　　　样本类型
采样日期　　　　　　　　报告日期

检测方法：高通量测序法

检测结果	CNV 类型	片段大小	评级
seq[hg19]dup（17）(q12q12) chr17:g.34820000_36220000dup	重复	1.40Mb	致病性
seq[hg19]del（14）(q12q1 2) chr14:g.28360000_28740000del	重复	0.38Mb	临床意义未明
seq[hg19]dup（X）(q24q24) chrX:g.117280000_117500000dup	重复	0.22Mb	临床意义未明
seq[hg1 9]dup（X）(q25q25) chrX:g.126720000_127060000dup	重复	0.34Mb	临床意义未明

建议：1. 遗传咨询
　　　2. 再次妊娠时，须行产前诊断

染色体畸变检测报告

检结果和检测结果说明
1. 染色体 100Kb 以上已知的、明确致病的基因组拷贝数变异（CNV）:seq[hg19]dup（17）(q12q12)
chr17:g.34820000_36220000dup
17 号染色体 q12 处重复 1.40Mb 区域，涉及 14 个蛋白编码基因（1A，0 分；3A，0 分），经查询 ClinGen 数据库资源，该片段覆盖了了 17q12recurrent（RCAD syndrome）region（ncludesHNF1B）ISCAID:ISCA-37432 约 99.6% 的区域，并包含该区域全部蛋白编码基因，有充分证据（Triplosensivity Score3）表明该区域三倍剂量的患者临床表现出 CHRCMOSOME174 12DUPLICATIONSYNDROME（OMIM:614526）的临床表型（section2，1 分）。该综合征为常染色体显性遗传，存在外显不全的情况，外显率约 21.1%（PMID:3258348）。受影响的个体约 10% 为新发变异，约 90% 遗传自通常极少受影响或表型正常的父母。患者表型具有高度的异质性，主要表现为不同程度的智力障碍，发育迟缓，言语迟缓，肌张力减退，手指畸形；75% 的患者出现癫痫发作，MRI 偶尔显示的异常包括局灶性皮质发育不良、胼胝体发育不全、脑室周围白质软化和可能的脑裂畸形，高达 43% 的人出现视力或视力异常，包括斜视、散光、弱视、白内障、眼角膜瘤和小眼症，约 50% 的患者有小头畸形，约 25% 的患者出现肾异常，包括马蹄肾、肾囊肿和肾发育不全；部分患者还表现为特殊面容、自闭症谱系障碍，精神分裂症和行为异常（攻击性和自残），少数患者还表现为气管食管瘘，室间隔缺损等（PMID:26925472）。该区域总评分为 1 分，归类为致病变异。
2. 染色体 100Kb 以上临床意义未明的基因组拷贝数变异（CNV）
seq[hg19]del（14）(q12q12)
chr14:g.28360000_28740000de
seq[hgl9]dup（X）(q24q24)
chrX:g.117280000_1 17500000dup
seq[hg19]dup（X）(q25q25)
chrX:g.126720000_127060000dup
X 染色体 q24 处重复 0.22Mb 区域，涉及 1 个蛋白编码基因（1A，0 分；3A，0 分），经查询 DGV、DECIPHER、OMIM、ClinGen、ucsc、gnomAD 及 PubMed 公共数据库资源，未找到与该片段相关的病例信息和人群证据（sectiond4，0 分）。该区域总评分为 0 分，归类为临床意义不明。
X 染色体 q24 处重复 0.22Mb 区域，涉及 1 个蛋白编码基因（1A，0 分；3A，0 分），经查询 DGV、DECIPHER、OMIM、ClinGen、ucsc、gnomAD 及 PubMed 公共数据库资源，未找到与该片段相关的病例信息和人群证据（sectiond4，0 分）。该区域总评分为 o 分，归类为临床意义不明。
X 染色体 q25 处重复 0.34Mb 区域，涉及 0 个蛋白编码基因（1B，0.6 分；3A，0 分），经查询 DGV、OMIM、ClinGen、ucsc、gnomAD 及 PubMed 公共数据库资源，未找到与该片段相关的病例信息和人群证据（sectiond4，0 分）。该区域总评分为 -0.6 分，归类为临床意义不明。

图 13-11　A. 患者染色体畸变检测报告示例；B. 患者染色体畸变检测报告

预测碱基的变异与已知基因结构和其他数据的相关性、碱基变异对基因的影响；报告中需注明单核苷酸在基因库中参考序列的位置和变化、相应的蛋白质变化的标准位置；碱基错义变异需注明是否代表突变、多态性或稀有变异。对每个遗传病，实验室应以相应的数据库为参考依据。如检测到的变异为新的突变，而突变的性质和意义目前可能并不明确，应当在报告中表明；如未检测到突变，报告应对阴性结果的原因进行的解释和描述。比如，测序仅局限在基因的编码区而突变可能在未涵盖的内含子或启动子区、应用的测序方法并不能检测到大的基因缺失和重复等。

（四）遗传咨询后随访

当事人知情同意的情况下，制定受检者随访计划。随访内容可能包括以下几个方面。

1.临床医师针对阳性检测结果提示的遗传病疾病类型与已有的临床检测结果匹配评估，最终确定临床诊断，并且收集临床反馈信息对医生积累和丰富现疾病表型与基因变异相关的数据信息有益。

2.指咨询时所做的检测结果为阴性或无法解释病因时，需根据现有的检测技术和对疾病的认识，采取其他方法进一步寻找病因。

3.长期的随访有助于发现一些具有临床异质性及外显不全的疾病，受检者的表型可能因年龄限制未完全表现，或者对一些有家族史的受检者，在获得当事人同意的情况下，对家系成员的表型或受检情况有必要进行随访。

但是，以上这些检测技术的应用本身具有一定适用范围，存在一定的局限性，不能解决所有的医学难题，需根据临床分析诊断选择适宜的多种检测手段综合判定。

第14章 展　望

人类基因组测序结果显示，人类基因组只有2万～2.5万个编码蛋白质的基因，占人类基因组全序列的1.1%～1.4%；基因组中4%为基因调控序列和RNA基因序列；20%为内含子、基因非翻译区序列以及假基因；75%为基因外序列，其中55%为重复DNA序列；人类基因组含有1.42×10^6个单核苷酸多态性。人类基因组计划获得了人类的全部基因序列信息，但是解析这些信息的含义以及与疾病之间的关系，定位、克隆和鉴定单基因病的致病基因，以及多基因病的易感基因，实现在基因和基因组水平上对疾病精准检测将成为遗传学检测的重要发展方向。

随着基因组计划、系统生物学（systems biology）与高通量生物技术等的迅速发展，生物和医学研究成为数据密集型科学，大数据时代的到来使系统医学（systems medicine）的概念应运而生。系统医学建立在传统遗传学的基础上，从系统的观点出发，建立一个从分子、细胞到器官、生物整体的研究和应用体系。大数据时代，高通量的生物医学技术（如cDNA芯片、二代测序、质谱等），能同时检测不同的生物系统组分，产生大量的基因组、转录物组、蛋白质组、代谢物组等组学数据，为系统医学提供了数据基础，并在此基础上多组学研究正朝着更快更好的方向发展。

传统的单组学方法往往只能从一个角度对数据进行分析，而多组学可以将不同类型的数据集整合起来，从多个维度对问题进行研究。例如，在研究人类疾病时，可以将基因组、转录组、蛋白质组和代谢组等多个组学数据进行整合，从而获得更全面的疾病机制和治疗靶点信息。通过整合不同类型的数据，可以发现不同组学之间的关联和相互作用，从而揭示出新的生物学规律和机制。

同时，多组学可以通过整合已有的数据集，减少样本需求量、实验的重复性和成本。通过对大规模数据的分析，发现隐藏在数据中的模式和规律，从而提高研究的准确性和可靠性。促进不同领域之间的合作和交流。随着技术的不断进步和数据的不断积累，多组学将在各个领域发挥越来越重要的作用。

多组学的研究使医学遗传学进入了一个崭新的历史阶段即精准医学时代。对于人类遗传病而言，不同的遗传病是由不同的基因突变或遗传异常导致的；即使同一种遗传病，也能是由不同基因遗传引起；而同一个基因异常引起的同一种遗传病，由于其基因异常类型的不同，治疗方式的选择也是多样的。所以，不同个体之间由于遗传背景的差异，对同一疾病的易感性是不同的，对同一药物或治疗方案的反应也是不同的，因此对于遗传病的诊断、预防和治疗，需要以个人遗传信息为基础的精准医学。精准医学需要以遗传咨询作为桥梁，把影响治病的遗传因素挖掘出来，解释清楚，指导疾病的精准预防。

精准医学是一种以个体为中心的医疗模式，通过整合个体的基因组、表观组、蛋白质组、代谢组、环境因素等多种信息，以实现个性化的预防、诊断和治疗。精准医学可以根据个体的遗传信息和生物标志物，为患者提供个性化的治疗方案。通过了解患者的基因变异和表达情况，可以更准确地预测疾病的发展和治疗反应，从而为患者提供更有效的治疗策略。还可以通过分析个体的遗传信息和生物标志物，提前预测患者可能患上的疾病，并进行早期诊断。这有助于提高疾病的治愈率和生存率，减少医疗资源的浪费。通过分析个体的遗传信息和生活方式等因素，为个体提供个性化的健康管理和预防措施。通过了解个体的遗传风险和环境暴露情况，可以提前采取相应的预防措施，降低患病风险。

精准医学的应用可以提高医疗的准确性和效果，为患者提供更好的医疗服务。它有助于个体化治疗、疾病预测和早期诊断、药物研发和治疗策略优化、健康管理和预防，同时也有助于降低医疗成本。

同时，人工智能在遗传检测领域的应用意义也非常重大。遗传检测是一项关键的医学技术，通过分析个体的基因组信息，可以提供有关遗传疾病风险、药物反应性和个体特征的重要信息。人工智能的应用可以大大提高遗传检测的效率和准确性，为个体提供更加个性化和精确的医疗服务。

人工智能可以提高遗传检测的速度和效率。传统的遗传检测方法需要耗费大量的时间和人力资源，而人工智能可以通过自动化和高速计算的方式，快速分析大量的基因数据。这样可以大幅缩短检测时间，使得患者能够更早地获取诊断结果，从而及时采取相应的治疗措施。人工智能可以提高遗传检测的准确性和可靠性。遗传检测涉及大量的基因数据分析和解读，而人工智能可以通过机器学习和深度学习算法，自动学习和识别基因组中的关键特征和模式。这样可以减少人为误差和主观判断的影响，提高检测结果的准确性和可靠性。人工智能还可以帮助解决遗传检测中的数据分析和解读难题。遗传检测产生的数据量庞大且复杂，需要进行复杂的数据分析和解读。人工智能可以通过数据挖掘和模式识别技术，从海量的数据中提取有用的信息和知识，帮助医生和研究人员更好地理解和解释基因数据。这样可以提高对遗传疾病的理解和诊断能力，为患者提供更加精确和有效的治疗方案。人工智能还可以促进遗传检测的个性化医疗。每个人的基因组都是独一无二的，人工智能可以通过分析个体的基因数据和临床信息，为每个人提供个性化的医疗建议和治疗方案。这样可以更好地预测个体的疾病风险，提供个体化的预防和治疗策略，最大限度地提高治疗效果和生活质量。人工智能在遗传检测领域的应用可以提高遗传检测的速度、准确性和可靠性，解决数据分析和解读难题，促进个性化医疗的实现。这将为患者提供更好的医疗服务，为医生和研究人员提供更多的工具和方法，推动遗传检测领域的发展和进步。

遗传学检验技术是一门重要的学科，它在遗传学研究和临床诊断中发挥着重要的作用。通过对人体的基因、蛋白、代谢水平等分析，可以揭示个体的遗传信息、遗传病风险及亲缘关系等重要信息。随着技术的不断发展和创新，遗传学检验技术将为遗传学研究和临床诊断提供更多的可能性，为人类健康事业做出更大的贡献。

参考文献

[1] 徐晋麟，徐沁，陈淳. 现代遗传学原理 [M]. 3 版. 北京：科学出版社，2011.

[2] 佐伋，顾鸣敏，张咸宁，等. 医学遗传学 [M]. 7 版. 北京：人民卫生出版社，2021.

[3] 薛京伦，潘雨堃，陈金中，等. 医学分子遗传学 [M]. 5 版. 北京：科学出版社，2018.

[4] 乔中东. 现代遗传学 [M]. 北京：科学出版社，2022.

[5] 王培林，傅松滨. 医学遗传学 [M]. 4 版. 北京：科学出版社，2016.

[6] 税青林，杨抚华. 医学细胞生物学 [M]. 8 版. 北京：科学出版社，2019.

[7] 杨进. 复杂疾病的遗传分析 [M]. 北京：科学出版社，2013.

[8] 杨保胜，李刚. 医学遗传学 [M]. 3 版. 北京：高等教育出版社，2023.

[9] 朱宝生，曾凡一. 医学遗传学 [M]. 北京：科学出版社，2020.

[10] 梁素华，邓初夏. 医学遗传学 [M]. 5 版. 北京：人民卫生出版社，2019.

[11] 李璞. 医学遗传学 [M]. 北京：北京大学医学出版社，2003.

[12] 陈竺. 医学遗传学 [M]. 3 版. 北京：人民卫生出版社，2015.

[13] L.H. 哈特韦尔，M.L. 戈德伯格，J.A. 菲舍尔，L. 胡德. 遗传学：从基因到基因组（原书第 6 版）[M]. 于军，译. 北京：科学出版社，2020.

[14] 杜传书. 医学遗传学 [M]. 北京：人民卫生出版社，1983.

[15] 杨金水. 基因组学 [M]. 3 版. 北京：高等教育出版社，2013.

[16] 韩骅，蒋玮莹. 临床遗传学 [M]. 北京：人民卫生出版社，2010.

[17] 李莉. 医学遗传学 [M]. 北京：人民卫生出版社，2020.

[18] 张学军. 人类复杂疾病全基因组关联研究 [J]. 科学通报，2020，65（8）：671-683.

[19] 孙树汉. 临床遗传学导论 [M]. 上海：第二军医大学出版社，2013.

[20] 顾鸣敏，王铸钢. 医学遗传学 [M]. 3 版. 上海：上海科学技术文献出版社，2013.

[21] 李永芳，罗兰. 医学遗传学 [M]. 北京：中国医药科技出版社，2022.

[22] 姜怡邓，杨晓玲，张慧萍. 表观遗传学技术前沿 [M]. 北京：科学出版社，2022.

[23] 吕建新，王晓春. 临床分子生物学检验技术 [M]. 北京：人民卫生出版社，2015.

[24] 赵杰，杨梅佳，张旭，王琳琳. 面向精准医疗的多组学研究 [M]. 北京：科学出版社，2021.

[25] 周春燕，药立波. 生物化学与分子生物学 [M]. 9 版. 北京：人民卫生出版社，2018.

[26] Allison LA. Fundamental Molecular Biology[M]. 2nd ed. New Jersey：John Wiley & Sons Inc，2012.

[27] Beg JM，Tymoczko JL，Gatto GJ，et al. Biochemistry[M]. 8th ed. New York：W.H.Freeman & Company，2015.

[28] Rodwell VW，Bender DA，Botham KM，et al. Harper's Illustrated Biochemistry[M]. 30th ed. New York：The McGraw-Hill Education，2015.

[29] Lord CJ，Ashworth A. The DNA damage response and cancer therapy[J]. Nature，2012，481(7381)：287-294.

[30] Robertson K D. DNA methylation and human disease[J]. Nature Reviews Genetics，2005，6（8）：597-610.

[31] Bird A P. CpG-rich islands and the function of DNA methylation [J]. Nature，1986，321（6067）：209-213.

[32] 叶红，郑军，石红. 反复早期自然流产与染色体异常 [J]. 中国妇幼保健，2007，22（7）：929-930.

[33] Evans MI，Wapner RJ，Berkowitz RL.Noninvasive prenatal screening or advanced diagnostic testing：caveat emptor[J]. Am J Obstet Gynecol，2016，215（3）：298–305.

[34] 赵艳辉，庞泓，赵妍，等.CNV-Seq 技术在先天异常胎儿遗传学检测的应用价值研究 [J]. 中国优生与遗传杂志，2019，27（2）：195–198.

[35] 范俊梅，二代测序在胚胎植入前染色体疾病诊断中的临床应用 [D]. 北京：解放军医学院，2015.

[36] 罗家宏，低深度高通量测序技术在早期流产中的应用 [J]. 实用中西医结合临床，2018，18(4)：123–125.

[37] 中华医学会医学遗传学分会临床遗传学组，低深度全基因组测序技术在产前诊断中的应用专家共识 [J]. 中华医学遗传学杂志，2019，36（4）：293–296.

[38] 自然流产诊治中国专家共识编写组 . 自然流产诊治中国专家共识（2020 年版）[J]. 中国实用妇科与产科杂志，2020，36（11）：1082–1090.

[39] 张曼，李佳，马娟，等 . 染色体核型检验诊断报告模式专家共识 [J]. 中华医学杂志，2016，96（12）：933–936.

[40] Quenby S，Gallos I D，Dhillon-Smith R K，et al. Miscarriage matters：the epidemiological，physical，psychological，and economic costs of early pregnancy loss[J]. Lancet，2021，397(10285)：1658–1667

[41] 胡婷，张竹，王嘉敏，等 . 染色体微阵列分析在染色体核型分析无法明确诊断病例中的应用价值 [J]. 四川大学学报（医学版），2017，48（3）：460–463.

[42] Martin C L，Kirkpatrick B E，Ledbetter D H. Copy number variants，aneuploidies and human disease. Clin Perinatal，2015，42：227–242.

[43] Ben PA，Fang M，Egan JF. Tend in the use of second trimester matermal serum screening from 1991 to 2003[J]. Genet in Med，2005，7：328–331.

[44] 沈琳 . 二代测序技术在消化系统肿瘤临床应用的中国专家共识 [J]. 肿瘤综合治疗电子杂志，2024，10（1）：69–92.

[45] 潘锋 . 基因测序助力危重新生儿遗传性疾病早诊早治 [J]. 妇儿健康导刊，2023，2（02）：5–6.

[46] 辇伟奇，于津浦，袁响林，等 . ctDNA 高通量测序临床实践专家共识（2022 年版）[J]. 中国癌症防治杂志，2022，14（3）：240–252.

[47] 王秋菊，陈晓巍，翟晓梅，等 . 孕期耳聋基因筛查专家共识 [J]. 中华耳科学杂志，2022，20（2）：217–221.

[48] 关静，贺林，杨仕明，等 . 聋病遗传咨询专家共识 [J]. 中华耳科学杂志，2022，20（2）：222–226.

[49] 王玉东，王颖梅，王建东，等 . 遗传性妇科肿瘤高风险人群管理专家共识（2020）[J]. 中国实用妇科与产科杂志，2020，36（9）：825–834.

[50] OldforsA . Mitochondrial diseases[J]. Nat Rev Dis Primers，1993，94（9）：469–77.

[51] Stenton S L，Prokisch H. Genetics of mitochondrialdiseases：Identifying mutations to help diagnosis[J]. EBioMedicine，2020，56：102784.

[52] T Wang，Y Okano，R C Eisensmith，et al. Identification of a novel phenylketonuria（PKU）mutation in the Chinese：further evidence for multiple origins of PKU in Asia [J]. Am J Hum Genet，1991，48（3）：628–630.

[53] 周忠署，李鹏 . 苯丙酮尿症的诊断和治疗进展 [J]. 北京医学，2014（4）：250–252.

[54] Tucker T，Friedman JM. Pathogenesis of hereditary tumors：beyond the "two-hit" hypothesis[J]. Clin Genet，2002，62（5）：345–357.

[55] Mighton C，Lerner-Ellis JP. Principles of molecular testing for hereditary cancer[J]. Genes

Chromosomes Cancer，2022，61（6）：356–381.

[56] Kalia SS，Adelman K，Bale SJ，et al. Recommendations for reporting of secondary findings in clinical exome and genome sequencing，2016 update（ACMG SF v2.0）：a policy statement of the American College of Medical Genetics and Genomics[J].Genet Med，2017，19（2）：249–255.

[57] 安宇，陈锦云，沈珺，等.美国临床基因检测前遗传咨询之要点 [J]. 中华医学遗传学杂志，2019，36（1）：54–58.

[58] 黎籽秀，刘博，徐凌丽，等. 高通量测序数据分析和临床诊断流程的解读 [J]. 中国循证儿科杂志，2015，10（1）：19–24.

[59]《分子遗传学基因检测送检和咨询规范与伦理指导原则 2018 中国专家共识》制定专家组. 分子遗传学基因检测送检和咨询规范与伦理指导原则 2018 中国专家共识 [J]. 中华医学杂志，2018，98（28）：2225–2232.

[60] 王彩月，王立锋，伍建. 遗传性疾病致病基因检测报告的解读 [J]. 中华肾病研究电子杂志，2017，6（1）：9–13.

[61] 陈锦云，向碧霞，孙骅，等.美国临床基因检测后遗传咨询的原则与实践 [J]. 中华医学遗传学杂志，2019，36（1）：92–98.

[62] 黄辉，沈亦平，顾卫红，等.临床基因检测报告规范与基因检测行业共识探讨 [J]. 中华医学遗传学杂志，2018，36（1）：1– 8.

[63] HuangH，ShenYP，GuWH，et al. Discussion on the standard of clinical genetic testing report and the consensus of gene testing industry[J]. Chin J Med Genet，2018，36（1）：1–8.

[64] LiuXL，XiaYH，HeZH，et al. Suggestions on the standardization construction of primary medical laboratories in China[J]. South Chin J Prevent Med，2017，43（6）：592–596.

[65] 杨元，张思仲，邓少丽. 临床核酸检测实验室的基本质量控制措施 [J]. 临床检验杂志，2002，20（1）：51–52.

[66] YangY，ZhangSZ，DengSL. Basic quality control measures of clinical nucleic acid testing laboratory[J]. Chin J Clin Lab Sci，2002，20（1）：51–52.

[67] ZhangJP，WangZG. Primary problems and its direction in the future of external quality assessment[J]. Chin J Lab Med，2007，30（9）：977–981.

[68] 陈璇，秦娜，邓艳春.基于美国医学遗传学和基因组学会指南的基因检测报告解读 [J]. 癫痫杂志，2017，3（05）：395–400.

[69] H G Eiken，K Stangeland，L Skjelkvlez，et al. PKU mutationsR408Q and F299C in Norway：haplotype associations，geographic distributions andphenotype characteristics[J]. Hum Genet，1992，88（6）：608–612.

[70] Ying Liang，Miaozeng Huang，Chengyi Cheng，et al.The mutation spectrum of the phenylalaninehydroxylase（PAH）gene and associated haplotypes reveal ethnic heterogeneity inthe Taiwanese population[J]. J HumnmmmmmlpoizGenet，2014，59（3）：145–152.